电力建设工程工程量清单计算规范使用指南

输电线路工程

电力工程造价与定额管理总站 编

中国电力出版社
CHINA ELECTRIC POWER PRESS

图书在版编目（CIP）数据

电力建设工程工程量清单计算规范使用指南. 输电线路工程/电力工程造价与定额管理总站编. —北京：中国电力出版社，2023.11

ISBN 978-7-5198-7885-6

Ⅰ. ①电… Ⅱ. ①电… Ⅲ. ①输电线路－电力工程－工程造价－规范－中国－指南 Ⅳ. ①TM-65

中国国家版本馆 CIP 数据核字（2023）第 097876 号

出版发行：中国电力出版社
地　　址：北京市东城区北京站西街 19 号（邮政编码 100005）
网　　址：http://www.cepp.sgcc.com.cn
责任编辑：高　芬（010-63412717）
责任校对：黄　蓓　李　楠　朱丽芳
装帧设计：张俊霞
责任印制：石　雷

印　　刷：三河市百盛印装有限公司
版　　次：2023 年 11 月第一版
印　　次：2023 年 11 月北京第一次印刷
开　　本：880 毫米×1230 毫米　16 开本
印　　张：24.25
字　　数：799 千字
印　　数：0001—1500 册
定　　价：220.00 元

编　写　组

曹　妍　邢　琦　沈春艳　陈　韬　黄峰慧　边飞挺
陈晓莉　钱志杰　陈　晨　包昊晟　范殷伟　刘　强
王　硕　胡　斌　朱锦晨　梁　剑　叶子菀　李新磊
王　唯

前言

2021 年 4 月，国家能源局以 2021 年第 3 号公告批准发布《电力建设工程工程量清单计价规范》（DL/T 5745—2021）、《电力建设工程工程量清单计算规范　火力发电工程》（DL/T 5369—2021）、《电力建设工程工程量清单计算规范　变电工程》（DL/T 5341—2021）、《电力建设工程工程量清单计算规范　输电线路工程》（DL/T 5205—2021）（统称《电力建设工程工程量清单计价与计算规范》），自 2021 年 10 月 26 日起实施。为使广大电力工程造价管理和专业人员准确把握、熟练运用《电力建设工程工程量清单计价与计算规范》，电力工程造价与定额管理总站组织编制了配套使用指南。

《电力建设工程工程量清单计价与计算规范》配套使用指南（简称本套使用指南）共四册，分别为《电力建设工程工程量清单计价规范使用指南》《电力建设工程工程量清单计算规范使用指南　火力发电工程》《电力建设工程工程量清单计算规范使用指南　变电工程》《电力建设工程工程量清单计算规范使用指南　输电线路工程》。本套使用指南较为详细、系统地介绍了招标工程量清单、最高投标限价、竣工结算的编制方法，从理论方法和工程案例两个维度进行通俗易懂的阐述和具体说明。

本套使用指南在编写过程中，先后以多种形式进行了广泛的意见征求，认真听取和采纳了多方意见和建议。在此，谨对为本书编写工作付出辛勤努力和给予无私帮助的单位及个人表示由衷的谢意。同时，由于时间和水平所限，本套使用指南难免有疏漏和不足之处，敬请读者批评指正。

本套使用指南由电力工程造价与定额管理总站负责管理和解释。

目录

第一章

概　　述

工程量清单计价模式是国际上较为通行的工程造价管理方式，通过全面推广和实施工程量清单计价，不但可以逐步建立以市场形成价格为主的竞争机制，还可以充分发挥市场在工程定价中的重要作用，实现采用竞争的方式，来提高工程质量和降低工程造价的目标。编制清单计价与计算规范，是为了实现清单计价与定额计价更好、更有效地衔接，发挥工程量清单计价的整体效用，根据《国家能源局综合司关于下达2020年能源领域行业标准制修订计划及外文版翻译计划的通知》（国能综通科技〔2020〕106号）的要求，结合2018年版电力建设工程定额和费用计算规定，电力工程造价与定额管理总站在深入分析、总结历年各版次行业和企业工程量清单计价与计算规范的基础上，在全行业的支持下，组织有关单位开展了电力建设工程工程量清单计价与计算规范编制工作。按照《住房城乡建设部关于进一步推进工程造价管理改革的指导意见》（建标〔2014〕142号）关于“建立满足不同设计深度、不同复杂程度、不同承包方式及不同管理需求的多层级工程量清单体系”的总体要求，清单计算规范制定了初步设计深度、施工图设计深度的工程量清单，内容更加全面、细致，能够满足电力工程建设造价管理领域的实际需求，为规范电力行业工程计价行为提供了有效依据。本章介绍了2021年版电力建设工程工程量清单计算规范的编制原则、编制依据、主要内容及主要变化。

一、编制原则

（1）贯彻《电力建设工程工程量清单计价规范》（DL/T 5745—2021）的各项规定，并将其贯穿于清单计算规范编制的全过程。

（2）总结《电力建设工程工程量清单计算规范　输电线路工程》（DL/T 5205—2021）编制经验和存在的问题，同时结合新设备、新材料、新技术、新工艺、新规范等发展要求，补充完善工程量清单计算规范，同时建立满足不同设计深度、不同复杂程度、不同承包方式及不同管理需求的多层级工程量清单计价与计算规则体系，满足发、承包及其实施阶段的计价活动的需求。

（3）根据清单项目、项目特征、计量单位、工程量计算规则等，建立与2018年版电力建设工程概预算定额的对应关系，从而使清单计价与定额计价更好、更有效地衔接，方便造价从业人员进行清单编制与清单计价，提高工程量清单计价的整体适用性。

（4）保证工程量清单项目名称和项目特征完整性，满足工程计价的要求，做到招标人提供的工程量清单能够真实完整地反映设计内容和意图，投标人能根据招标人提供的工程量清单，结合工程特征、市场价格信息和企业实际，进行合理报价。

二、编制依据

清单计算规范编制应符合国家、电力行业等部门发布的有关法律、规范、标准、规定，主要文件有：

（1）《房屋与装饰工程工程量计算规范》（GB 50854—2013）

（2）《通用安装工程工程量计算规范》（GB 50856—2013）

（3）《电力建设工程工程量清单计价规范》（DL/T 5745—2021）

（4）《电力建设工程工程量清单计算规范　输电线路工程》（DL/T 5205—2016）

（5）《电网工程建设预算编制与计算规定（2018 年版）》
（6）电力建设工程概算定额（2018 年版）
（7）电力建设工程预算定额（2018 年版）
（8）电力建设工程概预定额使用指南（2018 年版）

三、主要内容

《电力建设工程工程量清单计算规范　输电线路工程》（DL/T 5205—2021）由正文和附录组成。正文包括总则、术语、工程量计算和工程量清单编制，共 4 章内容。附录包括附录 A 架空输电线路工程初步设计阶段工程量清单项目及计算规则、附录 B 陆上电缆输电线路工程初步设计阶段工程量清单项目及计算规则、附录 C 水下电缆输电线路工程初步设计阶段工程量清单项目及计算规则、附录 D 架空输电线路工程施工图设计阶段工程量清单项目及计算规则、附录 E 陆上电缆输电线路工程施工图设计阶段工程量清单项目及计算规则、附录 F 水下电缆输电线路工程施工图设计阶段工程量清单项目及计算规则和附录 G 输电线路工程项目划分及编码，涉及架空输电线路工程、陆上电缆输电线路建筑工程、陆上电缆输电线路安装工程、水下电缆输电线路建筑工程、水下电缆输电线路安装工程等专业的内容。

清单附录共 82 节 387 个清单项目，其节、清单项目数量如表 1–1 所示。

表 1–1　　　　清单附录节、清单项目数量表

序号	附录名称	节数量	清单项目数量
1	附录 A　架空输电线路工程初步设计阶段工程量清单项目及计算规则	7	52
2	附录 B　陆上电缆输电线路工程初步设计阶段工程量清单项目及计算规则	16	50
3	附录 C　水下电缆输电线路工程初步设计阶段工程量清单项目及计算规则	16	59
4	附录 D　架空输电工程施工图设计阶段工程量清单项目及计算规则	7	72
5	附录 E　陆上电缆输电线路工程施工图设计阶段工程量清单项目及计算规则	18	71
6	附录 F　水下电缆输电线路工程施工图设计阶段工程量清单项目及计算规则	18	83

四、主要变化

（一）清单项目设置变化

1. 初步设计阶段工程量清单项目设置变化

A.1　基础工程：拆分基础钢筋为现浇基础（构件）钢筋和钢筋笼清单项目；合并现浇基础和大体积混凝土基础为现浇基础清单项目。

A.2　杆塔工程：增加钢管塔管内灌注混凝土清单项目。

A.4　架线工程：增加穿越电力线清单项目。

A.5　附件工程：合并防振锤、间隔棒和其他金具为金具清单项目。

A.6　辅助工程：修改护坡、挡土墙、基础护面、挡水墙、永久围堰、喷射混凝土护坡及排洪沟砌筑为排洪（水）沟、护坡、挡土（水）墙、基础护面、永久围堰、防撞墩清单项目，修改防鸟刺、防鸟器为防鸟装置清单项目，修改在线监测设备为监测装置清单项目，增加避雷器、耐张线夹 X 射线探伤、索道设施清单项目，删除地线融冰装置，将余方外运与处置和回（换）填清单项目由措施项目调整至辅助工程。

A.7　措施项目：增加钢板桩围护、打拔木桩清单项目，修改基础降水为施工降水清单项目，删除地基处理清单项目。

B.1.4　电缆埋管工程：删除管道顶进清单项目。

B.1.7　辅助工程：修改栏杆、栅栏、围栏为栏杆、栅栏、围栏、围墙清单项目，将回（换）填、余方外运及处置清单项目由措施项目调整至辅助工程。

B.1.8 措施项目：增加轻型井点降水系统安拆、井点降水系统安拆、坑槽明排水降水系统运行、轻型井点降水系统运行、井点降水系统运行和施工道路清单项目，删除脚手架清单项目。

B.2.4 电缆防火及防护：修改防火为电缆防护清单项目。

B.2.5 调试及试验：增加输电线路试运清单项目，删除波阻抗试验清单项目，修改电缆主绝缘试验为电缆耐压试验清单项目、电缆高频局部放电检测为电缆局部放电试验清单项目。

B.2.8 措施项目：修改工作棚为特殊工作棚清单项目，增加临时支架（终端塔平台）搭、拆清单项目。

C 水下电缆输电线路：增加水下电缆输电线路建筑工程、安装工程工程量清单项目。

2. 施工图阶段工程量清单项目设置变化

D.1 基础工程：修改一般钢筋为现浇基础（构件）钢筋清单项目；合并现浇护壁、预制护壁为挖孔基础护壁清单项目。

D.2 杆塔工程：增加钢管塔管内灌注混凝土清单项目；将标志牌清单项目调整至辅助工程。

D.3 接地工程：拆分接地安装为垂直接地体安装和水平接地体安装清单项目；增加非开挖接地清单项目。

D.4 架线工程：增加穿越电力线清单项目。

D.5 附件工程：合并跳线绝缘子、金具串与导线悬垂绝缘子、金具串为导线悬垂、跳线串清单项目；拆分间隔棒为导线间隔棒与相间间隔棒清单项目；删除地线悬垂串、地线耐张串清单项目。

D.6 辅助工程：修改尖峰、基面、排洪沟、护坡、挡土墙、围堰土石方开挖及回填为尖峰、基面、排洪（水）沟、护坡、挡土（水）墙、防撞墩（墙）土石方开挖清单项目；修改护坡、挡土墙、基础护面、围堰、挡水墙、永久围堰及排洪沟砌筑为排洪（水）沟、护坡、挡土（水）墙、围堰、防撞墩（墙）砌（浇）筑清单项目；修改喷射混凝土护坡为护坡防护清单项目；修改固沙为固沙（土）清单项目；修改防鸟刺、防鸟器为防鸟装置清单项目；增加避雷器、标志牌、耐张线夹 X 射线探伤、回（换）填、余方外运与处置、索道设施清单项目；删除地线融冰装置清单项目。

D.7 措施项目：增加钢板桩围护、打拔木桩清单项目；修改基础降水为施工降水清单项目；将索道站安装、余土外运、换填调整至辅助工程；删除地基处理清单项目。

E.1.3 混凝土工程：增加防水清单项目。

E.1.5 电缆埋管工程：删除管道顶进清单项目。

E.1.9 辅助工程：回（换）填、余方外运及处置由措施项目调整至辅助工程。

E.1.10 措施项目：增加轻型井点降水系统安拆、井点降水系统安拆、基坑明排水降水系统运行、轻型井点降水系统运行、井点降水系统运行和施工道路清单项目，删除脚手架清单项目。

E.2.3 电缆附件：增加接地电缆敷设清单项目。

E.2.4 电缆防火及防护：修改防火为电缆防护清单项目。

E.2.5 调试及试验：增加输电线路试运清单项目，删除波阻抗试验清单项目，修改电缆主绝缘试验为电缆耐压试验、电缆高频局部放电检测为电缆局部放电试验清单项目。

E.2.8 措施项目：增加临时支架（终端塔平台）搭、拆清单项目。

F 水下电缆输电线路：增加水下电缆输电线路建筑工程、安装工程工程量清单项目。

（二）项目特征、计量单位变化

1. 初步设计阶段工程量清单项目特征、计量单位变化

A.1 基础工程：预制基础清单项目增加项目特征“地质类别”，修改项目特征“类型（底盘、套筒、卡盘、拉线盘）”为“基础类型”；混凝土装配式基础清单项目增加项目特征“地质类别”；“现浇基础”清单项目增加项目特征“地质类别”“特殊要求”，修改项目特征“基础类型、名称”为“基础类型”；挖孔基础清单项目增加项目特征“地质类别”“基础类型”“特殊要求”；灌注桩基础清单项目增加项目特征“地质类别”“特殊要求”，删除项目特征“桩长步距”；预制桩基础清单项目增加项目特征“桩类型”，删除项目特征“桩长步距”；钢管桩基础清单项目增加项目特征“型号、规格”，删除项目特征“桩长步距”。

A.2 杆塔工程：混凝土杆组立清单项目删除项目特征“组立形式”；钢管杆组立清单项目删除项目特征“组立形式”，删除计量单位“基”。

A.3　接地工程：接地安装清单项目增加项目特征“接地体材质”。

A.4　架线工程：导线架设清单项目增加项目特征“单回 OPPC 根数”，删除项目特征“相数”；交叉跨越清单项目增加项目特征“被跨越电力线电压等级”“铁路上行下行线数”，修改项目特征“公路车道数量”为“公路双向车道数”；特殊跨越清单项目修改项目特征“高度”为“跨越架横担上部高度或跨越架跨度”。

A.5　附件工程：导线悬垂、跳线串清单项目增加项目特征“电压等级”“导线分裂数”，拆分项目特征“绝缘子名称、型号”为“金具串名称”和“绝缘子型号”两个项目特征；跳线制作及安装清单项目增加项目特征“电压等级”，增加计量单位“单极”；金具清单项目增加计量单位“单极”。

A.6　辅助工程：输电线路试运清单项目修改项目特征“回路数”为“同塔同时试运回路数”，修改计量单位“回”为“回路”；排洪（水）沟、护坡、挡土（水）墙、基础护面、永久围堰、防撞墩清单项目修改项目特征“砌筑方式及材质”为“构造类型”；拦河线清单项目增加项目特征“杆型”；回（换）填清单项目增加项目特征“取土运距”；余方外运与处置清单项目修改项目特征“废弃料、填方料品种”为“余方品种”。

A.7　措施项目：临时围堰清单项目增加项目特征“水深”，删除项目特征“材料名称”“土质类别”，修改计量单位“m^3”为“基”；施工降水清单项目增加项目特征“降水面积”，删除项目特征“降水时间”“运行时间”，修改计量单位“根”为“基”。

B.1.1　土石方工程：土石方开挖及回填清单项目修改项目特征“挖土深度”为“开挖深度步距”；开挖路面清单项目删除项目特征“开挖方式”。

B.1.2　电缆沟、浅槽：砖砌电缆沟、浅槽清单项目增加项目特征“特殊要求”“垫层材质、尺寸”“断面尺寸”；混凝土电缆沟、浅槽清单项目增加项目特征“特殊要求”“垫层材质、尺寸”“断面尺寸”“盖板材质、规格”“防渗、防水要求”，删除项目特征“断面形式”。

B.1.3　工作井：砌筑检查井清单项目增加项目特征“检查井名称及尺寸”“特殊要求”“井壁厚度、井深”，删除项目特征“接地极接地母线材质、规格”；混凝土检查井清单项目增加项目特征“检查井名称及尺寸”“特殊要求”“井深、井壁厚度”“井盖、井圈材质及规格”，删除项目特征“接地极接地母线材质、规格”；沉井清单项目增加项目特征“检查井名称及尺寸”“特殊要求”“防渗、防水要求”“井盖、井圈材质及规格”。

B.1.4　电缆埋管工程：排管浇筑清单项目增加项目特征“垫层材质、尺寸”“特殊要求”；水平导向钻进、顶电缆保护管清单项目增加项目特征“型式”。

B.1.6　栈桥：混凝土栈桥清单项目增加项目特征“特殊要求”，修改计量单位“m”为“m^3”。

B.1.7　辅助工程：栏杆、栅栏、围栏、围墙清单项目增加项目特征“栏杆、栅栏、围栏、围墙材质、高度”“土石类别、挖土深度”“回填土（石）方级配、土质要求”“垫层材质、厚度、强度等级”“基础材质、混凝土强度等级”“砌体、砂浆种类与强度等级”“压顶材质、混凝土强度等级”和“勾缝要求”“饰面材质、做法”；回（换）填清单项目增加项目特征“运距”。

B.2.1　电缆桥、支架制作安装：电缆桥架清单项目修改项目特征“防腐类别”为“防腐形式及要求”，增加计量单位“t”；电缆支架清单项目修改项目特征“防腐类别”为“防腐形式及要求”，修改项目特征“材质、型号”为“材质、型号、规格”。

B.2.2　电缆敷设：电缆沟、浅槽敷设清单项目修改项目特征“固定方式”为“固定方式、间距及材质”，修改项目特征“垫板材质”为“垫板材质、规格”；埋管内敷设清单项目增加项目特征“光纤规格”，修改项目特征“固定方式”为“固定方式、间距及材质”；隧道敷设清单项目修改项目特征“固定方式”为“固定方式、间距及材质”；桥架敷设、栈桥敷设清单项目增加项目特征“光纤规格”。

B.2.3　电缆附件：电缆终端、中间接头清单项目增加计量单位“套/二相”；接地装置清单项目增加计量单位“套/三相”。

B.2.4　电缆防火及防护：电缆防护清单项目拆分项目特征“材质、规格”为“材质及厚度”“规格”。

B.2.5　调试及试验：电缆耐压试验清单项目修改项目特征“线路长度”为“单回线路长度”；电缆局部放电试验清单项目删除项目特征“线路长度”；增加计量单位“只”。

B.2.6　电缆监测（控）系统：“在线监测”和“安保监测”增加计量单位“台”。

2. 施工图阶段工程量清单项目特征、计量单位变化

D.1　基础工程：杆塔坑、拉线坑挖方及回填清单项目删除项目特征“开挖方式”；现浇基础清单项目删除项目特征“基础混凝土步距”，增加项目特征“特殊要求”；挖孔基础浇灌、灌注桩浇灌、大体积混凝土基础清单项目增加项目特征“特殊要求”；预制桩基础清单项目删除项目特征“混凝土强度等级”；钢管桩基础清单项目增加项目特征“型号规格”；基础垫层清单项目增加项目特征“垫层底面积步距”；基础防腐清单项目计量单位按“m^2”计算。

D.2　杆塔工程：钢管杆组立清单项目删除项目特征“拉线特征”，计量单位按“基”计算；拉线塔组立清单项目删除项目特征“铁塔类型”“每米塔重步距”；自立塔组立清单项目删除项目特征“每米塔重步距”。

D.3　接地工程：垂直接地体安装清单项目按地质类别、接地体材质、接地体长度设置项目特征，计量单位按“根”计算；水平接地体安装清单项目按接地型式、降阻材料、接地体材质、每基接地体长度设置项目特征，计量单位按“m”计算；新增的非开挖接地体清单项目按地质类别、接地体材质设置清单项目，计量单位按“m”计算。

D.4　架线工程：避雷线架设清单项目删除项目特征“架线方式”，增加项目特征“是否随导线同期架设”；OPGW 架设清单项目增加项目特征“是否随导线同期架设”；导线架设清单项目删除项目特征“架线方式”“相数”，新增项目特征“单回 OPPC 根数”；耦合屏蔽线架设清单项目删除项目特征“架线方式”；交叉跨越清单项目增加项目特征“被跨越电力线电压等级”“铁路上下行线数”；特殊架设清单项目增加项目特征“跨越架横担上部高度或跨越跨度”；新增穿越电力线清单项目的项目特征按被穿越电力线电压等级设置，计量单位按“处”计算。

D.5　附件工程：导线耐张串，导线悬垂、跳线串，跳线制作及安装清单项目增加清单项目“电压等级”；跳线制作及安装、重锤、阻尼线清单项目增加直流工程计量单位“单极”；相间间隔棒清单项目修改计量单位“个”为“组”。

D.6　辅助工程：输电线路试运清单项目删除项目特征“回路数”，增加项目特征“同塔同时试运回路数”；护坡防护清单项目增加项目特征“护坡防护形式”；标志牌清单项目增加项目特征“是否拆装”；拦河线清单项目增加项目特征“杆型”；新增避雷器清单项目的项目特征按规格、型号和电压等级设置，计量单位按“单相”或“单极”计算；新增耐张线夹 X 射线探伤清单项目的项目特征按导线分裂数、回路数、单双侧设置，计量单位按“基”计算；回（换）填清单项目增加项目特征“取土运距”。

D.7　措施项目：临时围堰清单项目修改项目特征“材料名称”为“水深”，修改计量单位“m^3”为“基”；施工降水清单项目修改项目特征“降水方式”“运行时间调整”为“水深”，修改计量单位“根”为“基”；新增钢板桩维护清单项目的项目特征按地层情况、布置部位和要求、桩长、截面尺寸、是否拔出设置，计量单位按“t”计算；新增打拔木桩清单项目的项目特征按打桩方式、是否拔出设置，计量单位按“m^3”计算。

E.1.1　土石方工程：土石方开挖及回填清单项目修改项目特征“挖土深度”为“开挖深度步距”。

E.1.3　混凝土工程：混凝土浇筑清单项目增加项目特征“特殊要求”；垫层清单项目增加项目特征“垫层部位及类型”“特殊要求”；预制混凝土构件清单项目增加项目特征“特殊要求”。

E.1.7　栈桥工程：混凝土栈桥清单项目增加项目特征“特殊要求”“断面形式”。

E.1.8　工井工程：混凝土检查井清单项目增加项目特征“检查井名称及尺寸”“混凝土强度等及特殊要求”，删除项目特征“接地极接地母线材质、规格”。沉井清单项目增加项目特征“检查井名称及尺寸”“隔墙、底板混凝土强度等级及特殊要求”“防渗、防水要求”。

E.2.1　电缆桥、支架制作安装：电缆钢制桥架、电缆不锈钢桥架清单项目增加项目特征“材质”，删除项目特征“名称”，修改计量单位“m”为“t”；电缆铝合金桥架、电缆复合桥架清单项目增加特征“材质”，删除项目特征“名称”；电缆钢支架、电缆不锈钢支架清单项目增加项目特征“材质”“规格、尺寸”，删除项目特征“名称”；电缆复合支架清单项目增加项目特征“材质”，删除项目特征“名称”。

E.2.2　电缆敷设：揭、盖盖板清单项目增加项目特征“质量”；电缆沟、浅槽敷设，隧道敷设，盾构隧道敷设清单项目修改项目特征“固定方式”为“固定方式、间距及材质”，修改项目特征“垫板材质”为“垫板材质、规格”；管道敷设清单项目修改项目特征“固定方式”为“固定方式、间距及材质”。

E.2.3　电缆附件：电缆终端、中间接头清单项目项目增加计量单位“套/二相”。

E.2.4　电缆防火及防护：电缆防护清单项目修改项目特征“材质、规格”为“材质及厚度”，增加项目特征“规格”。

E.2.5　调试及试验：电缆护层试验清单项目删除计量单位“盘”；电缆耐压试验清单项目修改项目特征“线路长度”为“单回线路长度”；充油电缆绝缘油试验清单项目修改计量单位“瓶/三相”为“瓶”；电缆局部放电试验清单项目增加计量单位“只”。

E.2.6　电缆监测（控）系统：在线监测、安保监测清单项目增加计量单位“台”。

（三）工程量计算规则变化

1. 初步设计阶段工程量计算规则变化

A.1　基础工程：地脚螺栓箍筋质量计入地脚螺栓清单项目中。基础防腐清单项目工程量计算规则由“按设计图示数量，以体积计算”和“按设计图示尺寸，以表面积计算”两种可选计算规则修改为“按设计图示尺寸，以表面积计算”单一计算规则。

A.2　杆塔工程：钢管杆组立清单项目工程量计算规则由“按设计图示数量计算”和“按设计图示数量，以质量计算”两种计算规则修改为“按设计图示数量，以质量计算”单一的计算规则。

A.6　辅助工程：余方外运与处置清单项目工程量计算规则由“按挖方清单项目工程量减利用回填方体积计算”修改为“按地面以下设计构筑物尺寸，以体积计算”。

A.7　措施项目：临时围堰清单项目工程量计算规则由“按设计图示数量、施工方案计算”修改为“按设计数量，以基计算”；施工降水清单项目工程量计算规则由“按设计图示数量、施工方案计算”修改为“按设计数量，以基计算”。

B.1.6　栈桥：混凝土栈桥清单项目工程量计算规则由“按设计图示数量以长度计算”修改为“按设计图示尺寸，以体积计算”。

B.1.7　辅助工程：栏杆、栅栏、围栏、围墙清单项目工程量计算规则由“按设计图示尺寸以面积计算。面积=栏栅中心线长度×栏栅高度。栏栅高度从室外标高算至栏栅顶标高”修改为“按设计图示尺寸，以面积计算。面积=中心线长度×高度。高度从原始地面标高算至顶标高”。

B.2.1　电缆桥、支架制作安装：电缆桥架清单项目工程量计算规则由“按设计图示数量以长度计算”修改为“按设计图示尺寸，以长度（质量）计算”。

2. 施工图阶段工程量计算规则变化

D.1　基础工程：“按设计图示数量以体积计算”调整为“按设计图示尺寸，以体积计算”，“按设计图示数量以面积计算”调整为按“设计图示尺寸，以面积计算”；挖孔基础浇灌清单项目增加不含护壁备注说明。

D.2　杆塔工程：“按设计图示数量以质量计算”调整为“按设计图示尺寸，以质量计算”（除清单杆塔刷漆清单项目外）。

D.3　接地工程：“按设计图示数量以体积计算”调整为“按设计图示尺寸，以体积计算”。

D.6　辅助工程：余方外运与处置清单项目由“按挖方清单项目工程量减利用回填方体积计算”调整为“按挖方量清单数量减回填利用数量，以体积计算”。

E.1.7　栈桥工程：混凝土栈桥清单项目计算规则由“按设计图示数量以长度计算”修改为“按设计图示尺寸，以体积计算”。

E.1.9　辅助工程：栏杆、栅栏、围栏、围墙清单项目工程量计算规则由“按设计图示尺寸，以面积计算。面积=中心线长度×高度。高度从原始地面标高算至顶标高”修改为“按设计图示尺寸以面积计算。面积=栏栅中心线长度×栏栅高度。栏栅高度从室外标高算至栏栅顶标高”。

E.2.1　电缆桥、支架制作安装：电缆钢制桥架、电缆不锈钢桥架清单项目工程量计算规则由“按设计图示数量以长度计算”修改为“按设计图示数量，以质量计算”。

（四）工作内容变化

1. 初步设计阶段工作内容变化

A.1　基础工程：现浇基础（构件）钢筋清单项目删除工作内容“现场检验”；预制基础清单项目增加工作内容“保护帽浇捣、养护”“坑边堆土”“坑内排水”；混凝土装配式基础清单项目增加工作内容“二次灌浆”“坑边堆土”“坑内排水”；现浇基础清单项目增加工作内容“温度控制工作”“坑边堆土”“坑内排水”，删除工作内容“砂石筛洗”；挖孔基础清单项目增加工作内容“场地平整、机具就退位”“机械开挖护筒装拆、钻（扩）孔、出（清）渣”“坑边堆土、坑内排水、送风、照明”，删除工作内容“吊装入孔找正”“筛洗砂石”；预制桩基础清单项目增加工作内容“桩尖加工制作安装”；岩石锚杆基础清单项目修改工作内容“混凝土搅拌，浇灌，凿桩头，捣固，基面抹平”为“混凝土制作、钢筋修整安装、浇灌”；基础垫层清单项目增加工作内容“模板制作安装及拆除”“混凝土制作、浇制、振捣、养护、基面抹平”，删除工作内容“筛洗砂石”。

A.2　杆塔工程：混凝土杆组立清单项目增加工作内容“零星补刷油漆”，修改工作内容“标识牌安装”为“标志牌安装（或安拆）”，删除工作内容“现场检验”“临时拉线安拆”；钢管杆组立清单项目增加工作内容“零星补刷油漆”，修改工作内容“标识牌安装”为“标志牌安装（或安拆）”，删除工作内容“现场检验”“临时拉线安拆”“拉线制作及安装”；拉线塔组立、自立塔组立清单项目增加工作内容“零星补刷油漆”，修改工作内容“标识牌安装”为“标志牌安装（或安拆）”，删除工作内容“现场检验”。

A.3　接地工程：接地安装清单项目增加工作内容“钻孔安装”“泥浆外运及处置”，删除工作内容“现场检验”。

A.4　架线工程：避雷线架设清单项目增加工作内容“耐张终端头制作和挂线、附件（除防振锤）安装”；导线架设清单项目增加工作内容“OPPC 单盘测量、接续、全程测量”，删除工作内容“现场检验、试验”；OPGW 架设、耦合屏蔽线架设清单项目增加工作内容“耐张终端头制作和挂线、附件（除防振锤）安装”，删除工作内容“现场检验、试验”。

A.5　附件工程：跳线制作及安装清单项目增加工作内容“刚性跳线组装（含间隔棒）”。

A.6　辅助工程：输电线路试运清单项目删除工作内容“通信实验”；尖峰、基面土石方开挖清单项目增加工作内容“排水”；固沙清单项目增加工作内容“材料运输、装卸”“块石铺设”；防鸟装置清单项目修改工作内容“防鸟刺、驱鸟器安装”为“防鸟装置安装、调测”；防坠落装置清单项目增加工作内容“防坠落装置调测”；拦河线清单项目修改工作内容“底、拉、卡盘安装”为“基础安装或浇制”；余方外运与处置清单项目修改工作内容“装车、运土、卸土、平整”“修理边坡、清理机下余土”“工作面排水及汽车行驶道路养护”为“材料运输、装卸”“弃方处置”“工器（机）具移运”“清理现场”。

A.7　措施项目：临时围堰清单项目增加工作内容“拆除”，删除工作内容“挖方或爆破、修整”；施工降水清单项目修改工作内容“井点降水”“施工机械装拆”为“井点系统布置装配、打拔井点管”“设备与管道安装、试抽”“抽水、降水、排水、设备维护”“设备、管道拆除”和“填井点坑”；施工道路清单项目删除工作内容“施工机械装拆与场外运输”。

B.1.1　土石方工程：土石方开挖及回填清单项目修改工作内容“坑底夯实、修整边坡、平整”为“坑底夯实、修整边坡、坑边堆土”，删除工作内容“100m 余土场内运输”；开挖路面清单项目修改工作内容“施工机械装拆与场外运输”为“工器（机）具移运”，删除工作内容“100m 场内运输、装土”；修复路面清单项目增加工作内容“工器（机）具移运”，删除工作内容“100m 场内运输、装土”。

B.1.2　电缆沟、浅槽：砖砌电缆沟、浅槽清单项目增加工作内容“工器（机）具移运”，修改工作内容“刚性防水”为“防水”；混凝土电缆沟、浅槽清单项目增加工作内容“盖板制作、安装”“防水”和“工器（机）具移运”。

B.1.3　工作井：砌筑检查井清单项目增加工作内容“材料运输、装卸”“工器（机）具移运”和“清理现场”，删除工作内容“接地极接地母线敷设及接地电阻实验”；混凝土检查井清单项目增加工作内容“材料运输、装卸”“井圈、井盖安装”“设备平台、通风房、投料井、集水井（坑）等浇筑”“预留孔洞临时封堵”“防火门、百叶窗安装”“工器（机）具移运”和“清理现场”，删除工作内容“接地极接地母线敷设及接地电阻实验”；沉井清单项目增加工作内容“顶板制作安装”“井圈、井盖、盖板安装”“爬梯制作、安装”“钢筋、预埋铁件制作、安装”“设备平台、通风房、投料井、集水井（坑）等浇筑”“临时保护墙浇筑、预留孔洞临时封堵”“防水、止水”“防火门、百叶窗安装”和“工器（机）具移运”。

B.1.4　电缆埋管工程：排管浇筑、顶电缆保护管清单项目增加工作内容“工器（机）具移运”；水平导向钻进清单项目增加工作内容“材料运输、装卸”“样沟开挖”，删除工作内容“泥浆土方外运”。

B.1.6　栈桥：钢结构栈桥清单项目增加工作内容“工器（机）具移运”。

B.1.7 辅助工程：栏杆、栅栏、围栏、围墙清单项目增加工作内容“砌筑、勾缝、抹面”“基础（梁）、圈梁、门柱砌筑或浇筑”“伸缩缝施工”和“门、锁安装”；余方外运与处置清单项目修改工作内容“装车、运土、卸土、平整”“修理边坡、清理机下余土”“工作面排水及汽车行驶道路养护”为“材料运输、装卸”“弃方处置”“工器（机）具移运”“清理现场”。

B.2.1 电缆桥、支架制作安装：电缆桥架、电缆支架清单项目删除工作内容“现场检验”。

B.2.2 电缆敷设：直埋敷设清单项目修改工作内容“电缆保护管敷设”为“局部电缆保护管敷设”，修改工作内容“电缆敷设、挂铭牌”为“电缆绝缘电阻测量、护层耐压、敷设、固定、挂铭牌”；电缆沟、浅槽敷设清单项目增加工作内容“电缆绝缘电阻测量、护层耐压”“局部电缆保护管敷设”；埋管内敷设清单项目增加工作内容“电缆绝缘电阻测量、护层耐压、光纤敷设”“局部电缆保护管敷设”“光纤测量、接续、测试”，修改工作内容“清扫管路”为“管路疏通”；桥架敷设、栈桥敷设清单项目增加工作内容“电缆绝缘电阻测量、护层耐压、光纤敷设”“局部电缆保护管敷设”和“光纤测量、接续、测试”。

B.2.3 电缆附件：电缆终端、中间接头清单项目增加工作内容“绝缘电阻测量、护层耐压”；接地装置清单项目增加工作内容“接地箱基础浇制、支架安装”“同轴电缆敷设”，删除工作内容“接地电阻测定”；接地体敷设清单项目增加工作内容“接地电阻测定”；避雷器清单项目增加工作内容“电缆信号箱、放电计数器安装”。

B.2.5 调试及试验：电缆护层试验清单项目修改工作内容“护层耐压、介质损失试验、潮气试验”为“护层耐压、交叉互联系统试验”；电缆参数试验清单项目修改工作内容“参数测定”为“参数测定（波阻抗试验）”；电缆局部放电试验清单项目增加工作内容“局部放电试验”。

B.2.8 措施项目：电缆加热清单项目增加工作内容“加热测温”，修改工作内容“加热设备安装”为“加热棚、加热设备安装拆除”

2. 施工图设计阶段工作内容变化

D.1 基础工程：挖孔基础挖方清单项目增加工作内容“机械开挖”；现浇基础、挖孔基础浇灌清单项目删除工作内容“现场检验”“砂石筛洗”；灌注桩沉孔清单项目增加工作内容“挤扩承力盘成型”“盘径检测”；灌注桩浇灌清单项目增加工作内容“超声波测管安装”；所有清单项目修改工作内容“工器具移运”为“工器（机）具移运”。

D.2 杆塔工程：混凝土杆组立清单项目删除工作内容“临时拉线安装”，增加工作内容“零星补刷油漆”；钢管杆组立清单项目删除工作内容“临时拉线安装”“拉线制作及安装”，增加工作内容“零星补刷油漆”；自立塔组立清单项目增加工作内容“零星补刷油漆”；所有清单项目修改工作内容“工器具移运”为“工器（机）具移运”。

D.3 接地工程：增加“非开挖接地体”清单项目的工作内容，所有清单项目修改工作内容“工器具移运”为“工器（机）具移运”。

D.4 架线工程：避雷线架设、OPGW 架设、耦合屏蔽线架设清单项目删除工作内容“现场检验、试验”，增加工作内容“耐张终端头制作”“挂线、附件（除防振锤）安装”；导线架设清单项目删除工作内容“现场检验、试验”，增加工作内容“OPPC 单盘测量”“接续”“全程测量”；新增穿越电力线清单项目的工作内容；所有清单项目修改工作内容“工器具移运”为“工器（机）具移运”。

D.5 附件工程：跳线制作及安装清单项目增加工作内容“刚性跳线组装（含间隔棒）”；相间间隔棒清单项目增加工作内容“均压环、屏蔽环、绝缘子等组件安装”；所有清单项目修改工作内容“工器具移运”为“工器（机）具移运”。

D.6 辅助工程：防鸟装置、防坠落装置清单项目增加工作内容“调测工作”；拦河线清单项目修改工作内容“底、拉、卡盘安装”为“基础安装或浇筑”；新增避雷器、耐张线夹 X 射线探伤清单项目的工作内容；固沙清单项目增加工作内容“块石铺设”；余方外运与处置清单项目增加工作内容“弃方处置”；所有清单项目修改工作内容“工器具移运”为“工器（机）具移运”。

D.7 措施项目：施工降水清单项目增加工作内容“井点系统布置装配、打拔井点管”“设备与管道安装、试抽”“抽水、降水、排水、设备维护”；新增钢板桩维护、打拔木桩清单项目的工作内容；所有清单项目修改工作内容“工器具移运”为“工器（机）具移运”。

E.1.1 土石方工程：土石方开挖及回填清单项目修改工作内容“坑底夯实、修整边坡、平整”为“坑底夯实、修整边坡、坑边堆土”，删除工作内容“100m 余土场内运输”；开挖路面清单项目修改工作内容“施工机械装拆与场外运输”为“工器（机）具移运”，删除工作内容“100m 场内运输、装土”；修复路面清单项目增加工作内容“工器（机）具移运”，删除工作内容“100m 场内运输、装土”。

E.1.2 砌体工程：砖砌体清单项目增加工作内容“工器（机）具移运”，删除工作内容“防水”；混凝土电缆沟、浅槽清单项目增加工作内容“盖板制作、安装”“防水”和“工器（机）具移运”。

E.1.3 混凝土工程：混凝土浇筑清单项目增加工作内容“伸缩缝制作、安装”“工器（机）具移运”，修改工作内容“混凝土制作浇筑运输、振捣、养护”为“混凝土制作浇筑、振捣、养护”。

E.1.4 钢筋工程：钢筋、预埋铁件、钢构件清单项目增加工作内容“工器（机）具移运”。

E.1.5 电缆埋管工程：排管敷设清单项目增加工作内容“工器（机）具移运”；水平导向钻进清单项目工作内容改为“材料运输、装卸”“样沟、工作坑开挖”“设备安装、拆除”“钻机定位、导向、扩孔、清孔”“焊接管材、拉管、压密注浆、通管”“管道检测及试验”“工器（机）具移运”“清理现场”；顶电缆保护管清单项目增加工作内容“材料运输、装卸”“工器（机）具移运”“清理现场”。

E.1.7 栈桥工程：混凝土栈桥清单项目增加工作内容“工器（机）具移运”，修改工作内容“混凝土制作浇筑运输、振捣、养护”为“混凝土制作浇筑、振捣、养护”；钢结构栈桥清单项目增加工作内容“工器（机）具移运”。

E.1.8 工井工程：砌筑检查井清单项目增加工作内容“材料运输、装卸”“工器（机）具移运”和“清理现场”，删除工作内容“接地极接地母线敷设及接地电阻实验”，修改工作内容“混凝土拌合、运输、浇筑、养护”为“混凝土制作、振捣、浇筑、养护”，修改工作内容“预埋铁件制作、安装”为“爬梯制作、安装”；混凝土检查井清单项目增加工作内容“材料运输、装卸”“工器（机）具移运”和“清理现场”，删除工作内容“接地极接地母线敷设及接地电阻实验”，修改工作内容“混凝土拌合、运输、浇筑、养护”为“混凝土制作、振捣、浇筑、养护”，修改工作内容“盖板安装”为“盖板、过梁制作安装”；沉井清单项目增加工作内容“材料运输、装卸”“工器（机）具移运”和“防水、止水”；集水井清单项目增加工作内容“工器（机）具移运”“清理现场”，修改工作内容“混凝土浇筑”为“混凝土制作、振捣、浇筑、养护”；井筒清单项目增加工作内容“工器（机）具移运”“清理现场”“材料运输、装卸”；电力井盖清单清单项目修改工作内容为“材料运输、装卸，安装，工器（机）具移运，清理现场”。

E.1.9 辅助工程：栏杆、栅栏、围栏、围墙清单项目增加工作内容“砌筑、勾缝、抹面”“基础（梁）、圈梁、门柱砌筑或浇筑”和“门、锁安装”；余方外运与处置清单项目修改工作内容“装车、运土、卸土、平整”“修理边坡、清理机下余土”和“工作面排水及汽车行驶道路养护”为“材料运输、装卸”“弃方处置”“工器（机）具移运”和“清理现场”；回（换）填清单项目修改工作内容“回填夯实”为“分层回填夯实”，增加工作内容“工器（机）具移运”。

E.2.1 电缆桥、支架制作安装：所有清单项目删除工作内容“现场检验”，修改工作内容“工器具移运”为“工器（机）具移运”。

E.2.2 电缆敷设：直埋敷设清单项目修改工作内容“电缆敷设、挂铭牌”为“电缆绝缘电阻测量、护层耐压、敷设、固定、挂铭牌”；电缆沟、浅槽敷设，埋管内敷设，隧道敷设，盾构隧道敷设，桥架敷设，栈桥敷设清单项目修改工作内容“电缆敷设”为“电缆绝缘电阻测量、护层耐压、敷设”；测温光纤敷设清单项目增加工作内容“工器（机）具移运”“清理现场”。

E.2.3 电缆附件：电缆终端清单项目修改工作内容“终端制作、组装、接地”为“绝缘电阻测量、护层耐压、终端制作、组装、接地”；中间接头清单项目修改工作内容“中间接头制作、组装、接地”为“绝缘电阻测量、护层耐压、中间接头制作、组装、接地”；接地装置清单项目删除工作内容“接地电缆敷设”；接地极、接地体敷设清单项目增加工作内容“接地电阻测定”；避雷器清单项目修改工作内容“本体及连引线安装”为“本体及连引线安装、电缆信号箱、放电计数器安装”。

E.2.4 电缆防火及防护：电缆防护、电缆保护管清单项目修改工作内容“工器具移运”为“工器（机）具移运”。

E.2.5 调试及试验：电缆护层试验清单项目修改工作内容“摇测绝缘电阻”为“摇测绝缘电阻、交叉互联系统试验”，修改工作内容“护层耐压、介质损失试验、潮气试验”为“护层耐压”；电缆参数试验清单项目修改工作内容“参数测定”为“参数测定（波阻抗试验）”；电缆局部放电试验清单项目增加工作内容“局部放电试验”。

E.2.6 电缆监测（控）系统：在线监测、安保监测清单项目修改工作内容“工器具移运”为“工器（机）具移运”。

E.2.8 措施项目：电缆加热清单项目修改工作内容“加热设备安装”为“加热棚、加热设备安装拆除”，增加工作内容“加热测温”；电缆 GIS 头辅助工作（电缆穿仓）清单项目修改工作内容“开、盖仓盖”为“揭、盖仓盖”。

（五）项目划分变化

（1）架空输电工程施工图设计阶段工程量项目划分与 2016 年版清单计算规范保持一致，项目划分为基础工程、杆塔工程、接地工程、架线工程、附件工程、辅助工程、措施项目。

（2）陆上电缆输电线路工程项目划分为陆上电缆输电线路建筑工程、陆上电缆输电线路安装工程两部分，其中陆上电缆输电线路建筑工程项目划分与 2016 年版清单计算规范保持一致，项目划为土石方工程、构筑物、辅助工程、措施项目；陆上电缆输电线路安装工程项目划分将电缆头与电缆附属合并为电缆附件，调整后的项目划分为电缆桥、支架制作安装，电缆敷设，电缆附件，电缆防火及防护，调试及试验，电缆监测（控）系统，辅助工程，措施项目。

（3）水下电缆输电线路工程项目划分为水下电缆输电线路建筑工程、水下电缆输电线路安装工程两部分，其中水下电缆输电线路建筑工程项目划分为土石方、构筑物、辅助工程、措施项目；水下电缆输电线路安装工程项目划分为电缆桥、支架制作安装，电（光）缆敷设，电缆附件，电缆防火及防护，调试及试验，电缆监测（控）系统，辅助工程，措施项目。

第二章

正文部分内容详解

一、总则

【条文】1.0.1　为规范输电线路工程造价计量行为，统一输电线路工程工程量计算规则、工程量清单的编制方法，制定本规范。

【要点说明】本条阐述了制定清单计算规范的目的和意义。

【条文】1.0.2　本规范适用于 35kV ~ 1000kV 交流架空输电线路工程、+1100kV 及以下直流架空输电线路工程和 35kV ~ 500kV 电缆输电线路工程的新建、扩建工程初步设计、施工图设计两个阶段的发、承包及其实施阶段的计价活动。

【要点说明】本条阐述了清单计算规范的适用范围。

【条文】1.0.3　输电线路工程工程量清单计价，必须按本规范规定的工程量清单计算规则进行工程计量。

【要点说明】本条规定了执行清单计算规范的范围，明确了无论是国有资金投资的还是非国有资金投资的电力工程建设项目，凡采用工程量清单计价的，其工程计量均应执行清单计算规范。

【条文】1.0.4　输电线路工程施工发承包及实施阶段的计价活动，除应符合本规范外，还应符合国家、行业现行有关标准的规定。

【要点说明】本条规定了清单计算规范与其他标准的关系，清单计算规范的条款是电力建设工程计价与计量活动中应遵守的专业性条款，工程计量活动除应遵守清单计算规范外，还应遵守国家、行业现行有关标准的规定。

二、术语

【条文】2.0.1　工程量计算　measurement of quantities

工程量计算指建设工程项目以工程设计图纸、施工组织设计或施工方案及有关技术经济文件为依据，按照相关工程国家标准及本规范计算规则、计量单位等规定，进行工程数量的计算活动，在工程建设中简称“工程计量”。

【要点说明】本条阐述了工程量计算的依据、实施过程的计量办法。

【条文】2.0.2　建筑工程　construction project

建筑工程是指构成建设项目的各类建筑物、构筑物等设施工程。

【要点说明】建筑工程除包括建筑工程的本体之外，以下项目也列入建筑工程中：

（1）建筑物的上下水、采暖、通风、空调、照明设施（含照明配电箱）。

（2）建筑物用电梯的设备及其安装。

（3）建筑物的金属网门、栏栅及防雷设施，独立的避雷针、塔，建筑物的防雷接地。

（4）屋外配电装置的金属结构、金属构架或支架。

（5）换流站直流滤波器的电容器门形构架。

（6）各种直埋设施的土方、垫层、支墩，各种沟道的土方、垫层、支墩、结构、盖板，各种涵洞，各种顶管措施。

（7）消防设施，包括气体消防、水喷雾系统设备、喷头及其探测报警装置。

（8）站区采暖加热站设备及管道、采暖锅炉房设备及管道。

（9）生活污水处理系统的设备、管道及其安装。

（10）混凝土砌筑的箱、罐、池等。

（11）设备基础、地脚螺栓。

（12）建筑专业出图的站区工业管道。

（13）建筑专业出图的电线、电缆埋管工程。

（14）凡清单计算规范中已明确规定列入建筑工程的项目。

【条文】2.0.3　安装工程　installation project

安装工程是指构成建设项目生产工艺系统的各类设备、管道、线缆及其辅助装置的组合、装配和调试工程。

【要点说明】安装工程除包括各类设备、管道及其辅助装置的组合、装配及其材料之外，以下项目也列入安装工程中：

（1）设备的维护平台及扶梯。

（2）电缆、电缆桥（支）架及其安装，电缆防火。

（3）屋内配电装置的金属结构、金属支架、金属网门。

（4）设备本体、道路、屋外区域（如变压器区、配电装置区、管道区等）的照明。

（5）电气专业出图的空调系统集中控制装置安装。

（6）集中控制系统中的消防集中控制装置。

（7）接地工程的接地极、降阻剂、焦炭等。

（8）安装专业出图的电线、电缆埋管、工业管道工程。

（9）安装专业出图的设备支架、地脚螺栓。

（10）凡清单规范中已明确规定列入安装工程的项目。

【条文】2.0.4　输电线路　transmission line

输电线路是指连接发电厂、变电站（换流站）以及电力用户，以实现电力远距离输送的电力设施。按照结构形式，输电线路可分为架空输电线路和电缆输电线路。

【要点说明】输电线路输送电能，并联络各发电厂，变电站（所）使之并列运行，实现电力系统联网，并能实现电力系统间的功率传递。

【条文】2.0.5　架空输电线路　overhead line

架空输电线路是指以裸导线为电能输送载体，以杆、塔为主要支撑，露天空中架设的输电线路，也称为架空线路。

【要点说明】架空输电线路由杆塔、导线、绝缘子等构成，架设在地面上。

【条文】2.0.6　陆上电缆输电线路　land cable line

陆上电缆输电线路是指以电力电缆为电能输送载体，直埋于地下或布置在地下沟道、隧道内用以连接变电站、开关站和用户的输电线路。

【要点说明】陆上电缆输电线路包括陆上电缆线路建筑工程及陆上电缆线路安装工程两部分，适用于由于地区限制、安全或环境保护要求等，特别在城市、发电厂与变电站进出线走廊拥挤地区。

【条文】2.0.7　水下电缆输电线路　submarine cable line

水下电缆输电线路是指敷设在江、河、湖、海等水域环境中，电缆外护套直接与水接触或埋设在水底，用以连接变电站、开关站和用户的输电线路。

【要点说明】水下电缆输电线路由电缆、电缆接头、电缆终端及电缆附属设备等构成，敷设于水域环境中。

三、工程量计算

【条文】3.0.1　工程实施过程中的工程量计算应按照本规范的相关规定执行。

【要点说明】本条进一步规定了电力建设工程实施过程中的计算应按《电力建设工程工程量清单计

算规范　输电线路工程》（DL/T 5205—2021）的相关规定执行。

【条文】3.0.2　初步设计阶段工程量计算除依据本规范各项规定外，尚应依据以下文件：

1　经审定通过的初步设计图纸及其说明。

2　经审定通过的其他有关技术经济文件。

【要点说明】本条规定了工程量计算的依据。明确工程量计算，一是应遵守《电力建设工程工程量清单计算规范　输电线路工程》（DL/T 5205—2021）的各项规定；二是应依据初步设计图纸和其他有关技术经济文件进行计算；三是计算依据必须经审定通过。

【条文】3.0.3　施工图阶段工程量计算除依据本规范各项规定外，尚应依据以下文件：

1　经审定通过的施工图设计图纸及其说明。

2　经审定通过的施工组织设计或施工方案。

3　经审定通过的其他有关技术经济文件。

【要点说明】本条规定了工程量计算的依据。明确工程量计算，一是应遵守《电力建设工程工程量清单计算规范　输电线路工程》（DL/T 5205—2021）的各项规定；二是应依据施工图设计图纸、施工组织设计或施工方案和其他有关技术经济文件进行计算；三是计算依据必须经审定通过。

【条文】3.0.4　本规范附录中有两个或两个以上计量单位的，应结合拟建工程项目的实际情况，确定其中一个为计量单位。

【要点说明】本条规定了清单计算规范附录中有两个或两个以上计量单位的项目，在工程计量时，应结合拟建工程项目的实际情况，选择其中一个作为计量单位，在同一个建设项目（或标段、合同段）中，多个单位工程可以选择不同的计量单位，但每个清单项的计量单位有且只有一个。

【条文】3.0.5　工程量计算时每一项目汇总的有效位数应遵守下列规定：

1　以“t”“km”为单位，应保留小数点后三位数字，第四位小数四舍五入。

2　以“m”“m^2”“m^3”“kg”为单位，应保留小数点后两位数字，第三位小数四舍五入。

3　以“个”“单相”“单极”“基”“回路”“根”“套”“处”“组”“座”“副”“只”“套/三相”“套/二相”“互联段/三相”“组/三相”“瓶”“套·天”“台”“段”“油段/三相”“盘”“间隔”“项”“块”“串”“柱”为单位，应取整数。

【要点说明】本条规定了工程计量时，每一项目汇总工程量的有效位数。

【条文】3.0.6　本规范各项目仅列出了主要工作内容，除另有规定和说明外，应视为已经包括完成该项目所列或未列的全部工作内容。

【要点说明】本条规定了工作内容应按以下三个方面的要求执行：

（1）清单计算规范对项目的工作内容进行了规定，除另有规定和说明外，应视为已经包括完成该项目的全部工作内容，未列入内容或未发生，不应另行计算。

（2）清单计算规范附录中的工作内容列出了主要施工内容，施工过程中发生的机械移位、材料运输等辅助内容虽然未列出，但也应包括。

（3）清单计算规范以成品考虑的项目，如采用现场预制的，应包括制作的工作内容。

四、工程量清单编制

4.1　一般规定

【条文】4.1.1　编制初步设计阶段工程量清单应依据：

1　本规范。

2　国家、电力行业建设主管部门颁发的计价依据和办法。

3　电力建设工程设计文件、初步设计图纸。

4　与电力建设工程项目有关的标准、规范、技术资料。

5　拟定的招标文件。

6　施工现场情况、工程特点及常规施工方案。

7　其他相关资料。

【要点说明】本条规定了编制初步设计阶段工程量清单的编制依据。

【条文】4.1.2　编制施工图设计阶段工程量清单应依据：

1　本规范。

2　国家、电力行业建设主管部门颁发的计价依据和办法。

3　电力建设工程设计文件、施工图纸。

4　与电力建设工程项目有关的标准、规范、技术资料。

5　拟定的招标文件。

6　施工现场情况、工程特点、经审定的施工组织设计及施工方案。

7　其他相关资料。

【要点说明】本条规定了编制施工图设计阶段工程量清单的编制依据。

【条文】4.1.3　其他项目、规费和税金项目清单应按照 DL/T 5745—2021《电力建设工程工程量清单计价规范》的相关规定编制。

【要点说明】本条规定了其他项目、规费和税金应按照《电力建设工程工程量清单计价规范》（DL/T 5745—2021）的相关规定进行编制。其他项目清单包括暂列金额、暂估价、计日工、施工总承包服务费；规费包括社会保险费、住房公积金；税金指增值税，按政府有关主管部门的规定计算。

【条文】4.1.4　编制工程量清单出现附录中未包括的项目，编制人应做补充，并报电力工程造价与定额总站备案。补充的工程量清单需附有补充项目名称、项目特征、计量单位、工程量计算规则、工作内容。不能计量的措施项目，须附有补充项目名称、工作内容及包含范围。

【要点说明】工程建设中新材料、新技术、新工艺等不断涌现，清单计算规范附录所列的工程量清单项目不可能包含所有项目。在编制工程量清单时，当出现清单计算规范附录中未包括的项目时，编制人应补充。在编制补充项目时应注意以下三方面：

（1）补充的清单项目编码由按计量规范的规定确定。具体做法如下：补充项目的编码填写在相应分部分项工程量清单项目最后，并在“项目编码”栏中以“补××”示之，“××”为新增项目顺序码，自 01 起按顺序编制。同一招标工程的项目不得重码。

（2）在工程量清单中应附补充的项目名称、项目特征、计量单位、工程量计算规则和工作内容。

（3）将编制的补充项目报电力工程造价与定额管理总站备案。

4.2　分部分项工程

【条文】4.2.1　工程量清单应根据附录规定的项目编码、项目名称、项目特征、计量单位和工程量计算规则进行编制。

【要点说明】本条规定了构成一个分部分项工程量清单的五个要件——项目编码、项目名称、项目特征、计量单位和工程量，这五个要件在分部分项工程量清单的组成中缺一不可。

【条文】4.2.2　工程量清单的项目编码，应采用阿拉伯数字加英文字母十二位编码表示，共分为五级。附录 G 根据清单项目类别，并参照《电网工程建设预算编制与计算规定（2018 年版）》的项目划分，分别列出第一级工程专业码与第二级项目划分码，共六位；第三级为阶段码，初设阶段编码用 C 表示，施工图阶段编码用 S 表示；第四级为清单项目码；阶段码与清单项目码在附录 A ~ 附录 F 中列出，第五级为清单项目顺序码，顺序编码共两位，由清单编制人根据拟建工程的工程量清单项目名称和特征确定，自“01”起进行顺序编码，同一招标工程的项目编码不应有重码。

【要点说明】本条规定了分部分项工程量清单编码的规则：编码由十二位阿拉伯数字加英文字母组成，共分为五个级别，工程量清单编码规则如图 2–1 所示。

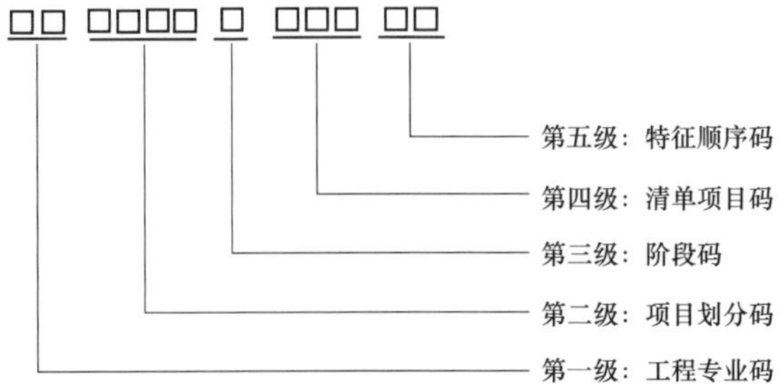

图 2–1　工程量清单编码规则

第一级为两位工程专业码，用数字加英文字母表示：“3A”表示架空输电线路工程，“3B”表示陆上电缆输电线路建筑工程，“3C”表示陆上电缆输电线路安装工程，“3D”表示水下电缆输电线路建筑工程，“3E”表示水下电缆输电线路安装工程。

第二级为项目划分码，用英文字母表示。

第三级为阶段码，“C”代表初步设计阶段，“S”代表施工图阶段。

第四级为清单项目码，用一位英文字母加两位阿拉伯数字表示。

第五级为清单项目特征顺序码，用两位阿拉伯数字表示。

【条文】4.2.3 工程量清单的项目名称应按照附录 A ~ 附录 F 的项目名称，结合拟建工程的实际确定。

【要点说明】本条规定了分部分项工程量清单项目名称的确定原则，应按清单计算规范附录中的项目名称，结合拟建电力工程的实际确定。项目名称原则上以形成工程实体而命名，特别是归并或综合较大的项目应区分项目名称，分别编码列项。项目名称如有缺项，招标人可按相应的原则进行补充，并报当地工程造价管理机构备案。

【条文】4.2.4 工程量清单的项目特征应按照附录 A ~ 附录 F 的项目特征，结合拟建工程的实际予以描述。

【要点说明】本条规定了分部分项工程量清单项目特征的描述原则。工程量清单的项目特征是确定一个清单项目综合单价不可缺少的重要依据，在编制工程量清单时，必须对项目特征进行准确和全面的描述。但有些项目特征用文字难以准确和全面的描述。为达到规范、简洁、准确和全面描述项目特征的要求，在描述工程量清单项目特征时应按以下原则进行：

（1）项目特征描述的内容应按清单计算规范附录中的规定，结合拟建工程实际，满足确定综合单价的需要。

（2）若采用标准图集或施工图纸能够全部或部分满足项目特征的要求，项目特征描述可直接采用“详见××图集（或××图号）”的方式。对不能满足项目特征描述要求的部分，仍应用文字描述。

（3）凡项目特征中未描述到的其他独有特征，由清单编制人视项目具体情况确定，以准确描述清单项目为准。

【条文】4.2.5 工程量清单中所列工程量应按照附录 A ~ 附录 F 中规定的工程量计算规则计算。

【要点说明】本条规定了分部分项工程量清单项目的工程量计算原则。分部分项工程量清单工程量主要通过工程量计算规则计算得到，按照清单计算规范附录中“工程量计算规则”规定的计算方法计算确定。除另有说明外，所有清单项目的工程量应以实体工程量为准，并以完成后的净值计算；投标人报价时，应在单价中考虑施工中各种损耗和需要增加的工程量。

【条文】4.2.6 工程量清单的计量单位应按照附录 A ~ 附录 F 中规定的计量单位确定。

【要点说明】本条规定了分部分项工程量清单项目计量单位的确定原则。计量单位应按清单计算规范附录中相应项目的规定计量单位填写。附录中有两个或两个以上计量单位的，应根据清单计算规范中规定的特征描述，并结合拟建工程项目的实际来选定一个合适的计量单位。

4.3 措施项目

【条文】措施项目中列出了项目编码、项目名称、项目特征、计量单位、工程量计算规则的项目，编制工程量清单时，应按本规范附录 A ~ 附录 F 的措施项目规定的项目编码、项目名称确定。

【要点说明】措施项目是指为完成拟建工程项目施工，发生于该工程施工前和施工过程中技术、生活、安全等方面的非工程实体项目。措施项目清单应根据拟建工程的实际情况列项。其中：

（1）对于能计量的且以清单形式列出的项目（即单价措施项目），应结合拟定的施工方案，同分部分项工程一样，编制工程量清单时应列出项目编码、项目名称、项目特征、计量单位。同时应按清单计算规范中 4.2 的有关规定执行。

（2）对于不能计量的项目（即总价措施项目），应结合拟定的施工方案明确其包含的内容、要求及计算公式。

第三章

初步设计阶段工程量清单项目及计算规则说明

本章内容将《电力建设工程工程量清单计算规范　输电线路工程》（DL/T 5205—2021）与《电力建设工程预算定额（2018 年版） 第四册　架空输电线路工程》《电力建设工程预算定额（2018 年版） 第五册　电缆输电线路工程》进行有机结合，形成参考对应表，便于引导初步设计阶段工程量清单计价的编制。

一、架空输电线路工程

A.1　基础工程

A.1.1　基础钢材

项目编码	项目名称	计量单位	参考定额编号	备注
CA01	现浇基础（构件）钢筋	t	YX1-17；YX1-39；YX1-40；YX1-97；YX1-98；YX1-143；YX1-144；YX1-173～YX1-178；YX1-203～YX1-208；YX3-43	基础护壁、排洪（水）沟、护坡、挡土（水）墙、围堰、防撞墩钢筋计入现浇基础（构件）钢筋清单项目
CA02	钢筋笼	t	YX1-17；YX1-39；YX1-40；YX1-97；YX1-98；YX1-143；YX1-144；YX1-173～YX1-178；YX1-203～YX1-208；YX3-44	
CA03	地脚螺栓	t	YX1-17；YX1-39；YX1-40；YX1-97；YX1-98；YX1-143；YX1-144；YX1-173～YX1-178；YX1-203～YX1-208；YX3-43	地脚螺栓的附属材料计入地脚螺栓工程量，如箍筋、环形定位板等
CA04	插入式角钢（或钢管）	t	YX1-17；YX1-39；YX1-40；YX1-97；YX1-98；YX1-143；YX1-144；YX1-173～YX1-178；YX1-203～YX1-208；YX3-43	

A.1.2　混凝土工程

项目编码	项目名称	计量单位	参考定额编号	备注
CA05	预制基础	基	YX1-6～YX1-11；YX1-17；YX1-22～YX1-32；YX1-39；YX1-40；YX1-45；YX1-46；YX1-69～YX1-80；YX1-97；YX1-98；YX1-107；YX1-108；YX1-119～YX1-130；YX1-143；YX1-144；YX1-153；YX1-154；YX2-1～YX2-88；YX3-1～YX3-36	

续表

项目编码	项目名称	计量单位	参考定额编号	备注
CA06	混凝土装配式基础	m^3	YX1-6～YX1-11；YX1-17；YX1-23～YX1-32；YX1-39；YX1-40；YX1-45；YX1-46；YX1-69～YX1-80；YX1-97；YX1-98；YX1-107；YX1-108；YX1-119～YX1-130；YX1-143；YX1-144；YX1-153；YX1-154；YX2-1～YX2-88；YX3-37～YX3-42	
CA07	现浇基础	m^3	YX1-17；YX1-22；YX1-39；YX1-40；YX1-45；YX1-46；YX1-97；YX1-98；YX1-107；YX1-108；YX1-143；YX1-144；YX1-153；YX1-154；YX1-173～YX1-184；YX1-203～YX1-214；YX2-1～YX2-88；YX3-63～YX3-83	
CA08	挖孔基础	m^3	YX1-17；YX1-22；YX1-39；YX1-40；YX1-45；YX1-46；YX1-97；YX1-98；YX1-107；YX1-108；YX1-143；YX1-144；YX1-153；YX1-154；YX1-173～YX1-184；YX1-203～YX1-214；YX2-1～YX2-7；YX2-89～YX2-212；YX3-63～YX3-72；YX3-74～YX3-82；YX3-171～YX3-178；YX3-192～YX3-194	
CA09	灌注桩基础	m^3	YX1-17；YX1-22；YX1-39；YX1-40；YX1-45；YX1-46；YX1-97；YX1-98；YX1-107；YX1-108；YX1-143；YX1-144；YX1-153；YX1-154；YX1-173～YX1-184；YX1-203～YX1-214；YX2-1～YX2-7；YX3-72；YX3-96～YX3-180	
CA10	预制桩基础	m^3	YX1-6～YX1-11；YX1-17；YX1-23～YX1-32；YX1-39；YX1-40；YX1-69～YX1-80；YX1-97；YX1-98；YX1-119～YX1-130；YX1-143；YX1-144；YX1-173～YX1-178；YX1-203～YX1-208；YX2-1～YX2-7；YX3-72；YX3-182～YX3-189	
CA11	钢管桩基础	根	YX1-17；YX1-39；YX1-40；YX1-97；YX1-98；YX1-143；YX1-144；YX1-173～YX1-178；YX1-203～YX1-208；YX2-1～YX2-7；YX3-72；YX3-190；YX3-191	基础承台按现浇基础清单计列
CA12	岩石锚杆基础	m	YX1-17；YX1-22；YX1-39；YX1-40；YX1-45；YX1-46；YX1-97；YX1-98；YX1-107；YX1-108；YX1-143；YX1-144；YX1-153；YX1-154；YX1-173～YX1-184；YX1-203～YX1-214；YX2-1～YX2-7；YX3-72；YX3-84～YX3-95	基础承台按现浇基础清单计列

续表

项目编码	项目名称	计量单位	参考定额编号	备注
CA13	树根桩基础	m^3	YX1-17；YX1-22；YX1-39；YX1-40；YX1-45；YX1-46；YX1-97；YX1-98；YX1-107；YX1-108；YX1-143；YX1-144；YX1-153；YX1-154；YX1-173～YX1-184；YX1-203～YX1-214； YX2-1～YX2-7； YX3-72；YX3-181	基础承台按现浇基础清单计列
CA14	基础垫层	m^3	YX1-22；YX1-45；YX1-46；YX1-107；YX1-108；YX1-153；YX1-154；YX1-179～YX1-184；YX1-209～YX1-214； YX3-45～YX3-62	

A.1.3　基础防护

项目编码	项目名称	计量单位	参考定额编号	备注
CA15	基础防腐	m^2	YX1-22；YX1-45；YX1-46；YX1-107；YX1-108；YX1-153；YX1-154；YX1-179～YX1-184；YX1-209～YX1-214； YX3-195～YX3-196	
CA16	基础阴极保护	1. 套 2. 处	YX1-22；YX1-45；YX1-46；YX1-107；YX1-108；YX1-153；YX1-154；YX1-179～YX1-184；YX1-209～YX1-214； YX3-197～YX3-198	1. 镁合金阳极安装以“套”为计量单位 2. 测试桩及参比电极安装以“处”为计量单位

A.2　杆塔工程

项目编码	项目名称	计量单位	参考定额编号	备注
CB01	混凝土杆组立	基	YX1-1～YX1-5；YX1-12～YX1-17；YX1-47～YX1-56；YX1-81～YX1-86；YX1-97；YX1-98；YX1-109～YX1-118；YX1-131～YX1-136；YX1-143；YX1-144； YX4-1～YX4-12；YX4-152～YX4-156； YX7-27	混凝土杆质量包含杆身自重和横担、叉梁、脚钉、爬梯、拉线抱箍、避雷器支架等全部杆身组合构件的质量，不包含基础、接地、拉线组、绝缘子金具串的质量
CB02	钢管杆组立	t	YX1-57～YX1-68； YX4-13～YX4-32； YX7-27	1. 薄壁离心混凝土钢管杆组立，按钢管杆组立清单项目 2. 钢管杆质量包含杆身自重和横担、叉梁、脚钉、爬梯、拉线抱箍、避雷器支架等全部杆身组合构件的质量，不包含基础、接地、拉线组、绝缘子金具串的质量
CB03	拉线塔组立	t	YX1-20；YX1-21；YX1-41～YX1-44；YX1-103～YX1-106；YX1-149～YX1-152；YX1-155～YX1-160；YX1-185～YX1-190； YX4-33～YX4-88；YX4-152～YX4-156； YX7-27	拉线塔质量包含塔身、脚钉、爬梯、电梯井架、避雷器支架等全部塔身组合构件的质量，不包含基础、接地、拉线组、绝缘子金具串的质量

续表

项目编码	项目名称	计量单位	参考定额编号	备注
CB04	自立塔组立	t	YX1-20; YX1-21; YX1-41～YX1-44; YX1-103～YX1-106; YX1-149～YX1-152; YX1-155～YX1-160; YX1-185～YX1-190; YX4-33～YX4-144; YX7-27	自立塔质量包含塔身、脚钉、爬梯、电梯井架、避雷器支架等全部塔身组合构件的质量，不包含基础、接地、拉线组、绝缘子金具串的质量
CB05	钢管塔管内灌注混凝土	m^3	YX4-145～YX4-151	
CB06	杆塔刷漆	t	YX4-157～YX4-158	

A.3 接地工程

项目编码	项目名称	计量单位	参考定额编号	备注
CC01	接地安装	基	YX1-17；YX1-22；YX1-39；YX1-40；YX1-45；YX1-46；YX1-97；YX1-98；YX1-107；YX1-108；YX1-143；YX1-144；YX1-153；YX1-154；YX1-173～YX1-184；YX1-203～YX1-214；YX2-213～YX2-219；YX3-203～YX3-214	1．接地安装包括接地槽挖方及回填、接地体加工及制作、一般接地体安装、铜覆钢接地体安装、非开挖接地 2．接地槽土方设计要求换土（借土回填），按回（换）填清单项目计列

A.4 架线工程

A.4.1 导地线架设

项目编码	项目名称	计量单位	参考定额编号	备注
CD01	避雷线架设	km	YX1-12～YX1-17；YX1-33～YX1-40；YX1-81～YX1-98；YX1-131～YX1-144; YX1-161～YX1-178；YX1-191～YX1-208；YX5-1～YX5-7；YX5-18；YX5-23；YX5-28；YX5-29；YX5-32～YX5-35	
CD02	OPGW 架设	km	YX1-12～YX1-17；YX1-33～YX1-40；YX1-81～YX1-98；YX1-131～YX1-144; YX1-161～YX1-178；YX1-191～YX1-208；YX5-18；YX5-23；YX5-28～YX5-31；YX5-205～YX5-231	
CD03	导线架设	km	YX1-12～YX1-17；YX1-33～YX1-40；YX1-81～YX1-98；YX1-131～YX1-144; YX1-173～YX1-178；YX1-203～YX1-208；YX5-8～YX5-29; YX5-36～YX5-79；YX5-205～YX5-231	
CD04	耦合屏蔽线架设	km	YX1-12～YX1-17; YX1-33～YX1-40；YX1-81～YX1-98；YX1-131～YX1-144; YX1-173～YX1-178；YX1-203～YX1-208；YX5-199～YX5-204	

A.4.2 跨（穿）越架设

项目编码	项目名称	计量单位	参考定额编号	备注
CD05	交叉跨越	处	YX5-80～YX5-192	
CD06	特殊跨越	处	YX5-193～YX5-198	特殊跨越是指采用非脚手架搭设方式跨越被跨越物的形式
CD07	穿越电力线	处	YX5-116～YX5-167	

A.5 附件工程

项目编码	项目名称	计量单位	参考定额编号	备注
CE01	导线耐张串	组	YX1-17～YX1-19；YX1-39；YX1-40；YX1-97～YX1-102；YX1-143～YX1-148；YX1-161～YX1-178；YX1-191～YX1-208；YX6-1～YX6-20；YX6-90；YX6-92；YX6-94；YX6-96；YX6-98；YX6-100	导线耐张串的计量单位中“组”是指单侧单相为一组计量
CE02	导线悬垂、跳线串	串	YX1-17～YX1-19；YX1-39；YX1-40；YX1-97～YX1-102；YX1-143～YX1-148；YX1-161～YX1-178；YX1-191～YX1-208；YX6-21～YX6-89；YX6-91；YX6-93；YX6-95；YX6-97；YX6-99	
CE03	跳线制作及安装	1. 单相 2. 单极	YX1-17～YX1-19；YX1-39；YX1-40；YX1-97～YX1-102；YX1-143～YX1-148；YX1-161～YX1-178；YX1-191～YX1-208；YX6-152～YX6-171	1. 跳线制作及安装清单项目不包括软跳线间隔棒安装，发生时执行金具清单项目 2. 交流线路工程以“单相”为计量单位，直流线路工程以“单极”为计量单位
CE04	金具	1. 个 2. 单相 3. 组 4. 单极 5. 串	YX1-17；YX1-39；YX1-40；YX1-97；YX1-98；YX1-143；YX1-144；YX1-173～YX1-178；YX1-203～YX1-208；YX6-101～YX6-151	1. 金具清单项目是指与上述绝缘子串不相连而需要独立安装的单元，包括重锤、阻尼线、阻冰环、防振锤、间隔棒等 2. 防振锤、间隔棒以“个”为计量单位，相间间隔棒以“组”为计量单位，重锤、阻尼线以“单相”或“单极”为计量单位，阻冰环以“个”为计量单位

A.6 辅助工程

项目编码	项目名称	计量单位	参考定额编号	备注
CF01	输电线路试运	回路	YX7-127～YX7-133	
CF02	尖峰、基面土石方开挖	m^3	YX2-226～YX2-230	尖峰及施工基面土石方量计算，按设计提供的基面标高并按地形、地貌以实际情况进行计算

续表

项目编码	项目名称	计量单位	参考定额编号	备注
CF03	排洪（水）沟、护坡、挡土（水）墙、基础护面、永久围堰、防撞墩	m^3	YX1-17；YX1-22；YX1-39；YX1-40；YX1-45；YX1-46；YX1-97；YX1-98；YX1-107；YX1-108；YX1-143；YX1-144；YX1-153；YX1-154；YX1-173～YX1-184；YX1-203～YX1-214；YX2-220～YX2-225；YX7-17～YX7-26	
CF04	防鸟装置	个	YX1-17；YX1-39；YX1-40；YX1-97；YX1-98；YX1-143；YX1-144；YX1-173～YX1-178；YX1-203～YX1-208；YX7-28；YX7-29	
CF05	防坠落装置	m	YX1-17；YX1-39；YX1-40；YX1-97；YX1-98；YX1-143；YX1-144；YX1-173～YX1-178；YX1-203～YX1-208；YX7-30；YX7-31	
CF06	避雷器	1. 单相 2. 单极	YX1-17；YX1-39；YX1-40；YX1-97；YX1-98；YX1-143；YX1-144；YX1-173～YX1-178；YX1-203～YX1-208；YX7-32～YX7-41	交流线路工程以“单相”为计量单位，直流线路工程以“单极”为计量单位
CF07	拦河线	处	YX1-17；YX1-22；YX1-39；YX1-40；YX1-45；YX1-46；YX1-97；YX1-98；YX1-107；YX1-108；YX1-143；YX1-144；YX1-153；YX1-154；YX1-173～YX1-184；YX1-203～YX1-214；YX2-8～YX2-212；YX3-1～YX3-222；YX4-1～YX4-158；YX5-232～YX5-234	
CF08	监测装置	套	YX1-17；YX1-39；YX1-40；YX1-97；YX1-98；YX1-143；YX1-144；YX1-173～YX1-178；YX1-203～YX1-208；YX7-42～YX7-48	
CF09	耐张线夹 X 射线探伤	基	YX7-122～YX7-126	
CF10	索道设施	处	YX7-49～YX7-121	
CF11	固沙	m^2	YX1-22；YX1-45；YX1-46；YX1-107；YX1-108；YX7-14；YX7-15	
CF12	回（换）填	m^3	YX1-22；YX1-45；YX1-46；YX1-107；YX1-108；YX1-153；YX1-154；YX1-179～YX1-184；YX1-209～YX1-214；YX2-231；YX2-232	落水洞回填、危石清理等工作费用执行该清单项目

续表

项目编码	项目名称	计量单位	参考定额编号	备注
CF13	余方外运与处置	m^3	YX1-22；YX1-45；YX1-46；YX1-107；YX1-108；YX1-153；YX1-154；YX1-179～YX1-184；YX1-209～YX1-214	余方外运与处置指运距100m以上的运输，100m范围内的运输及处理含在清单项目工作内容中。该清单项目也适用于尖峰、基面、排洪（水）沟、护坡、挡土（水）墙等开挖的余方外运及处置，工程量按设计尺寸计算

A.7　措施项目

项目编码	项目名称	计量单位	参考定额编号	备注
CG01	临时围堰	基	YX1-22；YX1-45；YX1-46；YX1-107；YX1-108；YX1-153；YX1-154；YX1-179～YX1-184；YX1-209～YX1-214；GT9-192～GT9-193	
CG02	施工降水	基	GT12-1～GT12-7	施工降水清单项目适用于地下工程施工时，出现地下水并需采用井点设备进行排水的项目，不适用于由于降雨或其他地表水引发的基坑排水
CG03	钢板桩围护	t	GT12-8～GT12-9	
CG04	打拔木桩	m^3	YX1-22；YX1-45；YX1-46；YX1-107；YX1-108；YX1-153；YX1-154；YX1-179～YX1-184；YX1-209～YX1-214；YX7-16	
CG05	施工道路	m^2	YX1-22；YX1-45；YX1-46；YX1-107；YX1-108；YX1-153；YX1-154；YX1-179～YX1-184；YX1-209～YX1-214；YX7-1～YX7-13	

二、陆上电缆输电线路工程

B.1　陆上电缆输电线路建筑工程

B.1.1　土石方工程

项目编码	项目名称	计量单位	参考定额编号	备注
CA01	土石方开挖及回填	m^3	YL1-1～YL1-23	1．土石方体积应按挖掘前的天然密实体积计算 2．土方开挖及回填清单指原土回填，其他材料回填执行辅助工程清单项目
CA02	开挖路面	m^2	YL1-24～YL1-33	
CA03	修复路面	m^2	YX7-1～YX7-13	

B.1.2 电缆沟、浅槽

项目编码	项目名称	计量单位	参考定额编号	备注
CB01	砖砌电缆沟、浅槽	m	YL1-39～YL1-42；YL1-44～YL1-46；YL1-55；YL1-56；YL1-73；YL1-74	
CB02	混凝土电缆沟、浅槽	m	YL1-39～YL1-41；YL1-43～YL1-46；YL1-55；YL1-56；YL1-73；YL1-74	电缆沟、浅槽的工作内容是除土石方工程外设计图纸全部工作内容

B.1.3 工作井

项目编码	项目名称	计量单位	参考定额编号	备注
CC01	砌筑检查井	座	YL1-39～YL1-42；YL1-44～YL1-49；YL1-55；YL1-56；YL1-73；YL1-74；YT9-33～YT9-42	砌筑检查井和混凝土检查井工作内容是除土石方工程外设计图纸全部工作量
CC02	混凝土检查井	座	YL1-39～YL1-41；YL1-44～YL1-49；YL1-55；YL1-56；YL1-73；YL1-74；YT9-33～YT9-42；GT6-1～GT6-31	
CC03	沉井	座	YL1-44～YL1-46；YL1-55；YL1-56；YL1-73；YL1-74；GT6-1～GT6-31；GT9-44～GT9-49	

B.1.4 电缆埋管工程

项目编码	项目名称	计量单位	参考定额编号	备注
CD01	排管浇筑	m	YL1-39～YL1-41；YL1-50～YL1-56	
CD02	水平导向钻进	m	YL1-60～YL1-72	
CD03	顶电缆保护管	m	YL1-57～YL1-59	顶电缆保护管是指顶直径不大于300mm的电缆保护管

B.1.5 隧道工程

隧道工程工程量清单项目设置、项目特征描述的内容、计量单位及工程量计算规则执行《市政工程工程量计算规范》（GB 50857—2013）相应工程量清单项目；相配套的通风、排水、照明、消防，执行《通用安装工程工程量计算规范》（GB 50856—2013）相应工程量清单规范。

B.1.6 栈桥工程

项目编码	项目名称	计量单位	参考定额编号	备注
CF01	混凝土栈桥	m^3	GT7-8～GT7-28	栈桥基础执行E.1.3混凝土工程（编码SC）的相应清单项目
CF02	钢结构栈桥	t	GT8-12～GT8-19	栈桥基础执行E.1.3混凝土工程（编码SC）的相应清单项目

B.1.7 辅助工程

项目编码	项目名称	计量单位	参考定额编号	备注
CG01	栏杆、栅栏、围栏、围墙	m^2	GT10-10～GT10-25	
CG02	回（换）填	m^3	YX2-231；YX2-232	
CG03	余方外运及处置	m^3	YX1-22；YX1-45；YX1-46；YX1-107；YX1-108；YX1-153；YX1-154	余方弃置体积，按开挖前的天然密实体积计算

B.1.8 措施项目

项目编码	项目名称	计量单位	参考定额编号	备注
CH01	轻型井点降水系统安拆	1. m 2. 根	GT12-2	
CH02	井点降水系统安拆	根	GT12-4；GT12-6	
CH03	坑槽明排水降水系统运行	套·天	GT12-1	
CH04	轻型井点降水系统运行	套·天	GT12-3	
CH05	井点降水系统运行	套·天	GT12-5；GT12-7	
CH06	施工道路	m^2	YX7-1～YX7-13	

B.2 陆上电缆输电线路安装工程

B.2.1 电缆桥、支架制作安装

项目编码	项目名称	计量单位	参考定额编号	备注
CA01	电缆桥架	1. m 2. t	YL4-44～YL4-47； YX1-17；YX1-22；YX1-39；YX1-40；YX1-45；YX1-46；YX1-97；YX1-98；YX1-107；YX1-108；YX1-143；YX1-144；YX1-153；YX1-154	铝合金桥架、托盘安装按断面以“m”为计量单位，钢制桥架安装以“t”为计量单位
CA02	电缆支架	1. t 2. 副	YL4-41～YL4-43； YX1-17；YX1-22；YX1-39；YX1-40；YX1-45；YX1-46；YX1-97；YX1-98；YX1-107；YX1-108；YX1-143；YX1-144；YX1-153；YX1-154	

B.2.2 电缆敷设

项目编码	项目名称	计量单位	参考定额编号	备注
CB01	直埋敷设	m	YL1-1～YL1-23；YL1-75～YL1-77； YL2-1～YL2-4；YL2-17～YL2-20；YL2-33～YL2-37； YL4-20～YL4-29； YX1-12～YX1-17；YX1-22；YX1-33～YX1-40；YX1-45；YX1-46；YX1-81～YX1-98；YX1-107；YX1-108；YX1-131～YX1-144；YX1-153；YX1-154	直埋电缆敷设的工作内容包括了土方开挖、电缆敷设、充砂、盖保护板、局部电缆保护管敷设、土方回填等工序的全部内容

续表

项目编码	项目名称	计量单位	参考定额编号	备注
CB02	电缆沟、浅槽敷设	m	YL1-78～YL1-82； YL2-5～YL2-8；YL2-21～YL2-24；YL2-38～YL2-42；YL2-53； YL4-20～YL4-29；YL4-56；YL4-57； YX1-12～YX1-17；YX1-22；YX1-33～YX1-40；YX1-45；YX1-46；YX1-81～YX1-98；YX1-107；YX1-108；YX1-131～YX1-144；YX1-153；YX1-154； YZ13-16；YZ13-51；YZ13-59；YZ13-92	
CB03	埋管内敷设	m	YL2-13～YL2-16；YL2-29～YL2-32；YL2-48～YL2-52；YL2-55； YL4-20～YL4-29； YX1-12～YX1-17；YX1-22；YX1-33～YX1-40；YX1-45；YX1-46；YX1-81～YX1-98；YX1-107；YX1-108；YX1-131～YX1-144；YX1-153；YX1-154； YZ13-16；YZ13-51；YZ13-59；YZ13-92	
CB04	隧道敷设	m	YL2-9～YL2-12；YL2-25～YL2-28；YL2-43～YL2-47；YL2-54； YL4-20～YL4-29；YL4-56；YL4-57； YX1-12～YX1-17；YX1-22；YX1-33～YX1-40；YX1-45；YX1-46；YX1-81～YX1-98；YX1-107；YX1-108；YX1-131～YX1-144；YX1-153；YX1-154； YZ13-16；YZ13-51；YZ13-59；YZ13-92	
CB05	桥架敷设	m	YL2-13～YL2-16；YL2-29～YL2-32；YL2-48～YL2-52；YL2-55； YL4-20～YL4-29； YX1-12～YX1-17；YX1-22；YX1-33～YX1-40；YX1-45；YX1-46；YX1-81～YX1-98；YX1-107；YX1-108；YX1-131～YX1-144；YX1-153；YX1-154； YZ13-16；YZ13-51；YZ13-59；YZ13-92	
CB06	栈桥敷设	m	YL2-13～YL2-16；YL2-29～YL2-32；YL2-48～YL2-52；YL2-55； YL4-20～YL4-29； YX1-12～YX1-17；YX1-22；YX1-33～YX1-40；YX1-45；YX1-46；YX1-81～YX1-98；YX1-107；YX1-108；YX1-131～YX1-144；YX1-153；YX1-154； YZ13-16；YZ13-51；YZ13-59；YZ13-92	

B.2.3 电缆附件

项目编码	项目名称	计量单位	参考定额编号	备注
CC01	电缆终端	1. 套/三相 2. 套/二相	YX1-17；YX1-39；YX1-40；YX1-97；YX1-98；YX1-143；YX1-144； YL3-27～YL3-62	交流线路工程以“套/三相”为计量单位，直流线路工程以“套/二相”为计量单位
CC02	中间接头	1. 套/三相 2. 套/二相	YX1-17；YX1-39；YX1-40；YX1-97；YX1-98；YX1-143；YX1-144； YL3-1～YL3-26	交流线路工程以“套/三相”为计量单位，直流线路工程以“套/二相”为计量单位
CC03	接地装置	1. 套 2. 套/三相	YX1-12～YX1-17；YX1-33～YX1-40；YX1-81～YX1-98；YX1-131～YX1-144； YL4-1～YL4-13	接地装置包括直接接地箱、护层保护器、护层保护器接地箱、交叉互联箱安装等，接地装置名称要描述单相或三相，单相时计量单位为“套”，三相时计量单位为“套/三相”
CC04	接地体敷设	m	YX1-17；YX1-22；YX1-39；YX1-40；YX1-45；YX1-46；YX1-97；YX1-98；YX1-107；YX1-108；YX1-143；YX1-144；YX1-153；YX1-154； YL4-14～YL4-19	接地体敷设清单项中包括接地极安装的相应内容
CC05	避雷器	组/三相	YX1-17；YX1-39；YX1-40；YX1-97；YX1-98；YX1-143；YX1-144； YL4-58～YL4-68	

B.2.4 电缆防火及防护

项目编码	项目名称	计量单位	参考定额编号	备注
CD01	电缆防护	1. m 2. t 3. m^2 4. 个	YX1-22；YX1-45；YX1-46；YX1-107；YX1-108；YX1-153；YX1-154； YL4-30～YL4-35	电缆防护包括电缆的防火、防水、防爆等。 防火带、防火槽以“m”为计量单位； 防火涂料、防火墙、防火隔以“m^2”为计量单位； 防火弹、接头保护盒以“个”为计量单位； 孔洞防火封堵以“t”为计量单位

B.2.5 调试及试验

项目编码	项目名称	计量单位	参考定额编号	备注
CE01	电缆护层试验	互联段/三相	YL5-1～YL5-3	
CE02	电缆耐压试验	回路	YL5-4～YL5-13	
CE03	电缆参数试验	回路	YL5-16～YL5-19	
CE04	充油电缆绝缘油试验	1. 瓶 2. 油段/三相	YL5-20～YL5-22	耐压、介损试验和色谱分析以“瓶”为计量单位，油流、含气检查以“油段/三相”为计量单位

续表

项目编码	项目名称	计量单位	参考定额编号	备注
CE05	电缆局部放电试验	1. 回路 2. 只	YL5-14；YL5-15	
CE06	输电线路试运	回	YX7-127～YX7-130	

B.2.6 电缆监测（控）系统

项目编码	项目名称	计量单位	参考定额编号	备注
CF01	在线监测	1. 套 2. 台	YL4-36～YL4-40	监控主机安装及调试以“台”为计量单位，监控井盖安装及调试以“套”为计量单位，接地环流检测装置以“套”计量单位
CF02	安保监测	1. 套 2. 台	YL4-36～YL4-40	监控主机安装及调试以“台”为计量单位，监控井盖安装及调试以“套”为计量单位，接地环流检测装置以“套”计量单位

B.2.7 辅助工程

项目编码	项目名称	计量单位	参考定额编号	备注
CG01	电缆三维测量	m		参考其他定额

B.2.8 措施项目

项目编码	项目名称	计量单位	参考定额编号	备注
CH01	电缆加热	盘	YL4-69；YL4-70	
CH02	电缆 GIS 头辅助工作（电缆穿仓）	间隔		参考其他定额
CH03	空调机、去湿机安装与拆除	处	YL4-55	
CH04	特殊工作棚	项		1. 特殊工作棚适用安装电缆头时，对工作环境有除尘、除湿等特殊要求的工作棚以及特殊要求的电缆加热防护棚 2. 按照技术方案要求参考其他定额
CH05	临时支架（终端塔平台）搭、拆	处	YX1-17；YX1-39；YX1-40；YX1-97；YX1-98；YX1-143；YX1-144； YL4-48～YL4-53	

三、水下电缆输电线路工程

C.1 水下电缆输电线路建筑工程

C.1.1 土石方工程

项目编码	项目名称	计量单位	参考定额编号	备注
CA01	土石方开挖及回填	m^3	YL1-1～YL1-23	
CA02	潮间带沟槽开挖	m	YL9-18；YL9-19	
CA03	水下沟槽开挖	m	YL9-20～YL9-22	

续表

项目编码	项目名称	计量单位	参考定额编号	备注
CA04	换土填方	m^3	YX2-231；YX2-232	适用于除基坑、接地槽以外其他土方回填
CA05	水下开挖及回填	m^3	YL9-20～YL9-24	
CA06	开挖路面	m^2	YL1-24～YL1-33	
CA07	修复路面	m^2	YX7-1～YX7-13	

C.1.2 电缆沟、浅槽

项目编码	项目名称	计量单位	参考定额编号	备注
CB01	砖砌电缆沟、浅槽	m	YL1-39～YL1-42；YL1-44～YL1-46；YL1-55；YL1-56；YL1-73；YL1-74	
CB02	混凝土电缆沟、浅槽	m	YL1-39～YL1-41；YL1-43～YL1-46；YL1-55；YL1-56；YL1-73；YL1-74	

C.1.3 工井工程

项目编码	项目名称	计量单位	参考定额编号	备注
CC01	砌筑检查井	座	YL1-39～YL1-42；YL1-44～YL1-49；YL1-55；YL1-56；YL1-73；YL1-74；YT9-33～YT9-42	
CC02	混凝土检查井	座	YL1-39～YL1-41；YL1-44～YL1-49；YL1-55；YL1-56；YL1-73；YL1-74；YT9-33～YT9-42；GT6-1～GT6-31	
CC03	沉井	座	YL1-44～YL1-46；YL1-55；YL1-56；YL1-73；YL1-74；GT6-1～GT6-31；GT9-44～GT9-49	

C.1.4 电缆埋管工程

项目编码	项目名称	计量单位	参考定额编号	备注
CD01	排管浇筑	m	YL1-39～YL1-41；YL1-50～YL1-56	
CD02	水平导向钻进	m	YL1-60～YL1-72	
CD03	顶电缆保护管	m	YL1-57～YL1-59	

C.1.5 隧道工程

隧道工程工程量清单项目设置、项目特征描述的内容、计量单位及工程量计算规则执行《市政工程工程量计算规范》（GB 50857—2013）相应工程量清单项目；相配套的通风、排水、照明、消防，执行《通用安装工程工程量计算规范》（GB 50856—2013）相应工程量清单规范。

C.1.6 栈桥工程

项目编码	项目名称	计量单位	参考定额编号	备注
CF01	混凝土栈桥	m^3	GT7-8～GT7-28	
CF02	钢结构栈桥	t	GT8-12～GT8-19	

C.1.7　辅助工程

项目编码	项目名称	计量单位	参考定额编号	备注
CG01	栏杆、栅栏、围栏、围墙	m^2	GT10-10～GT10-25	
CG02	回（换）填	m^3	YX2-231；YX2-232	
CG03	余方外运及处置	m^3	YX1-22；YX1-45；YX1-46；YX1-107；YX1-108；YX1-153；YX1-154	

C.1.8　措施项目

项目编码	项目名称	计量单位	参考定额编号	备注
CH01	轻型井点降水系统安拆	m	GT12-2	
CH02	井点降水系统安拆	根	GT12-4；GT12-6	
CH03	坑槽明排水降水系统运行	套·天	GT12-1	
CH04	轻型井点降水系统运行	套·天	GT12-3	
CH05	井点降水系统运行	套·天	GT12-5；GT12-7	
CH06	施工道路	m^2	YX7-1～YX7-13	
CH07	施工围堰	m^3	GT9-192；GT9-193	
CH08	脚手架	m^2	YT15-36～YT15-51	

C.2　水下电缆输电线路安装工程

C.2.1　电缆桥、支架制作安装

项目编码	项目名称	计量单位	参考定额编号	备注
CA01	电缆桥架	1．m 2．t	YL4-4～YL4-47； YX1-17；YX1-22；YX1-39；YX1-40；YX1-45；YX1-46；YX1-97；YX1-98；YX1-107；YX1-108；YX1-143；YX1-144；YX1-153；YX1-154	根据桥架类型选择相应定额
CA02	电缆支架	1．t 2．副	YL4-41～YL4-43； YX1-17；YX1-22；YX1-39；YX1-40；YX1-45；YX1-46；YX1-97；YX1-98；YX1-107；YX1-108；YX1-143；YX1-144；YX1-153；YX1-154	根据支架类型选择相应定额； 复合支架以“副”为计量单位，其他类型以“t”为计量单位

C.2.2　电（光）缆敷设

项目编码	项目名称	计量单位	参考定额编号	备注
CB01	路由复测、扫海及试航	km	YL7-1～YL7-5	扫海工作为扫测海床下 3.5m 以内的海况，利用海军清除海床下的小型障碍物，如遇海军错不能清理的障碍物时，按照专项施工组织设计，另行计算费用

续表

项目编码	项目名称	计量单位	参考定额编号	备注
CB02	电（光）缆运输	1. 盘 2. km	YL6-1～YL6-5；YL6-6～YL6-15；YL6-16；YL6-17～YL6-22	按整盘数计算，以“盘”为计量单位；按单根长度计算，以“km”为计量单位。 光缆整盘吊装执行海底电缆整盘吊装定额子目；光缆运输执行海底电缆运输定额乘系数0.3
CB03	电（光）缆登陆	m	YL7-6～YL7-49； YX1-22；YX1-45；YX1-46；YX1-107；YX1-108；YX1-153；YX1-154	区分电缆、光缆登陆，选择相应定额
CB04	电（光）缆敷设	m	YL7-50～YL7-129	区分电缆光缆，对应截断封堵、抛设、冲埋相应定额

C.2.3 电缆附件

项目编码	项目名称	计量单位	参考定额编号	备注
CC01	电缆铠装层剥离	m	YL9-14～YL9-17； YX1-22；YX1-45；YX1-46；YX1-107；YX1-108；YX1-153；YX1-154	根据单根外径尺寸选择相应定额
CC02	电缆终端	套/三相	YL8-1～YL8-23	根据电压等级、终端头类型选择相应定额
CC03	光缆接续	个	YL8-24～YL8-32； YX1-22；YX1-45；YX1-46；YX1-107；YX1-108；YX1-153；YX1-154	根据光缆芯数选择相应定额
CC04	接地装置	1. 套 2. 套/三相	YL9-1；YL9-2； YX1-17；YX1-22；YX1-39；YX1-40；YX1-45；YX1-46；YX1-97；YX1-98；YX1-107；YX1-108；YX1-143；YX1-144；YX1-153；YX1-154	包含接地箱、接地电缆安装。单相时以“套”为计量单位，三相时以“套/三相”为计量单位
CC05	充油电缆供油装置	套	YL9-3； YX1-17；YX1-39；YX1-40；YX1-97；YX1-98；YX1-143；YX1-144	
CC06	电（光）缆保护管	m	YL9-4～YL9-9； YX1-17；YX1-22；YX1-39；YX1-40；YX1-45；YX1-46；YX1-97；YX1-98；YX1-107；YX1-108；YX1-143；YX1-144；YX1-153；YX1-154	区分水下和潮间带选择相应定额
CC07	水下铺砂包、水泥压块、锁链块安装	m	YL9-10～YL9-13； YX1-22；YX1-45；YX1-46；YX1-107；YX1-108；YX1-153；YX1-154	
CC08	警示装置	套	YL4-36～YL4-40	

C.2.4 电缆防护

项目编码	项目名称	计量单位	参考定额编号	备注
CD01	防火	1. m 2. t 3. m^2 4. 套	YL4-30～YL4-35； YX1-22；YX1-45；YX1-46；YX1-107；YX1-108；YX1-153；YX1-154	
CD02	防爆	1. m 2. t 3. m^3		参考其他定额
CD03	防水	套		参考其他定额

C.2.5 电缆调试及试验

项目编码	项目名称	计量单位	参考定额编号	备注
CE01	电缆护层试验	回路	YL10-1；YL10-2	包含遥测 、护层耐压试验
CE02	电缆耐压试验	回路	YL10-3～YL10-12	按交直流类型及电压等级选择相应定额
CE03	电缆参数试验	回路	YL10-14～YL10-17	根据电压等级选择相应定额
CE04	充油电缆绝缘油试验	1. 瓶 2. 回路	YL10-18～YL10-20	耐压、介损，色谱分析以“瓶”为计量单位，油流、含气检查以“回路”为计量单位
CE05	电缆局部放电试验	1. 回路 2. 只	YL10-13	
CE06	输电线路试运	回路	YX7-127～YX7-131	根据电压等级选择相应定额

C.2.6 电缆监测（控）系统

项目编码	项目名称	计量单位	参考定额编号	备注
CF01	在线监测	1. 套 2. 台	YL4-36～YL4-40	
CF02	安保监测	套	YL4-36～YL4-40	

C.2.7 辅助工程

项目编码	项目名称	计量单位	参考定额编号	备注
CG01	电缆三维测量	m		参考其他标准

C.2.8 措施项目

项目编码	项目名称	计量单位	参考定额编号	备注
CH01	电缆加热	盘	YL4-69；YL4-70	根据电压等级选择相应定额
CH02	电缆 GIS 头辅助工作（电缆穿仓）	间隔		参考其他定额
CH03	空调机、去湿机安装与拆除	处	YL4-55	
CH04	特殊工作棚	项		参考其他定额
CH05	临时支架（终端塔平台）搭、拆	处	YL4-48～YL4-53	根据支架材质、搭设高度选择相应定额

第四章

施工图设计阶段工程量清单项目及计算规则说明

本章内容将《电力建设工程工程量清单计算规范 输电工程》（DL/T 5205—2021）与《电力建设工程预算定额（2018 年版）第四册 架空输电线路工程》《电力建设工程预算定额（2018 年版）第五册 电缆输电线路工程》进行有机结合，形成参考对应表，便于引导施工图设计阶段工程量清单计价的编制。

一、架空输电线路工程

D.1 基础工程

D.1.1 基础土石方

项目编码	项目名称	计量单位	参考定额编号	备注
SA01	线路复测分坑	基	YX2-1～YX2-7	
SA02	杆塔坑、拉线坑挖方及回填	m^3	人工：YX2-8～YX2-79； 机械：YX2-80～YX2-88	
SA03	挖孔基础挖方	m^3	人工：YX2-89～YX2-188； 机械：YX2-189～YX2-212	

D.1.2 基础钢材

项目编码	项目名称	计量单位	参考定额编号	备注
SA04	现浇基础（构件）钢筋	t	YX1-17；YX1-39；YX1-40；YX1-97；YX1-98；YX1-143；YX1-144；YX1-173～YX1-178；YX1-203～YX1-208；YX3-43	基础护壁、排洪（水）沟、护坡、挡土（水）墙、围堰、防撞墩钢筋计入现浇基础（构件）钢筋
SA05	钢筋笼	t	YX1-17；YX1-39；YX1-40；YX1-97；YX1-98；YX1-143；YX1-144；YX1-173～YX1-178；YX1-203～YX1-208；YX3-44	
SA06	地脚螺栓	t	YX1-17；YX1-39；YX1-40；YX1-97；YX1-98；YX1-143；YX1-144；YX1-173～YX1-178；YX1-203～YX1-208；YX3-43	地脚螺栓的附属材料计入地脚螺栓工程量，如箍筋、环形定位板等
SA07	插入式角钢（或钢管）	t	YX1-17；YX1-39；YX1-40；YX1-97；YX1-98；YX1-143；YX1-144；YX1-173～YX1-178；YX1-203～YX1-208；YX3-43	

D.1.3 混凝土工程

项目编码	项目名称	计量单位	参考定额编号	备注
SA08	底盘	基	YX1-6～YX1-11；YX1-17；YX1-23～YX1-32；YX1-39；YX1-40；YX1-69～YX1-80；YX1-97；YX1-98；YX1-119～YX1-130；YX1-143；YX1-144；YX3-1～YX3-13	
SA09	套筒	基	YX1-6～YX1-11；YX1-22～YX1-32；YX1-45；YX1-46；YX1-69～YX1-80；YX1-107；YX1-108；YX1-119～YX1-130；YX1-153；YX1-154；YX3-14～YX3-17	
SA10	卡盘	块	YX1-6～YX1-11；YX1-17；YX1-23～YX1-32；YX1-39；YX1-40；YX1-69～YX1-80；YX1-97；YX1-98；YX1-119～YX1-130；YX1-143；YX1-144；YX3-18～YX3-26	
SA11	拉线盘	组	YX1-6～YX1-11；YX1-17；YX1-23～YX1-32；YX1-39；YX1-40；YX1-69～YX1-80；YX1-97；YX1-98；YX1-119～YX1-130；YX1-143；YX1-144；YX3-27～YX3-36	
SA12	混凝土装配式基础	m^3	YX1-6～YX1-11；YX1-17；YX1-23～YX1-32；YX1-39；YX1-40；YX1-45；YX1-46；YX1-69～YX1-80；YX1-97；YX1-98；YX1-107；YX1-108；YX1-119～YX1-130；YX1-143；YX1-144；YX1-153；YX1-154；YX3-37～YX3-42	
SA13	基础垫层	m^3	YX1-22；YX1-45；YX1-46；YX1-107；YX1-108；YX1-153；YX1-154；YX1-179～YX1-184；YX1-209～YX1-214；YX3-45～YX3-62	
SA14	现浇基础	m^3	YX1-17；YX1-22；YX1-39；YX1-40；YX1-45；YX1-46；YX1-97；YX1-98；YX1-107；YX1-108；YX1-143；YX1-144；YX1-153；YX1-154；YX1-173～YX1-184；YX1-203～YX1-214；YX3-63～YX3-71；YX3-74～YX3-82	
SA15	大体积混凝土基础	m^3	YX1-17；YX1-22；YX1-39；YX1-40；YX1-45；YX1-46；YX1-97；YX1-98；YX1-107；YX1-108；YX1-143；YX1-144；YX1-153；YX1-154；YX1-173～YX1-184；YX1-203～YX1-214；YX3-73；YX3-83	

续表

项目编码	项目名称	计量单位	参考定额编号	备注
SA16	挖孔基础浇灌	m^3	YX1-17；YX1-22；YX1-39；YX1-40；YX1-45；YX1-46；YX1-97；YX1-98；YX1-107；YX1-108；YX1-143；YX1-144；YX1-153；YX1-154；YX1-173～YX1-184；YX1-203～YX1-214； YX3-63～YX3-71；YX3-171～YX3-174； YX3-74～YX3-82；YX3-175～YX3-178	
SA17	挖孔基础护壁	m^3	YX1-17；YX1-22；YX1-39；YX1-40；YX1-45；YX1-46；YX1-97；YX1-98；YX1-107；YX1-108；YX1-143；YX1-144；YX1-153；YX1-154；YX1-173～YX1-184；YX1-203～YX1-214； YX3-192～YX3-194	
SA18	灌注桩成孔	m	YX1-22；YX1-45；YX1-46；YX1-107；YX1-108；YX1-153；YX1-154；YX1-179～YX1-184；YX1-209～YX1-214； YX3-96～YX3-170	
SA19	灌注桩浇灌	m^3	YX1-17；YX1-22；YX1-39；YX1-40；YX1-45；YX1-46；YX1-97；YX1-98；YX1-107；YX1-108；YX1-143；YX1-144；YX1-153；YX1-154；YX1-173～YX1-184；YX1-203～YX1-214； YX3-171～YX3-174；YX3-175～YX3-180	
SA20	预制桩基础	m^3	YX1-6～YX1-11；YX1-23～YX1-32；YX1-69～YX1-80；YX1-119～YX1-130； YX3-182～YX3-189	
SA21	钢管桩基础	根	YX1-17；YX1-39；YX1-40；YX1-97；YX1-98；YX1-143；YX1-144；YX1-173～YX1-178；YX1-203～YX1-208； YX3-190；YX3-191	
SA22	岩石锚杆基础	m	YX1-17；YX1-22；YX1-39；YX1-40；YX1-45；YX1-46；YX1-97；YX1-98；YX1-107；YX1-108；YX1-143；YX1-144；YX1-153；YX1-154；YX1-173～YX1-184；YX1-203～YX1-214； YX3-84～YX3-95	
SA23	树根桩基础	m^3	YX1-17；YX1-22；YX1-39；YX1-40；YX1-45；YX1-46；YX1-97；YX1-98；YX1-107；YX1-108；YX1-143；YX1-144；YX1-153；YX1-154；YX1-173～YX1-184；YX1-203～YX1-214； YX3-181	

续表

项目编码	项目名称	计量单位	参考定额编号	备注
SA24	保护帽	m^3	YX1-17；YX1-22；YX1-39；YX1-40；YX1-45；YX1-46；YX1-97；YX1-98；YX1-107；YX1-108；YX1-143；YX1-144；YX1-153；YX1-154；YX1-173～YX1-184；YX1-203～YX1-214；YX3-72	

D.1.4　混凝防护

项目编码	项目名称	计量单位	参考定额编号	备注
SA25	基础防腐	m^2	YX1-22；YX1-45；YX1-46；YX1-107；YX1-108；YX1-153；YX1-154；YX1-179～YX1-184；YX1-209～YX1-214；YX3-195；YX3-196	
SA26	基础阴极保护	1．套 2．处	YX1-22；YX1-45；YX1-46；YX1-107；YX1-108；YX1-153；YX1-154；YX1-179～YX1-184；YX1-209～YX1-214；YX3-197；YX3-198	1．镁合金阳极安装以“套”为计量单位； 2．测试桩及参比电极安装以“处”为计量单位

D.2　杆塔工程

项目编码	项目名称	计量单位	参考定额编号	备注
SB01	混凝土杆组立	基	YX1-1～YX1-5；YX1-12～YX1-17；YX1-47～YX1-56；YX1-81～YX1-86；YX1-97；YX1-98；YX1-109～YX1-118；YX1-131～YX1-136；YX1-143；YX1-144；YX4-1～YX4-12；YX4-152～YX4-156	混凝土杆质量包含杆身自重和横担、叉梁、脚钉、爬梯、拉线抱箍、避雷器支架等全部杆身组合构件的质量，不包含基础、接地、拉线组、绝缘子金具串的质量
SB02	钢管杆组立	基	YX1-57～YX1-68；YX4-13～YX4-32	钢管杆质量包含杆身自重和横担、叉梁、脚钉、爬梯、拉线抱箍、避雷器支架等全部杆身组合构件的质量，不包含基础、接地、拉线组、绝缘子金具串的质量
SB03	拉线塔组立	t	YX1-20；YX1-21；YX1-41～YX1-44；YX1-103～YX1-106；YX1-149～YX1-152；YX1-155～YX1-160；YX1-185～YX1-190；YX4-33～YX4-88；YX4-152～YX4-156	拉线塔质量包含塔身、脚钉、爬梯、电梯井架、避雷器支架等全部塔身组合构件的质量，不包含基础、接地、拉线组、绝缘子金具串的质量
SB04	自立塔组立	t	YX1-20；YX1-21；YX1-41～YX1-44；YX1-103～YX1-106；YX1-149～YX1-152；YX1-155～YX1-160；YX1-185～YX1-190；YX4-33～YX4-144	自立塔质量包含塔身、脚钉、爬梯、电梯井架、避雷器支架等全部塔身组合构件的质量，不包含基础、接地、拉线组、绝缘子金具串的质量
SB05	钢管塔管内灌注混凝土	m^3	YX4-145～YX4-151	
SB06	杆塔刷漆	t	YX4-157；YX4-158	

D.3 接地工程

项目编码	项目名称	计量单位	参考定额编号	备注
SC01	接地槽挖方及回填	m^3	YX1-22；YX1-45；YX1-46；YX1-107；YX1-108；YX1-153；YX1-154；YX1-179～YX1-184；YX1-209～YX1-214；YX2-213～YX2-219	接地槽土方设计要求换土（借土回填），执行回（换）填清单项目
SC02	垂直接地体安装	根	YX1-17；YX1-39；YX1-40；YX1-97；YX1-98；YX1-143；YX1-144；YX1-173～YX1-178；YX1-203～YX1-208；YX3-203～YX3-205；YX3-208	
SC03	水平接地体安装	m	YX1-17；YX1-39；YX1-40；YX1-97；YX1-98；YX1-143；YX1-144；YX1-173～YX1-178；YX1-203～YX1-208；YX3-203；YX3-206；YX3-207；YX3-209；YX3-212～YX3-214	
SC04	非开挖接地	m	YX1-17；YX1-22；YX1-39；YX1-40；YX1-45；YX1-46；YX1-97；YX1-98；YX1-107；YX1-108；YX1-143；YX1-144；YX1-153；YX1-154；YX1-173～YX1-184；YX1-203～YX1-214；YX3-210；YX3-211；YX3-214	

D.4 架线工程

D.4.1 导地线架设

项目编码	项目名称	计量单位	参考定额编号	备注
SD01	避雷线架设	km	YX1-12～YX1-17；YX1-33～YX1-40；YX1-81～YX1-98；YX1-131～YX1-144；YX1-161～YX1-178；YX1-191～YX1-208；YX5-1～YX5-7；YX5-18；YX5-23；YX5-28；YX5-29；YX5-32～YX5-35	
SD02	OPGW 架设	km	YX1-12～YX1-17；YX1-33～YX1-40；YX1-81～YX1-98；YX1-131～YX1-144；YX1-161～YX1-178；YX1-191～YX1-208；YX5-18；YX5-23；YX5-28～YX5-31；YX5-205～YX5-231	
SD03	导线架设	km	YX1-12～YX1-17；YX1-33～YX1-40；YX1-81～YX1-98；YX1-131～YX1-144；YX1-173～YX1-178；YX1-203～YX1-208；YX5-8～YX5-29；YX5-36～YX5-79；YX5-205～YX5-231	
SD04	耦合屏蔽线架设	km	YX1-12～YX1-17；YX1-33～YX1-40；YX1-81～YX1-98；YX1-131～YX1-144；YX1-173～YX1-178；YX1-203～YX1-208；YX5-199～YX5-204	

D.4.2 跨（穿）越架设

项目编码	项目名称	计量单位	参考定额编号	备注
SD05	交叉跨越	处	YX5-80～YX5-192	
SD06	特殊跨越	处	YX5-193～YX5-198	特殊跨越是指采用非脚手架搭设方式跨越被跨越物的形式
SD07	穿越电力线	处	YX5-116～YX5-167	

D.5 附件工程

项目编码	项目名称	计量单位	参考定额编号	备注
SE01	导线耐张串	组	YX1-17～YX1-19；YX1-39；YX1-40；YX1-97～YX1-102；YX1-143～YX1-148；YX1-161～YX1-178；YX1-191～YX1-208；YX6-1～YX6-20；YX6-90；YX6-92；YX6-94；YX6-96；YX6-98；YX6-100	导线耐张串的计量单位中“组”是指单侧单相为一组计量
SE02	导线悬垂、跳线串	串	YX1-17～YX1-19；YX1-39；YX1-40；YX1-97～YX1-102；YX1-143～YX1-148；YX1-161～YX1-178；YX1-191～YX1-208；YX6-21～YX6-89；YX6-91；YX6-93；YX6-95；YX6-97；YX6-99	
SE03	跳线制作安装	1．单相 2．单极	YX1-17～YX1-19；YX1-39；YX1-40；YX1-97～YX1-102；YX1-143～YX1-148；YX1-161～YX1-178；YX1-191～YX1-208；YX6-152～YX6-171	1．跳线制作及安装清单项目不包括软跳线间隔棒安装，发生时执行金具清单项目 2．交流线路工程以“单相”为计量单位，直流线路工程以“单极”为计量单位
SE04	防振锤	个	YX1-17；YX1-39；YX1-40；YX1-97；YX1-98；YX1-143；YX1-144；YX1-173～YX1-178；YX1-203～YX1-208；YX6-101～YX6-105	
SE05	导线间隔棒	个	YX1-17；YX1-39；YX1-40；YX1-97；YX1-98；YX1-143；YX1-144；YX1-173～YX1-178；YX1-203～YX1-208；YX6-106～YX6-109	
SE06	相间间隔棒	组	YX1-17；YX1-39；YX1-40；YX1-97；YX1-98；YX1-143；YX1-144；YX-161～YX1-166；YX1-173～YX1-178；YX1-191～YX1-196；YX1-203～YX1-208；YX6-89～YX6-100；YX6-110～YX6-116	
SE07	重锤	1．单相 2．单极	YX1-17；YX1-39；YX1-40；YX1-97；YX1-98；YX1-143；YX1-144；YX1-173～YX1-178；YX1-203～YX1-208；YX6-117～YX6-125	1．交流线路工程以“单相”为计量单位 2．直流线路工程以“单极”为计量单位

项目编码	项目名称	计量单位	参考定额编号	备注
SE08	阻尼线	1．单相 2．单极	YX1-17；YX1-39；YX1-40；YX1-97；YX1-98；YX1-143；YX1-144；YX1-173～YX1-178；YX1-203～YX1-208；YX6-126～YX6-149	1．交流线路工程以“单相”为计量单位 2．直流线路工程以“单极”为计量单位
SE09	阻冰环	个	YX1-17；YX1-39；YX1-40；YX1-97；YX1-98；YX1-143；YX1-144；YX1-173～YX1-178；YX1-203～YX1-208；YX6-150；YX6-151	

D.6 辅助工程

项目编码	项目名称	计量单位	参考定额编号	备注
SF01	输电线路试运	回	YX7-127～YX7-133	
SF02	尖峰、基面、排洪（水）沟、护坡、挡土（水）墙、防撞墩土石方开挖	m^3	YX2-220～YX2-230	尖峰及施工基面土石方量计算，按设计提供的基面标高并按地形、地貌以实际情况进行计算
SF03	排洪（水）沟、护坡、挡土（水）墙、围堰、防撞墩砌（浇）筑	m^3	YX1-22；YX1-45；YX1-46；YX1-107；YX1-108；YX1-153；YX1-154；YX1-179～YX1-184；YX1-209～YX1-214；YX7-17～YX7-24	
SF04	护坡防护	1．t 2．m^3	YX1-17；YX1-22；YX1-39；YX1-40；YX1-45；YX1-46；YX1-97；YX1-98；YX1-107；YX1-108；YX1-143；YX1-144；YX1-153；YX1-154；YX1-173～YX1-184；YX1-203～YX1-214；YX7-25；YX7-26	1．挂网护坡以“t”为计量单位 2．喷射混凝土护坡以“m^3”为计量单位
SF05	标志牌	块	YX1-17；YX1-39；YX1-40；YX1-97；YX1-98；YX1-143；YX1-144；YX1-173～YX1-178；YX1-203～YX1-208；YX7-27	
SF06	防鸟装置	个	YX1-17；YX1-39；YX1-40；YX1-97；YX1-98；YX1-143；YX1-144；YX1-173～YX1-178；YX1-203～YX1-208；YX7-28；YX7-29	
SF07	防坠落装置	m	YX1-17；YX1-39；YX1-40；YX1-97；YX1-98；YX1-143；YX1-144；YX1-173～YX1-178；YX1-203～YX1-208；YX7-30；YX7-31	
SF08	避雷器	1．单相 2．单极	YX1-17；YX1-39；YX1-40；YX1-97；YX1-98；YX1-143；YX1-144；YX1-173～YX1-178；YX1-203～YX1-208；YX7-32～YX7-41	1．交流线路工程以“单相”为计量单位 2．直流线路工程以“单极”为计量单位

续表

项目编码	项目名称	计量单位	参考定额编号	备注
SF09	拦河线	处	YX1-17；YX1-22；YX1-39；YX1-40；YX1-45；YX1-46；YX1-97；YX1-98；YX1-107；YX1-108；YX1-143；YX1-144；YX1-153；YX1-154；YX1-173～YX1-184；YX1-203～YX1-214；YX2-8～YX2-212；YX3-1～YX3-222；YX4-1～YX4-158；YX5-232～YX5-234	
SF10	监测装置	套	YX1-17；YX1-39；YX1-40；YX1-97；YX1-98；YX1-143；YX1-144；YX1-173～YX1-178；YX1-203～YX1-208；YX7-42～YX7-48	
SF11	耐张线夹X射线探伤	基	YX7-122～YX7-126	
SF12	索道设施	处	YX7-49～YX7-121	
SF13	固沙	m^2	YX1-22；YX1-45；YX1-46；YX1-107；YX1-108；YX7-14；YX7-15	
SF14	回（换）填	m^3	YX1-22；YX1-45；YX1-46；YX1-107；YX1-108；YX1-153；YX1-154；YX1-179～YX1-184；YX1-209～YX1-214；YX2-231；YX2-232	落水洞回填、危石清理等工作费用执行该清单项目
SF15	余方外运与处置	m^3	YX1-22；YX1-45；YX1-46；YX1-107；YX1-108；YX1-153；YX1-154；YX1-179～YX1-184；YX1-209～YX1-214	1. 余方外运指运距100m以上的运输，100m范围内的运输含在清单项目工作内容中。该清单项目也适用于尖峰、基面、排洪（水）沟、护坡、挡土（水）墙等开挖的余方外运及处置，工程量按设计尺寸计算 2. 余方处置按有关规定计列

D.7 措施项目

项目编码	项目名称	计量单位	参考定额编号	备注
SG01	临时围堰	基	YX1-22；YX1-45；YX1-46；YX1-107；YX1-108；YX1-153；YX1-154；YX1-179～YX1-184；YX1-209～YX1-214；YT15-34；YT15-35	
SG02	施工降水	基	YT15-3～YT15-14	该清单项目适用于地下工程施工时，出现地下水并需采用井点设备进行排水的项目，不适用于由于降雨或其他地表水引发的基坑排水
SG03	钢板桩围护	t	YT15-18～YT15-25	
SG04	打拔木桩	m^3	YX1-22；YX1-45；YX1-46；YX1-107；YX1-108；YX1-153；YX1-154；YX1-179～YX1-184；YX1-209～YX1-214；YX7-16	

续表

项目编码	项目名称	计量单位	参考定额编号	备注
SG05	施工道路	m^2	YX1-22；YX1-45；YX1-46；YX1-107；YX1-108；YX1-153；YX1-154；YX1-179～YX1-184；YX1-209～YX1-214；YX7-1～YX7-13	

二、陆上电缆输电线路工程

E.1 陆上电缆输电线路建筑工程

E.1.1 土石方工程

项目编码	项目名称	计量单位	参考定额编号	备注
SA01	土石方开挖及回填	m^3	YL1-1～YL1-23	
SA02	开挖路面	m^2	YL1-24～YL1-33	
SA03	修复路面	m^2	YX7-1～YX7-13	

E.1.2 砌体工程

项目编码	项目名称	计量单位	参考定额编号	备注
SB01	砖砌体	m^3	YL1-42	

E.1.3 混凝土工程

项目编码	项目名称	计量单位	参考定额编号	备注
SC01	混凝土浇筑	m^3	YL1-43；YL1-50～YL1-53	
SC02	垫层	m^3	YL1-39～YL1-41	
SC03	预制混凝土构件	m^3	YT5-113～YT5-173	
SC04	防水	m^2	YL1-44～YL1-46	

E.1.4 钢筋工程

项目编码	项目名称	计量单位	参考定额编号	备注
SD01	钢筋	t	YL1-55	
SD02	预埋铁件	t	YL1-56	
SD03	钢构件	t	YT6-1～YT6-112	

E.1.5 电缆埋管工程

项目编码	项目名称	计量单位	参考定额编号	备注
SE01	排管敷设	m	YL1-54	
SE02	水平导向钻进	m	YL1-60～YL1-72	
SE03	顶电缆保护管	m	YL1-57～YL1-59	

E.1.6 隧道工程

隧道工程工程量清单项目设置、项目特征述的内容、计量单位及工程量计算规则执行《市政工程工程量计算规范》（GB 50857—2013）相应工程量清单项目；相配套的通风、排水、照明、消防，执行《通用安装工程工程量计算规范》（GB 50856—2013）相应工程量清单规范。

E.1.7　栈桥工程

项目编码	项目名称	计量单位	参考定额编号	备注
SG01	混凝土栈桥	m^3	YT5-22～YT5-55	
SG02	钢结构栈桥	t	YT6-1～YT6-112	

E.1.8　工井工程

项目编码	项目名称	计量单位	参考定额编号	备注
SH01	砌筑检查井	座	YL1-39～YL1-42；YL1-73；YL1-74；YL1-44～YL1-49；YT9-33～YT9-42	
SH02	混凝土检查井	座	YL1-39～YL1-41；YL1-44～YL1-49；YL1-73；YL1-74；YT9-33～YT9-42	
SH03	沉井	座	YT13-165～YT13-180；YT8-1～YT8-78；YT9-33～YT9-42	
SH04	集水井	座	YL1-39～YL1-41；YL1-47～YL1-49；YT4-15；YT13-103～YT13-156	
SH05	井筒	m	YL1-44～YL1-49；YT13-103～YT13-156	
SH06	电力井盖	套	YT4-16	

E.1.9　辅助工程

项目编码	项目名称	计量单位	参考定额编号	备注
SJ01	栏杆、栅栏、围栏、围墙	m^2	YT1-1～YT1-116；YT4-1～YT4-42；YT5-1～YT5-219；YT6-1～YT6-90；YT13-279～YT13-288	
SJ02	回（换）填	m^3	YX2-231；YX2-232	
SJ03	余方外运及处置	m^3	YX1-22；YX1-45；YX1-46；YX1-107；YX1-108；YX1-153；YX1-154	

E.1.10　措施项目

项目编码	项目名称	计量单位	参考定额编号	备注
SK01	轻型井点降水系统安拆	根	YT15-3；YT15-4	
SK02	井点降水系统安拆	根	YT15-6；YT15-7；YT15-9；YT15-10；YT15-12；YT15-13；YT15-15；YT15-16	
SK03	基坑明排水降水系统运行	套·天	YT15-1；YT15-2	
SK04	轻型井点降水系统运行	套·天	YT15-5	
SK05	井点降水系统运行	套·天	YT15-8；YT15-11；YT15-14；YT15-17	
SK06	施工道路	m^2	YX7-1～YX7-13	

E.2 陆上电缆输电线路安装工程

E.2.1 电缆桥、支架制作安装

项目编码	项目名称	计量单位	参考定额编号	备注
SA01	电缆钢制桥架	t	YL4-47； YX1-17；YX1-39；YX1-40；YX1-97；YX1-98；YX1-143；YX1-144	
SA02	电缆不锈钢桥架	t	YL4-47； YX1-17；YX1-39；YX1-40；YX1-97；YX1-98；YX1-143；YX1-144	
SA03	电缆铝合金桥架	m	YL4-44～46； YX1-22；YX1-45；YX1-46；YX1-107；YX1-108；YX1-153；YX1-154	
SA04	电缆复合桥架	m	YL4-44～46； YX1-22；YX1-45；YX1-46；YX1-107；YX1-108；YX1-153；YX1-154	
SA05	电缆钢支架	t	YL4-41；YL4-42； YX1-17；YX1-39；YX1-40；YX1-97；YX1-98；YX1-143；YX1-144	
SA06	电缆不锈钢支架	t	YL4-41；YL4-42； YX1-17；YX1-39；YX1-40；YX1-97；YX1-98；YX1-143；YX1-144	
SA07	电缆复合支架	副	YL4-43； YX1-22；YX1-45；YX1-46；YX1-107；YX1-108；YX1-153；YX1-154	

E.2.2 电缆敷设

项目编码	项目名称	计量单位	参考定额编号	备注
SB01	直埋敷设	m	YL1-1～YL1-23；YL1-75～YL1-77； YL2-1～YL2-4；YL2-17～YL2-20；YL2-33～YL2-37； YX1-12～YX1-16；YX1-33～YX1-38；YX1-81～YX1-96；YX1-131～YX1-142	工作内容包括了土方开挖、电缆敷设、充砂、盖保护板、土方回填等工序的全部内容
SB02	揭、盖盖板	块	YL1-78～YL1-82； YX1-22；YX1-45；YX1-46；YX1-107；YX1-108；YX1-153；YX1-154	
SB03	电缆沟、浅槽敷设	m	YL2-5～YL2-8；YL2-21～YL2-24；YL2-38～YL2-42；YL2-53； YL4-56；YL4-57； YX1-12～YX1-16；YX1-33～YX1-38；YX1-81～YX1-96；YX1-131～YX1-142	

续表

项目编码	项目名称	计量单位	参考定额编号	备注
SB04	埋管内敷设	m	YL2-13～YL2-16；YL2-29～YL2-32；YL2-48～YL2-52；YL2-55； YX1-12～YX1-16；YX1-33～YX1-38；YX1-81～YX1-96；YX1-131～YX1-142	
SB05	隧道内敷设	m	YL2-9～YL2-12；YL2-25～YL2-28；YL2-43～YL2-47；YL2-54； YL4-56；YL4-57； YX1-12～YX1-16；YX1-33～YX1-38；YX1-81～YX1-96；YX1-131～YX1-142	
SB06	盾构隧道内敷设	m	YL2-9～YL2-12；YL2-25～YL2-28；YL2-43～YL2-47；YL2-54； YL4-56；YL4-57； YX1-12～YX1-16；YX1-33～YX1-38；YX1-81～YX1-96；YX1-131～YX1-142	
SB07	桥架内敷设	m	YL2-13～YL2-16；YL2-29～YL2-32；YL2-48～YL2-52；YL2-55； YX1-12～YX1-16；YX1-33～YX1-38；YX1-81～YX1-96；YX1-131～YX1-142	
SB08	栈桥内敷设	m	YL2-13～YL2-16；YL2-29～YL2-32；YL2-48～YL2-52；YL2-55； YX1-12～YX1-16；YX1-33～YX1-38；YX1-81～YX1-96；YX1-131～YX1-142	
SB09	测温光纤敷设	m	YZ13-16；YZ13-51；YZ13-59；YZ13-92； YX1-12～YX1-16；YX1-33～YX1-38；YX1-81～YX1-96；YX1-131～YX1-142	

E.2.3 电缆附件

项目编码	项目名称	计量单位	参考定额编号	备注
SC01	电缆终端	1. 套/三相 2. 套/二相	YL3-27～YL3-62； YX1-17；YX1-39；YX1-40；YX1-97；YX1-98；YX1-143；YX1-144	交流线路工程以“套/三相”为计量单位，直流线路工程以“套/二相”为计量单位
SC02	中间接头	1. 套/三相 2. 套/二相	YL3-1～YL3-26； YX1-17；YX1-39；YX1-40；YX1-97；YX1-98；YX1-143；YX1-144	交流线路工程以“套/三相”为计量单位，直流线路工程以“套/二相”为计量单位
SC03	接地装置	1. 套 2. 套/三相	YL4-1～YL4-7； YX1-17；YX1-39；YX1-40；YX1-97；YX1-98；YX1-143；YX1-144	接地装置包括直接接地箱、护层保护器、护层保护器接地箱、交叉互联箱安装等。接地装置名称要描述单相或三相，单相时计量单位为“套”，三相时计量单位为“套/三相”

项目编码	项目名称	计量单位	参考定额编号	备注
SC04	接地电缆敷设	m	YL4-8～YL4-13； YX1-12～YX1-16；YX1-33～YX1-38；YX1-81～YX1-96；YX1-131～YX1-142	
SC05	接地极	根	YL4-14～YL4-16； YX1-17；YX1-22；YX1-39；YX1-40；YX1-45；YX1-46；YX1-97；YX1-98；YX1-107；YX1-108；YX1-143；YX1-144；YX1-153；YX1-154	
SC06	接地体敷设	m	YL4-17～YL4-19； YX1-17；YX1-22；YX1-39；YX1-40；YX1-45；YX1-46；YX1-97；YX1-98；YX1-107；YX1-108；YX1-143；YX1-144；YX1-153；YX1-154	
SC07	避雷器	组/三相	YL4-58～YL4-64； YX1-17；YX1-39；YX1-40；YX1-97；YX1-98；YX1-143；YX1-144	
SC08	支持绝缘子	柱	YL4-65～YL4-68； YX1-17；YX1-39；YX1-40；YX1-97；YX1-98；YX1-143；YX1-144	

E.2.4 电缆防火及防护

项目编码	项目名称	计量单位	参考定额编号	备注
SD01	电缆防护	1. m 2. t 3. m^2 4. 个	YL4-30～YL4-35； YX1-22；YX1-45；YX1-46；YX1-107；YX1-108；YX1-153；YX1-154	防火带、防火槽以“m”为计量单位，按设计图示数量以长度计算； 防火涂料、防火墙、防火隔板以“m^2”为计量单位，按设计图示数量以面积计算； 防火弹和接头保护盒以“个”为计量单位，按设计图示数量以个计算； 孔洞防火封堵以“t”为计量单位，按设计图示数量以质量计算
SD02	电缆保护管	m	YL4-20～YL4-29； YX1-17；YX1-22；YX1-39；YX1-40；YX1-45；YX1-46；YX1-97；YX1-98；YX1-107；YX1-108；YX1-143；YX1-144；YX1-153；YX1-154	电缆保护管适用于局部电缆保护，如电缆过路保护管、引上电缆保护管等

E.2.5 调试及试验

项目编码	项目名称	计量单位	参考定额编号	备注
SE01	电缆护层试验	互联段/三相	YL5-1～YL5-3	项目特征中“试验项目”描述，原则上按规程规范要求所做的试验项目，如有特殊要求的应描述清楚
SE02	电缆耐压试验	回路	YL5-4～YL5-13	
SE03	电缆参数试验	回路	YL5-16～YL5-19	

续表

项目编码	项目名称	计量单位	参考定额编号	备注
SE04	充油电缆绝缘油试验	1．瓶 2．油段/三相	YL5-20～YL5-22	项目特征中“试验项目”描述，原则上按规程规范要求所做的试验项目，如有特殊要求的应描述清楚
SE05	电缆局部放电试验	1．回路 2．只	YL5-14；YL5-15	
SE06	输电线路试运	回路	YX7-127～YX7-130	

E.2.6 电缆监测（控）系统

项目编码	项目名称	计量单位	参考定额编号	备注
SF01	在线监测	1．套 2．台	YL4-36～YL4-40	监控主机安装及调试以“台”为计量单位，监控井盖安装及调试以“套”为计量单位，接地环流检测装置以“套”计量单位
SF02	安保监测	1．套 2．台	YL4-36～YL4-40	监控主机安装及调试以“台”为计量单位，监控井盖安装及调试以“套”为计量单位，接地环流检测装置以“套”计量单位

E.2.7 辅助工程

项目编码	项目名称	计量单位	参考定额编号	备注
SG01	电缆三维测量	m		参考其他定额

E.2.8 措施项目

项目编码	项目名称	计量单位	参考定额编号	备注
SH01	电缆加热	盘	YL4-69；YL4-70	按实际加热电缆盘数计算
SH02	电缆 GIS 头辅助工作（电缆穿仓）	间隔		参考其他定额
SH03	空调机、去湿机安装与拆除	处	YL4-55	
SH04	特殊工作棚	项		1．特殊工作棚适用安装电缆头时，对工作环境有除尘、除湿等特殊要求的工作棚以及特殊要求的电缆加热防护棚 2．按照技术方案要求参考其他定额
SH05	临时支架（终端塔平台）搭、拆	处	YL4-48～YL4-53；YX1-17；YX1-22；YX1-39；YX1-40；YX1-45；YX1-46；YX1-97；YX1-98；YX1-107；YX1-108；YX1-143；YX1-144；YX1-153；YX1-154	

三、水下电缆输电线路工程

F.1　水下电缆输电线路建筑工程

F.1.1　土石方工程

项目编码	项目名称	计量单位	参考定额编号	备注
SA01	沟槽开挖及回填	m^3	YL1-1～YL1-23；YL1-38	
SA02	工井开挖及回填	m^3	YL1-1～YL1-23；YL1-34～YL1-37	
SA03	潮间带沟槽开挖	m	YL9-18；YL9-19	
SA04	水下沟槽开挖	m	YL9-20～YL9-22	
SA05	换土填方	m^3	YX2-231；YX2-232	
SA06	水下开挖	m^3	YL9-20～YL9-22	
SA07	水下填方	m^3	YL9-23；YL9-24	
SA08	开挖路面	m^2	YL1-24～YL1-33	
SA09	修复路面	m^2	YX7-1～YX7-13	

F.1.2　砌体工程

项目编码	项目名称	计量单位	参考定额编号	备注
SB01	砖砌体	m^3	YL1-42	

F.1.3　混凝土工程

项目编码	项目名称	计量单位	参考定额编号	备注
SC01	混凝土工程	m^3	YL1-43；YL1-50～YL1-53	
SC02	垫层	m^3	YL1-39～YL1-41	
SC03	预制混凝土件	1．m^3 2．套 3．块	YT5-113～YT5-173	
SC04	防水	m^2	YL1-44～YL1-46	

F.1.4　钢筋工程

项目编码	项目名称	计量单位	参考定额编号	备注
SD01	钢筋	t	YL1-55	
SD02	预埋铁件	t	YL1-56	
SD03	钢构件	t	YT6-93	

F.1.5　电缆埋管工程

项目编码	项目名称	计量单位	参考定额编号	备注
SE01	排管敷设	m	YL1-54	
SE02	水平导向钻进	m	YL1-60～YL1-72	
SE03	顶电缆保护管	m	YL1-57～YL1-59	

F.1.6　隧道工程

隧道工程工程量清单项目设置、项目特征描述的内容、计量单位及工程量计算规则执行《市政工程工程量计算规范》（GB 50857—2013）相应工程量清单项目；相配套的通风、排水、照明、消防，执行《通用安装工程工程量计算规范》（GB 50856—2013）相应工程量清单规范。

F.1.7　栈桥工程

项目编码	项目名称	计量单位	参考定额编号	备注
SG01	混凝土栈桥	m^3	YT5-22～YT5-55	
SG02	钢结构栈桥	t	YT6-1～YT6-112	

F.1.8　工井工程

项目编码	项目名称	计量单位	参考定额编号	备注
SH01	砌筑检查井	座	YL1-39～YL1-42；YL1-44～YL1-49；YL1-73；YL1-74；YT9-33～YT9-42	
SH02	混凝土检查井	座	YL1-39～YL1-41；YL1-44～YL1-49；YL1-73；YL1-74；YT9-33～YT9-42	
SH03	沉井	座	YT8-1～YT8-78；YT9-13～YT9-42；YT13-165～YT13-180	
SH04	集水井	座	YL1-39～YL1-41；YL1-47～YL1-49；YT13-103～YT3-156；YT4-15	
SH05	井筒	m	YL1-44～YL1-49；YT13-103～YT3-156	
SH06	电力井盖	套	YT4-16	

F.1.9　辅助工程

项目编码	项目名称	计量单位	参考定额编号	备注
SJ01	栏杆、栅栏、围栏、围墙	m^2	YT1-1～YT1-116；YT4-1～YT4-42；YT5-1～YT5-219；YT6-1～YT6-90；YT13-279～YT13-288	
SJ02	回（换）填	m^3	YX2-231；YX2-232	
SJ03	余方外运及处置	m^3	YX1-22；YX1-45；YX1-46；YX1-107；YX1-108；YX1-153；YX1-154	

F.1.10　措施项目

项目编码	项目名称	计量单位	参考定额编号	备注
SK01	轻型井点降水系统安拆	根	YT15-3；YT15-4	
SK02	井点降水系统安拆	根	YT15-6；YT15-7；YT15-9；YT15-10；YT15-12；YT15-13；YT15-15；YT15-16	
SK03	基坑明排水降水系统运行	套·天	YT15-1；YT15-2	
SK04	轻型井点降水系统运行	套·天	YT15-5	

续表

项目编码	项目名称	计量单位	参考定额编号	备注
SK05	井点降水系统运行	套·天	YT15-8; YT15-11; YT15-14; YT15-17	
SK06	施工道路	m^2	YX7-1～YX7-13	
SK07	施工围堰	m^3	YT15-34；YT15-35	
SK08	脚手架	m^2	YT15-36～YT15-51	

F.2 水下电缆输电线路安装工程

F.2.1 电缆桥、支架制作安装

项目编码	项目名称	计量单位	参考定额编号	备注
SA01	电缆钢制桥架	t	YL4-47； YX1-17；YX1-39；YX1-40；YX1-97；YX1-98；YX1-143；YX1-144	
SA02	电缆不锈钢桥架	t	YL4-47； YX1-17；YX1-39；YX1-40；YX1-97；YX1-98；YX1-143；YX1-144	
SA03	电缆铝合金桥架	m	YL4-44～YL4-46； YX1-22；YX1-45；YX1-46；YX1-107; YX1-108; YX1-153; YX1-154	
SA04	电缆复合桥架	m	YL4-44～YL4-46； YX1-22；YX1-45；YX1-46；YX1-107; YX1-108; YX1-153; YX1-154	
SA05	电缆钢支架	t	YL4-41；YX4-42； YX1-17；YX1-39；YX1-40；YX1-97；YX1-98；YX1-143；YX1-144	
SA06	电缆不锈钢支架	t	YL4-41；YX4-42； YX1-17；YX1-39；YX1-40；YX1-97；YX1-98；YX1-143；YX1-144	
SA07	电缆复合支架	副	YL4-43； YX1-22；YX1-45；YX1-46；YX1-107; YX1-108; YX1-153; YX1-154	

F.2.2 电（光）缆敷设

项目编码	项目名称	计量单位	参考定额编号	备注
SB01	路由复测	km	YL7-1	
SB02	扫海	km	YL7-2	扫海工作为扫测海床下 3.5m 以内的海况，利用海军清除海床下的小型障碍物，如遇海军错不能清理的障碍物时，按照专项施工组织设计，另行计算费用

续表

项目编码	项目名称	计量单位	参考定额编号	备注
SB03	试航	km	YL7-3～YL7-5	
SB04	电（光）缆装卸	1．盘 2．km	YL6-1～YL6-16	按整盘数计算，以“盘”为单位；按单根长度计算，以“km”为单位 光缆整盘吊装执行海底电缆整盘吊装定额子目；光缆运输执行海底电缆运输定额乘系数0.3
SB05	船舶运输	段	YL6-17～YX6-22	
SB06	电（光）缆登陆	m	YL7-6～YL7-49； YX1-22；YX1-45；YX1-46；YX1-107；YX1-108；YX1-153；YX1-154	区分电缆、光缆登陆，选择相应定额
SB07	电（光）缆截断封堵	根	YL5-50～YX7-52	
SB08	电（光）缆敷设	m	YL7-53～YL7-129	区分电缆光缆，对应抛设、冲埋相应定额

F.2.3 电缆附件

项目编码	项目名称	计量单位	参考定额编号	备注
SC01	电缆铠装层剥离	m	YL9-14～YL9-17； YX1-22；YX1-45；YX1-46；YX1-107；YX1-108；YX1-153；YX1-154	根据单根外径尺寸选择相应定额
SC02	电缆终端	套/三相	YL8-1～YL8-23	根据电压等级、终端头类型选择相应定额
SC03	光缆接续	个	YL8-24～YL8-32； YX1-22；YX1-45；YX1-46；YX1-107；YX1-108；YX1-153；YX1-154	根据光缆芯数选择相应定额
SC04	接地装置	1．套 2．套/三相	YL9-1； YX1-17；YX1-22；YX1-39；YX1-40；YX1-45；YX1-46；YX1-97；YX1-98；YX1-107；YX1-108；YX1-143；YX1-144；YX1-153；YX1-154	单相时以“套”为单位，三相时以“套/三相”为单位
SC05	接地电缆敷设	m	YL9-2； YX1-12～YX1-16；YX1-33～YX1-38；YX1-81～YX1-96；YX1-131～YX1-142	
SC06	充油电缆供油装置	套	YL9-3； YX1-17；YX1-39；YX1-40；YX1-97；YX1-98；YX1-143；YX1-144	
SC07	电（光）缆保护管	m	YL9-4～YL9-9； YX1-17；YX1-22；YX1-39；YX1-40；YX1-45；YX1-46；YX1-97；YX1-98；YX1-107；YX1-108；YX1-143；YX1-144；YX1-153；YX1-154	区分水下和潮间带选择相应定额
SC08	水下铺砂包、水泥压块	m	YL9-10；YL9-11； YX1-22；YX1-45；YX1-46；YX1-107；YX1-108；YX1-153；YX1-154	

续表

项目编码	项目名称	计量单位	参考定额编号	备注
SC09	水下锁链块安装	m	YL9-12； YX1-22；YX1-45；YX1-46；YX1-107；YX1-108；YX1-153；YX1-154	
SC10	电缆锚固	套	YL9-13； YX1-22；YX1-45；YX1-46；YX1-107；YX1-108；YX1-153；YX1-154	
SC11	警示装置	套	YL4-36～YL4-40	

F.2.4　电缆防护

项目编码	项目名称	计量单位	参考定额编号	备注
SD01	防火	1. m 2. t 3. m^2 4. 套	YL4-30～YL4-35； YX1-22；YX1-45；YX1-46；YX1-107；YX1-108；YX1-153；YX1-154	
SD02	防爆	1. m 2. t 3. m^3		参考其他定额
SD03	防水	套		参考其他定额
SD04	电缆保护管	m	YL4-20～YL4-29； YX1-17；YX1-22；YX1-39；YX1-40；YX1-45；YX1-46；YX1-97；YX1-98；YX1-107；YX1-108；YX1-143；YX1-144；YX1-153；YX1-154	本清单条目适用于局部电缆保护，如电缆过路保护管、引上电缆保护管等，注意与SC07清单条目区分

F.2.5　电缆调试及试验

项目编码	项目名称	计量单位	参考定额编号	备注
SE01	电缆护层试验	回路	YL10-1；YL10-2	包含遥测、护层耐压试验
SE02	电缆耐压试验	回路	YL10-3～YL10-12	按交直流类型及电压等级选择相应定额
SE03	电缆参数试验	回路	YL10-14～YL10-17	根据电压等级选择相应定额
SE04	充油电缆绝缘油试验	1. 瓶 2. 回路	YL10-18～YL10-20	耐压、介质损耗、色谱分析以“瓶”为单位，油流、含气检查以“回路”为单位
SE05	电缆局部放电试验	1. 回路 2. 只	YL10-13	
SE06	输电线路试运	回路	YX7-127～YX7-131	根据电压等级选择相应定额

F.2.6　电缆监测（控）系统

项目编码	项目名称	计量单位	参考定额编号	备注
SF01	在线监测	1. 套 2. 台	YL4-36～YL4-40	

续表

项目编码	项目名称	计量单位	参考定额编号	备注
SF02	安保监测	1. 套 2. 台	YL4-36～YL4-40	

F.2.7 辅助工程

项目编码	项目名称	计量单位	参考定额编号	备注
SG01	电缆三维测量	m		参考其他定额

F.2.8 措施项目

项目编码	项目名称	计量单位	参考定额编号	备注
SH01	电缆加热	盘	YL4-69；YL4-70	根据电压等级选择相应定额
SH02	电缆 GIS 头辅助工作（电缆穿仓）	间隔		参考其他定额
SH03	空调机、去湿机安装与拆除	处	YL4-55	
SH04	特殊工作棚	项		参考其他定额
SH05	临时支架（终端塔平台）搭、拆	处	YL4-48～YL4-53	根据支架材质、搭设高度选择相应定额

第五章

案 例 分 析

本章通过案例分析的形式，加深对清单计算规范的理解和应用，引导读者按步骤编制工程量清单，包括计算工程量，设置清单项目以及组价、调价等内容。本章主要包括招标工程量清单、最高投标限价与工程竣工结算三阶段表单编制的内容。为详细清晰地介绍全费用综合单价组是如何根据 2018 年版电力建设工程定额和费用计算规定进行组价的，案例分析仅列举最高投标限价表单的编制，由于最高投标限价与投标报价所使用的表格相同，投标报价组价方法、编制步骤类似，在此不重复介绍。

由于版面有限，案例分析未将全部工程量与设计图纸给出，仅描述工程概况、特征、设计要求、设备材料甲乙供范围等内容，同时工程竣工结算仅列举几种经常发生的合同价款调整情况，实际工程中应根据具体工程进行编制。

一、架空输电线路工程

（一）工程概况

1. 工程规模

本工程为×× 500kV 架空输电线路工程，新建线路路径长度为 46.154km，其中同塔双回 44.718km，跨江段 1.436km，按 500kV/220kV 混压四回路架设（本期 220kV 不架线）；全线新建铁塔 147 基，其中双回路铁塔 143 基（直线塔 88 基，耐张塔 55 基）；混压四回路铁塔 4 基（直线塔 2 基，耐张塔 2 基）；导线采用 4×JL3/G1A-630/45 高导电率钢芯铝绞线；新建线路同塔双回路段地线采用 2 根 72 芯 OPGW-150；跨江 500kV/220kV 混压同塔四回路段地线采用 2 根 96 芯 OPGW-150，构架档增加 2 根 0.2km 的 JLB35-150 铝包钢绞线分流。设计期限条件为基本风速 27m/s，覆冰厚度 10、15、20mm。线路地形比例平地 5%、河网 5%、丘陵 10%、山地 76%、高山大岭 4%；人力运距 0.76km，汽车运距 15km。

2. 招标范围及阶段

架空线路工程，含基础、立塔、架线、接地、附件安装等工作，最终以工程量清单为准。本工程采用施工图设计阶段的清单计算规范进行招标，根据施工设计图纸编制招标工程量清单。

3. 其他相关规定及说明

本部分内容为虚拟项目，可能与实际工程不一致，在编制相应内容时应据实计列。

应建设单位要求，暂列金额为 1500 万元，专业工程暂估价 500 万元，输电普通工 200 个工日，输电技术工 100 个工日，所有安装设备、导线、光缆、塔材、金具及绝缘子为招标人采购，其他材料为投标人采购。本部分内容为虚拟项目。

（二）招标工程量清单编制

编制招标工程量清单，应充分体现“实体净量”“量价分离”和“风险分担”的原则。招标阶段，由招标人或其委托的工程造价咨询人根据工程项目设计文件，编制招标工程项目的工程量清单，并将其作为招标文件的组成部分。招标人对工程量清单的准确性和完整性负责；投标人应结合企业自身实际、参考市场有关价格信息完成清单项目工程的组合报价，并对其承担风险。

1. 编制步骤

（1）根据工程概况，编制“清单表–1　总说明”。

（2）编制“清单表-2　分部分项工程量清单”。

例 1：铁塔基础配置及地质条件见表 5-1，基础材料汇总表见表 5-2，基础 BE3064 断面图见图 5-1。编制基础工程分部分项工程量清单（假定复测分坑按 1 基计算，基础按 1 个腿计算）。

表 5-1　　　　　　　　　　　　铁塔基础配置及地质条件

基础配置					地质条件	
基础型号	柱顶标高（m）	接腿基面（m）	立柱露头（m）	护壁深度（m）	层底深度（m）	土壤名称
BF3064	0.5	0.0	0.5	0.0	0.6 2.9 10.0	粉质黏土 强风化粉砂岩 中风化粉砂岩
BF3064	0.5	0.0	0.5	0.0		
BE3064	0.5	0.0	0.5	0.0		
BE3064	0.5	0.0	0.5	0.0		

表 5-2　　　　　　　　　　　　基础材料汇总表

基础型号	立柱高度 H_z（mm）	①柱筋			④外箍筋		⑤复合箍筋		材料合计	
		长度	一件重	重量小计	数量	重量小计	数量	重量小计	钢筋（kg）	混凝土（m^3）
BE3064	2500	3576	13.78	441.0	19	39.9	38	61.2	2576.4	28.58
BE3064+0.5	3000	4076	15.71	502.7	21	44.1	42	67.6	2648.7	29.56
BE3064+1.0	3500	4576	17.63	564.2	24	50.4	48	77.3	2726.2	30.54
BE3064+1.5	4000	5076	19.56	625.9	26	54.6	52	83.7	2798.5	31.52
BE3064+2.0	4500	5576	21.49	687.7	29	60.9	58	93.4	2876.3	32.50

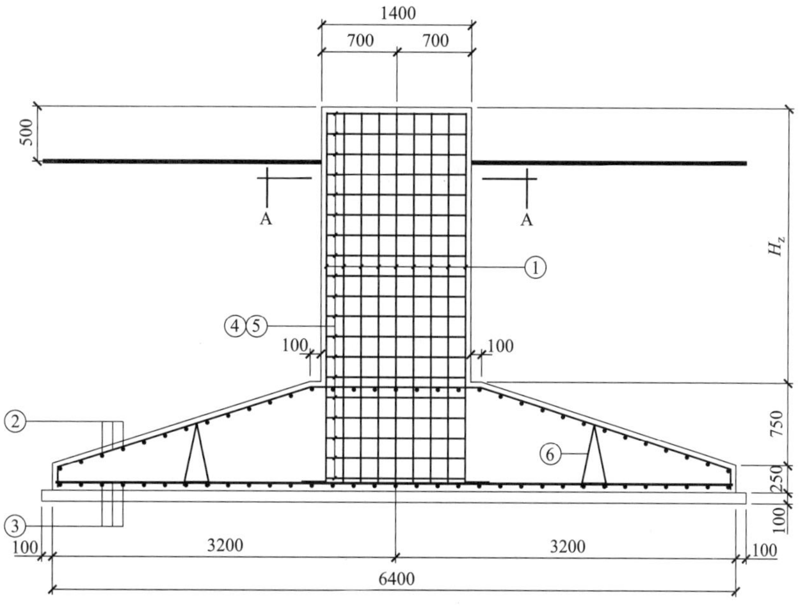

图 5-1　基础 BE3064 断面图

步骤 1：根据《电力建设工程工程量计算规范　输电线路工程》（DL/T 5205—2021）规定选择清单项目并计算工程量。工程量清单项目及计算规则见表 5-3。

表 5–3　　　　　　　　　　**工程量清单项目及计算规则**

项目编码	项目名称	项目特征	计量单位	工程量计算规则	工作内容
SA01	线路复测分坑	杆塔类型	基	按设计杆塔数量，以基计算	1．复测桩及档距 2．测定位坑、坑界及事故基面，补桩 3．平、断面的校核 4．工器（机）具移运 5．清理现场
SA02	杆塔坑、拉线坑挖方及回填	1．地质类别 2．开挖深度步距	m^3	按设计图示尺寸，以体积计算；体积=基础底面积（或基础垫层面积）×开挖深度	1．基本挖方、坑边堆土、修整 2．坑内排水 3．装拆挡土板及回填夯实 4．工器（机）移运 5．清理现场
SA04	现浇基础（构件）钢筋	1．种类 2．规格	t	按设计图示数量，以质量计算	1．材料运输、装卸 2．钢筋加工制作 3．整理、捆扎 4．清理现场
SA13	基础垫层	1．垫层类型 2．垫层底面积步距	m^3	按设计图尺寸，以体积计算	1．材料运输、装卸 2．模板制作安装及拆除 3．垫层铺设或混凝土制作，浇制，振捣，养护，基面抹平 4．工器（机）具移运 5．清理现场
SA14	现浇基础	1．基础类型 2．混凝土强度等级 3．特殊要求	m^3	按设计图尺寸，以体积计算	1．材料运输、装卸 2．钢筋绑扎及安装 3．地脚螺栓（插入式角钢或钢管）安装 4．模板制作安装及拆除 5．混凝土制作，浇制，振捣，养护，基面抹平 6．工器（机）具移运 7．清理现场

工程量计算：

1）复测分坑：1 基。

2）基础土石方 $V=(6.4+0.2)\times(6.4+0.2)\times(2.5+0.75+0.25+0.1-0.5)=135.04$（$m^3$）

3）钢筋 $G=2.576$（t）

基础混凝土 $V=6.4^2\times0.25+0.75\div3\times(1.6^2+1.6\times6.4+6.4^2)+1.4^2\times2.5=28.58$（$m^3$）

基础垫层 $V=6.6\times6.6\times0.1=4.36$（$m^3$）

步骤 2：按《电力建设工程工程量计算规范　输电线路工程》（DL/T 5205—2021）、《电力建设工程工程量清单计价规范》（DL/T 5745—2021）规定和分部分项工程量清单表式并结合图纸编制基础工程分部分项工程量清单。

清单表–2

分部分项工程量清单

工程名称：　　　　　　　　　　　　　　　　　　　　　　　　标段：

序号	项目编码	项目名称	项目特征	计量单位	工程量	备注
	3A	架空输电线路工程				
1	3AAA	基础工程				

续表

序号	项目编码	项目名称	项目特征	计量单位	工程量	备注
1.1	3AAAAA	基础土石方				
	3AAAAASA0101	线路复测分坑	杆塔类型：直线自立塔	基	1	
	3AAAAASA0201	杆塔坑、拉线坑挖方及回填	1．地质类别：强风化粉砂岩 2．开挖深度步距：4.0m 以内	m^3	135.04	
1.2	3AAABA	基础钢材				
	3AAABASA0401	现浇基础（构件）钢筋	1．种类：一般钢筋 2．规格：圆钢综合	t	2.576	
1.3	3AAACA	混凝土工程				
	3AAACASA1301	基础垫层	1．垫层类型：铺石灌浆 2．垫层面积步距：$50m^2$ 以内	m^3	4.36	
	3AAACASA1401	现浇基础	1．基础类型：板式基础 2．基础混凝土强度等级：C25 3．特殊要求：/	m^3	28.58	

例 2：架空线路铁塔采用双回路自立塔，型号为 500-MC21S-ZC1，见图 5–2，该塔塔腿配置见表 5–4，编制杆塔工程分部分项工程量清单。

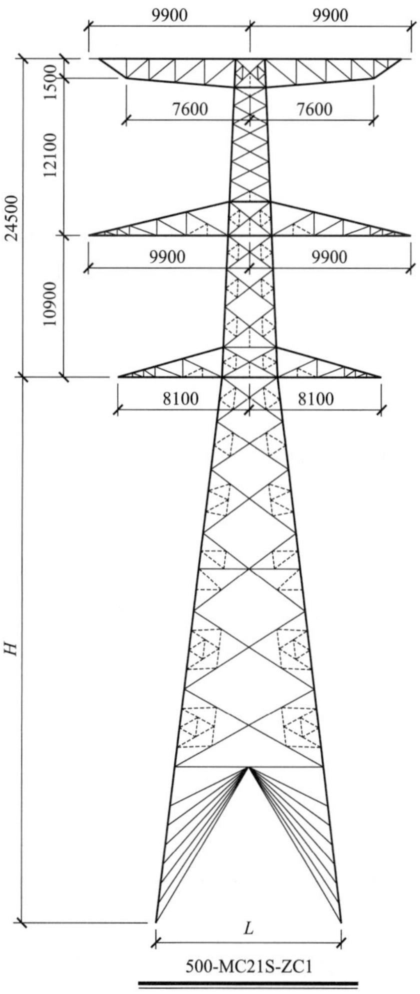

图 5–2　500-MC21S-ZC1 双回路自立塔

表 5–4　　**500-MC21S-ZC1 自立塔塔腿配置**

塔型（呼高）	塔腿编号	接腿配置	接腿重（t）
		接腿呼高（m）	
500-MC21S-ZC（39）	A	30.0+6.0	1.047
	B	30.0+7.5	1.223
	C	30.0+9.0	1.435
	D	30.0+9.0	1.435

步骤 1：根据《电力建设工程工程量计算规范　输电线路工程》（DL/T 5205—2021）规定选择清单项目并计算工程量。工程量清单项目及计算规则见表 5–5。

表 5–5　　**工程量清单项目及计算规则**

项目编码	项目名称	项目特征	计量单位	工程量计算规则	工作内容
SB04	自立塔组立	1．杆塔类型 2．塔全高步距	t	按设计图示数量，以质量计算	1．材料运输、装卸 2．地面排列、支垫、组合连接 3．塔身调整，螺栓紧固及防松防盗 4．拉线制作及安装 5．零星补刷油漆 6．工器（机）具移运 7．清理现场

工程量计算：

1）铁塔重量 G=身部重+腿部重=29.336+1.047（A）+1.223（B）+1.435（C）+1.435（D）=34.476（t）

2）铁塔全高=呼高+塔头高=39+24.5=63.5（m）

步骤 2：按《电力建设工程工程量计算规范　输电线路工程》（DL/T 5205—2021）、《电力建设工程工程量清单计价规范》（DL/T 5745—2021）规定和分部分项工程量清单表式并结合图纸编制杆塔工程分部分项工程量清单。

清单表–2

分部分项工程量清单

工程名称：　　　　　　　　　　　　　　　　　　　　　　　　标段：

序号	项目编码	项目名称	项目特征	计量单位	工程量	备注
	3A	架空输电线路工程				
2	3AAB	杆塔工程				
2.1	3AABAA	杆塔组立				
	3AABAASB0401	自立塔组立	1．杆塔结构类型：角钢塔 2．塔全高步距：塔全高 70m 以内	t	34.476	

（3）编制“清单表–3　措施项目清单”。

第一步：找出《电力建设工程工程量清单计算规范　输电线路工程》（DL/T 5205—2021）附录中对应的清单项。

单价措施项目是指可计算工程量的措施项目，是招标人根据拟建工程图纸、工程量计算规则和招标文件编制的，主要包括临时围堰、施工降水、钢板桩维护、打拔木桩、施工道路等措施项目。

第二步：编制总价措施项目清单。

总价措施项目根据拟建工程的实际情况和工程量清单计算规范的要求进行编制，例如地下设施建筑物的临时保护措施、周边沿线建（构）筑物的检测、保护及加固措施等措施项目。

第三步：根据上述工程量清单计算规范和本工程实际情况，编制“清单表–3　措施项目清单”。如××工程 A3 塔组塔需增加施工道路 500m^2，措施项目清单如下。

清单表–3

措施项目清单

工程名称：　　　　　　　　　　　　　　　　　　　　　　　　　　　标段：

序号	项目编码	项目名称	项目特征	计量单位	工程量	备注
1		单价措施项目				
1.1	3AAGAASG0501	施工道路	1．路床整形平均厚度：10cm 2．基层材质及厚度：碎石 20cm 3．面层材质及厚度：混凝土 10cm	m^2	500.00	
2		总价措施项目				

（4）编制“清单表–4　其他项目清单”。

第一步：确定暂列金额数额。暂列金额由招标人进行估算编制，可以仅列总额，也可以分项给出暂列金额。一般可以按分部分项工程量清单费的 10%～15%为参考，但由于工程条件，技术水平、物价水平存在差异，还需根据工程实际情况进一步确定。

第二步：确定材料、工程设备暂估单价。材料、工程设备暂估价是指招标时不能确定价格而由招标人在招标文件中暂时估定的货物金额。对必然发生但在发包时不能合理确定价格设置暂估价，是顺利实施项目的有效制度设计。

招标人可按以下条件界定暂估价的范围：①价值高、使用量大材料设备；②市场价格波动大的材料设备；③特殊性质要求、品牌要求的材料设备。价格可查询工程造价信息、参考已完施工工程材料设备价格、联系生产厂家或经销商进行询价等方式确定。

第三步：编制专业工程暂估价。若有专业工程项目则填写清单表格。

第四步：确定计日工。计日工适用于零星工作，一般是指合同约定之外或者因变更产生的、工程量清单中没有相应项目的额外工作。注意在暂估计日工数量时，根据工程大小情况确定合理的暂估数量，竣工结算时，按实际签证确定数量调整，全费用综合单价不变。

第五步：编制施工总承包服务项目。若有施工总承包服务项目则填写清单表格。

第六步：以上内容汇入“清单表–4　其他项目清单”。

例：应建设单位要求，工程暂列金额为 1500 万元，专业工程暂估价 500 万元，输电普通工 200 个工日，输电技术工 100 个工日，则其他项目清单及其相关表格如下。

清单表–4

其他项目清单

工程名称：　　　　　　　　　　　　　　　　　　　　　　　　　　　标段：

序号	项目名称	计量单位	金额	备注
1	暂列金额	元	15 000 000	明细详见清单表–4.1
2	暂估价	元	5 000 000	
2.1	材料、工程设备暂估单价			明细详见清单表–4.2

续表

序号	项目名称	计量单位	金额	备注
2.2	专业工程暂估价	元	5 000 000	明细详见清单表–4.3
3	计日工			明细详见清单表–4.4
4	施工总承包服务项目			明细详见清单表–4.5
5	合同中约定的其他项目			

注：合同中约定的其他项目可包含招标人采购设备材料的二次转运及卸车保管费、建设场地征用及清理项费。

清单表–4.1

暂列金额明细表

工程名称：　　　　　　　　　　　　　　　　　　　　　　　　　　　　标段：

序号	项目名称	计量单位	暂列金额	备注
1	暂列金额	元	15 000 000	
1.1	暂列金额	元	15 000 000	
合计			15 000 000	

注：本表由招标人填写，也可只列暂列金额总额，由投标人将上述暂列金额计入清单表–4 中。

清单表–4.2

材料、工程设备暂估单价表

工程名称：　　　　　　　　　　　　　　　　　　　　　　　　　　　　金额单位：元

序号	材料、工程设备名称	规格、型号	计量单位	单价（元）	备注

注：本表由招标人填写，编制最高投标限价和投标报价时，需将上述材料暂估价计入全费用综合单价。

清单表–4.3

专业工程暂估价表

工程名称：

序号	项目名称	主要工程内容	计量单位	工程量	金额（元）	备注
1	专业工程暂估价		元		5 000 000	
1.1	技术升级服务		项	1	5 000 000	

注：此表由招标人填写，由投标人将上述专业工程暂估价计入清单表–4 中。

清单表–4.4

计日工表

工程名称：

序号	项目名称	计量单位	工程量	备注
一	人工			

续表

序号	项目名称	计量单位	工程量	备注
1	输电普通工	工日	200	
2	输电技术工	工日	100	
二	材料			
三	施工机械			

注：此表项目名称、工程量由招标人填写。编制最高投标限价时，单价由招标人按有关计价规定确定；投标时，单价由投标人自主报价。

清单表–4.5

施工总承包服务项目表

工程名称：

序号	项目名称	主要服务内容	金额（元）	备注
1	招标人发包专业工程			

注：此表由招标人按工程实际情况填写，表中“金额”填写专业工程的发包费用。

（5）编制“清单表–5　投标人采购材料及设备表”。此表中列出对投标人采购的设备以及有品牌要求的材料。如有暂估价的，招标人需在备注栏中说明。

（6）编制“清单表–6　招标人采购材料及设备表”。此表中列出招标人采购的材料明细，便于进行全费用综合单价组价；招标人采购的设备无需列出明细清单，总价可以在备注栏中列出。

例：招标人根据工程需要采购 100t 塔材，2 套图像在线监测装置，则招标人采购材料及设备表如下。

清单表–6

招标人采购材料及设备表

工程名称：

序号	材料（设备）名称	型号规格	计量单位	数量	单价（元）	交货地点及方式	备注
一	招标人采购材料						
1	铁塔	角钢，Q420	t	100	7167		
二	招标人采购设备						
1	图像在线监测装置		套	2	10 070		

注 1：招标人采购的设备无需列出明细清单，总价可以在备注栏中列出。

注 2：本表未计列的材料均由投标人采购。

（7）招标工程量清单汇总。在分部分项工程项目清单、措施项目清单、其他项目清单目清单编制完成以后，经审查复核，与工程量清单封面及总说明汇总并装订，由相关责任人签字和盖章，形成完整的招标工程量清单文件。

2. 招标工程量清单表格

清单封–1

××500kV架空输电线路工程

招 标 工 程 量 清 单

招 标 人：______（盖章）______

编 制 人：（造价专业人员签字或盖章）

20××年××月××日

清单封–2

工程名称：××500kV架空输电线路工程

标段名称：________________

招 标 工 程 量 清 单

编制人：（造价专业人员签字或盖章）

复核人：（注册造价工程师签字或盖章）

审定人：（注册造价工程师签字或盖章）

编制单位：（盖章）

企业法定代表人或其授权人：（签字或盖章）

招标人：（签字或盖章）

企业法定代表人或其授权人：（签字或盖章）

编制时间：20××年××月××日

填 表 须 知

1 招标工程量清单应由具有编制能力的招标人或受其委托具有相应资质的工程造价咨询人编制和复核。

2 招标人提供的工程量清单的任何内容不应删除或涂改。

3 招标工程量清单格式的填写应符合下列规定：

1） 招标工程量清单中所有要求签字、盖章的地方，应由规定的单位和人员签字、盖章。

2） 总说明应按项目属性相应填写。

3） 其他说明应按工程实际要求填写。

4） 分部分项工程量清单按序号、项目编码、项目名称、项目特征、计量单位、工程量、备注等内容填写。

5） 措施项目清单按序号、项目名称等内容填写。

6） 其他项目清单按序号、项目名称等内容填写。

7） 投标人采购材料及设备材料表按序号、材料设备名称、型号规格、计量单位、数量等内容填写。

8） 招标人采购材料及设备表按序号、材料设备、型号规格、计量单位、数量交货地点及方式等内容填写。

4 如有需要说明其他事项可增加条款。

清单表-1

总说明

工程名称：

<table>
<tr><td rowspan="3">工程概况</td><td>工程名称</td><td>××500kV 架空输电线路工程</td><td>建设性质</td><td>新建</td></tr>
<tr><td>设计单位</td><td></td><td>建设地点</td><td>××、××</td></tr>
<tr><td colspan="4">1. 本工程为××500kV 架空输电线路工程，新建线路路径长度为 46.154km，其中常规段同塔双回路长度为 44.718km，跨江段长度为 1.436km，跨江段按 500kV/220kV 混压四回路架设（2 回 220kV 线路本期预留，不挂线）。
2. 导线采用 4×JL3/G1A-630/45 高导电率钢芯铝绞线。地线采用 2×OPGW-150（普通段 72 芯、跨江段 96 芯）；进构架档增加 2 根 JLB35-150 铝包钢绞线分流。
3. 本工程绝缘子采用合成和玻璃绝缘子。
4. 全部采用铁塔，共新建杆塔 147 基，其中双回路铁塔 143 基（直线塔 88 基，耐张塔 55 基）；混压四回路铁塔 4 基（直线塔 2 基，耐张塔 2 基）。
5. 基础采用板式基础、岩石嵌固基础、岩石锚杆基础、挖孔基础。
6. 地形：平地 5%、河网 5%、丘陵 10%、山地 76%、高山大岭 4%。
7. 地质：详见设计图纸。
8. 设计气象条件：基本风速 V=27m/s，覆冰 C=10、15、20mm。</td></tr>
<tr><td>其他说明</td><td colspan="4">1. 工程量清单按审定的设计资料，招标文件、技术规范，相关管理规定、标准，招标方界定的招标范围及《电力建设工程工程量清单计价规范》（DL/T 5745—2021）、《电力建设工程工程量清单计算规范　输电线路工程》（DL/T 5205—2021）有关规定编制。
2. 清单项目特征仅对主要工作内容进行描述。
3. 工程招标和分包范围：详见招标文件。
4. 安全文明施工费和临时设施费为不可竞争费用，投标人按照《电网工程建设预算编制与计算规定（2018 年版）》中规定费率进行报价。
5. 工程材料要求：详见招标文件。</td></tr>
</table>

清单表–2

分部分项工程量清单

工程名称：　　　　　　　　　　　　　　　　　　　　　　　　　标段：

序号	项目编码	项目名称	项目特征	计量单位	工程量	备注
	3A	架空输电线路工程				
1	3AAA	基础工程				
1.1	3AAAAA	基础土石方				
	3AAAAASA0101	线路复测分坑	杆塔类型：耐张（转角）自立塔	基	49	
	3AAAAASA0102	线路复测分坑	杆塔类型：直线自立塔	基	74	
	3AAAAASA0201	杆塔坑、拉线坑挖方及回填	1．地质类别：粉质黏土 2．开挖深度步距：2.0m 以内	m^3	2.59	
	3AAAAASA0202	杆塔坑、拉线坑挖方及回填	1．地质类别：强风化粉砂岩 2．开挖深度步距：4.0m 以内	m^3	1481.61	
	3AAAAASA0203	杆塔坑、拉线坑挖方及回填	1．地质类别：粉质黏土 2．开挖深度步距：4.0m 以内	m^3	1327.10	
	3AAAAASA0204	杆塔坑、拉线抗挖方及回填	1．地质类别：强风化粉砂岩 2．开挖深度步距：3.0m 以内	m^3	221.03	
	3AAAAASA0301	挖孔基础挖方	1．地质类别：粉质黏土 2．孔径步距：1500mm 以内 3．孔深步距：5m 以内	m^3	3.18	
	3AAAAASA0302	挖孔基础挖方	1．地质类别：粉质黏土 2．孔径步距：1500mm 以内 3．孔深步距：10m 以内	m^3	315.48	
	3AAAAASA0303	挖孔基础挖方	1．地质类别：粉质黏土 2．孔径步距：2000mm 以内 3．孔深步距：5m 以内	m^3	3.85	
	3AAAAASA0304	挖孔基础挖方	1．地质类别：粉质黏土 2．孔径步距：2000mm 以内 3．孔深步距：15m 以内	m^3	40.26	
	3AAAAASA0305	挖孔基础挖方	1．地质类别：粉质黏土 2．孔径步距：2000mm 以内 3．孔深步距：10m 以内	m^3	652.36	
	3AAAAASA0306	挖孔基础挖方	1．地质类别：粉质黏土 2．孔径步距：2000mm 以上 3．孔深步距：5m 以内	m^3	5.77	
	3AAAAASA0307	挖孔基础挖方	1．地质类别：粉质黏土 2．孔径步距：2000mm 以上 3．孔深步距：10m 以内	m^3	32.31	
	3AAAAASA0308	挖孔基础挖方	1．地质类别：粉质黏土 2．孔径步距：2000mm 以上 3．孔深步距：15m 以内	m^3	153.91	
	3AAAAASA0309	挖孔基础挖方	1．地质类别：粉质黏土 2．孔径步距：2000mm 以上 3．孔深步距：20m 以内	m^3	1.79	
	3AAAAASA0310	挖孔基础挖方	1．地质类别：强风化粉砂岩、中风化粉砂岩 2．孔径步距：1500mm 以内 3．孔深步距：5m 以内	m^3	9.79	

续表

序号	项目编码	项目名称	项目特征	计量单位	工程量	备注
	3AAAAASA0311	挖孔基础挖方	1．地质类别：强风化粉砂岩、中风化粉砂岩 2．孔径步距：1500mm 以内 3．孔深步距：10m 以内	m^3	2530.04	
	3AAAAASA0312	挖孔基础挖方	1．地质类别：强风化粉砂岩、中风化粉砂岩 2．孔径步距：2000mm 以内 3．孔深步距：5m 以内	m^3	18.75	
	3AAAAASA0313	挖孔基础挖方	1．地质类别：强风化粉砂岩、中风化粉砂岩 2．孔径步距：2000mm 以内 3．孔深步距：10m 以内	m^3	5608.63	
	3AAAAASA0314	挖孔基础挖方	1．地质类别：强风化粉砂岩、中风化粉砂岩 2．孔径步距：2000mm 以内 3．孔深步距：15m 以内	m^3	648.63	
	3AAAAASA0315	挖孔基础挖方	1．地质类别：强风化粉砂岩、中风化粉砂岩 2．孔径步距：2000mm 以上 3．孔深步距：5m 以内	m^3	48.99	
	3AAAAASA0316	挖孔基础挖方	1．地质类别：强风化粉砂岩、中风化粉砂岩 2．孔径步距：2000mm 以上 3．孔深步距：10m 以内	m^3	339.29	
	3AAAAASA0317	挖孔基础挖方	1．地质类别：强风化粉砂岩、中风化粉砂岩 2．孔径步距：2000mm 以上 3．孔深步距：15m 以内	m^3	2426.07	
	3AAAAASA0318	挖孔基础挖方	1．地质类别：强风化粉砂岩、中风化粉砂岩 2．孔径步距：2000mm 以上 3．孔深步距：20m 以内	m^3	88.78	
1.2	3AAABA	基础钢材				
	3AAABASA0401	现浇基础（构件）钢筋	1．种类：一般钢筋 2．规格：圆钢综合	t	187.328	
	3AAABASA0501	钢筋笼	1．种类：钢筋笼 2．规格：圆钢综合	t	972.676	
	3AAABASA0601	地脚螺栓	1．种类：地脚螺栓 2．规格：Q355	t	245.623	
	3AAABASA0602	地脚螺栓	1．种类：地脚螺栓 2．规格：42CrMo	t	55.000	
1.3	3AAACA	混凝土工程				
	3AAACASA1301	基础垫层	1．垫层类型：铺石灌浆 2．垫层面积步距：$50m^2$ 以上	m^3	73.60	
	3AAACASA1302	基础垫层	1．垫层类型：铺石灌浆 2．垫层面积步距：$50m^2$ 以内	m^3	8.80	
	3AAACASA1401	现浇基础	1．基础类型：锚杆基础承台 2．基础混凝土强度等级：C30 3．特殊要求：/	m^3	128.40	

续表

序号	项目编码	项目名称	项目特征	计量单位	工程量	备注
	3AAACASA1402	现浇基础	1. 基础类型：板式基础 2. 基础混凝土强度等级：C25 3. 特殊要求：/	m^3	639.48	
	3AAACASA1601	挖孔基础浇灌	1. 基础类型：岩石嵌固基础 2. 孔深步距：5m 以内 3. 基础混凝土强度等级：C25 4. 特殊要求：/	m^3	71.82	
	3AAACASA1602	挖孔基础浇灌	1. 基础类型：岩石嵌固基础 2. 孔深步距：10m 以内 3. 基础混凝土强度等级：C25 4. 特殊要求：/	m^3	7811.20	
	3AAACASA1603	挖孔基础浇灌	1. 基础类型：岩石嵌固基础 2. 孔深步距：20m 以内 3. 基础混凝土强度等级：C25 4. 特殊要求：/	m^3	357.45	
	3AAACASA1604	挖孔基础浇灌	1. 基础类型：挖孔桩基础 2. 孔深步距：20m 以内 3. 基础混凝土强度等级：C25 4. 特殊要求：/	m^3	2762.34	
	3AAACASA1605	挖孔基础浇灌	1. 基础类型：挖孔桩基础 2. 孔深步距：10m 以内 3. 基础混凝土强度等级：C25 4. 特殊要求：/	m^3	116.51	
	3AAACASA1701	挖孔基础护壁	1. 护壁类型：有筋现浇护壁 2. 基础混凝土强度等级：C25 3. 特殊要求：/	m^3	2276.52	
	3AAACASA2201	岩石锚杆基础	1. 孔径步距：100mm 以上 2. 孔深步距：6.0m 以内 3. 基础混凝土强度等级：C30	m	1728.00	
	3AAACASA2401	保护帽	混凝土强度等级：C15	m^3	148.71	
2	3AAB	杆塔工程				
2.1	3AABAA	杆塔组立				
	3AABAASB0401	自立塔组立	1. 杆塔结构类型：角钢塔 2. 塔全高步距：塔全高 70m 以内	t	4310.818	
	3AABAASB0402	自立塔组立	1. 杆塔结构类型：角钢塔 2. 塔全高步距：塔全高 90m 以内	t	3617.140	
	3AABAASB0403	自立塔组立	1. 杆塔结构类型：角钢塔 2. 塔全高步距：塔全高 100m 以内	t	1019.428	
	3AABAASB0404	自立塔组立	1. 杆塔结构类型：角钢塔 2. 塔全高步距：塔全高 110m 以内	t	241.836	
	3AABAASB0405	自立塔组立	1. 杆塔结构类型：角钢钢管组合 2. 塔全高步距：塔全高 100m 以内	t	773.000	
	3AABAASB0406	自立塔组立	1. 杆塔结构类型：角钢钢管组合 2. 塔全高步距：塔全高 130m 以内	t	228.000	
3	3AAC	接地工程				
3.1	3AACAA	接地土石方				
	3AACAASC0101	接地槽挖方及回填	地质类别：粉质黏土、素填土	m^3	11 692.80	

续表

序号	项目编码	项目名称	项目特征	计量单位	工程量	备注
3.2	3AACBA	接地安装				
	3AACBASC0301	水平接地体安装	1．接地形式：水平接地体 2．降阻材料：/ 3．接地体材质：镀锌圆钢 4．每基接地体长度：300m 以上	m	63 710.40	
	3AACBASC0301	水平接地体安装	1．接地形式：水平接地体安装 2．降阻材料：/ 3．接地体材质：镀锌圆钢 4．每基接地体长度：300m 以内	m	324.00	
4	3AAD	架线工程				
4.1	3AADAA	导地线架设				
	3AADAASD0301	导线架设	1．导线型号、规格：JL3/G1A-630/45 2．回路数：同塔二回 3．相分裂数：四分裂 4．单回 OPPC 根数：/	km	44.718	
	3AADAASD0302	导线架设	1．导线型号、规格：JL3/G1A-630/45-Z 2．回路数：同塔二回 3．相分裂数：四分裂 4．单回 OPPC 根数：/	km	1.436	
	3AADAASD0101	避雷线架设	1．型号、规格：JLB35-150-Z 2．是否随导线同期架设：是	km	0.400	
	3AADAASD0201	OPGW 架设	1．OPGW 型号、规格：OPGW-150 2．芯数：72 芯 3．是否随导线同期架设：是	km	40.114	
	3AADAASD0202	OPGW 架设	1．OPGW 型号、规格：OPGW-150 2．芯数：96 芯 3．是否随导线同期架设：是	km	3.580	
	3AADAASD0203	OPGW 架设	1．OPGW 型号、规格：OPGW-150 2．芯数：72 芯 3．是否随导线同期架设：是	km	57.740	
4.2	3AADBA	跨（穿）越架设				
	3AADBASD0501	交叉跨越	1．被跨越物名称：一般公路 2. 在建线路单侧导线最大水平排列相数：1 相 3．公路双向车道数：4 车道以内	处	13	
	3AADBASD0502	交叉跨越	1．被跨越物名称：高速公路 2. 在建线路单侧导线最大水平排列相数：1 相 3．公路双向车道数：4 车道以内	处	2	
	3AADBASD0503	交叉跨越	1．被跨越物名称：220kV 电力线 2．被跨电力线回路数：单回路 3．被跨电力线带电状态：是 4．被跨电力线电压等级：220kV 5. 在建线路单侧导线最大水平排列相数：1 相	处	1	

续表

序号	项目编码	项目名称	项目特征	计量单位	工程量	备注
	3AADBASD0504	交叉跨越	1．被跨越物名称：220kV 电力线 2．被跨电力线回路数：单回路 3．被跨电力线带电状态：否 4．被跨电力线电压等级：220kV 5．在建线路单侧导线最大水平排列相数：1 相	处	2	
	3AADBASD0505	交叉跨越	1．被跨越物名称：110kV 电力线 2．被跨电力线回路数：双回路 3．被跨电力线带电状态：否 4．被跨电力线电压等级：110kV 5．在建线路单侧导线最大水平排列相数：1 相	处	1	
	3AADBASD0506	交叉跨越	1．被跨越物名称：110kV 电力线 2．被跨电力线回路数：单回路 3．被跨电力线带电状态：否 4．被跨电力线电压等级：110kV 5．在建线路单侧导线最大水平排列相数：1 相	处	3	
	3AADBASD0507	交叉跨越	1．被跨越物名称：35kV 电力线 2．被跨电力线回路数：单回路 3．被跨电力线带电状态：否 4．被跨电力线电压等级：35kV 5．在建线路单侧导线最大水平排列相数：1 相	处	5	
	3AADBASD0508	交叉跨越	1．被跨越物名称：10kV 电力线 2．被跨电力线回路数：单回路 3．被跨电力线带电状态：是 4．被跨电力线电压等级：10kV 5．在建线路单侧导线最大水平排列相数：1 相	处	14	
	3AADBASD0509	交叉跨越	1．被跨越物名称：土路 2．在建线路单侧导线最大水平排列相数：1 相	处	22	
	3AADBASD0510	交叉跨越	1．被跨越物名称：低压、弱电线 2．在建线路单侧导线最大水平排列相数：1 相	处	65	
	3AADBASD0511	交叉跨越	1．被跨越物名称：河流 2．在建线路单侧导线最大水平排列相数：1 相 3．河流宽度步距：50m 以内	处	21	
	3AADBASD0512	交叉跨越	1．被跨越物名称：河流 2．在建线路单侧导线最大水平排列相数：1 相 3．河流宽度步距：150m 以内	处	5	
	3AADBASD0513	交叉跨越	1．被跨越物名称：河流 2．在建线路单侧导线最大水平排列相数：1 相 3．河流宽度步距：300m 以上	处	1	
	3AADBASD0514	交叉跨越	1．被跨越物名称：房屋 10m 以下 2．在建线路单侧导线最大水平排列相数：1 相	处	7	
	3AADBASD0515	交叉跨越	1．被跨越物名称：果园经济作物 2．在建线路单侧导线最大水平排列相数：1 相	处	9	

续表

序号	项目编码	项目名称	项目特征	计量单位	工程量	备注
5	3AAE	附件工程				
5.1	3AAEAA	导线耐张绝缘子、金具串安装				
	3AAEAASE0101	导线耐张串	1．电压等级：500kV 2．绝缘子、金具串名称及型号：U420B/205 盘型玻璃绝缘子、420kN 盘形悬式绝缘子双联双挂点耐张串（42N2-a） 3．组合形式：双联 4．导线分裂数：四分裂	组	450	
	3AAEAASE0102	导线耐张串	1．电压等级：500kV 2．绝缘子、金具串名称及型号：U420B/205 盘型玻璃绝缘子、420kN 盘形悬式绝缘子双联双挂点耐张串（42N2-b） 3．组合形式：双联 4．导线分裂数：四分裂	组	126	
	3AAEAASE0103	导线耐张串	1．电压等级：500kV 2．绝缘子、金具串名称及型号：U160B/155 盘型瓷绝缘子、160kN 盘形悬式绝缘子双联双挂点耐张串（16N2-a） 3．组合形式：双联 4．导线分裂数：四分裂	组	24	
	3AAEBASE0301	跳线制作及安装	1．电压等级：500kV 2．跳线类型：软跳线 3．跳线分裂数：四分裂	单相	261	
5.2	3AAEBA	导线悬垂绝缘子、金具串安装				
	3AAEBASE0201	导线悬垂串、跳线串	1．电压等级：500kV 2．金具串名称：210kN 复合绝缘子双联 I 型悬垂串（21H2-1） 3．绝缘子型号：FXBW-500/210-2 4．组合形式： I 型双联串 5．导线分裂数：四分裂	串	198	
	3AAEBASE0202	导线悬垂串、跳线串	1．电压等级：500kV 2．金具串名称：210kN 复合绝缘子双联 I 型悬垂串（21H2-2） 3．绝缘子型号：FXBW-500/210-3 球碗连接 4．组合形式： I 型双联串 5．导线分裂数：四分裂	串	90	
	3AAEBASE0203	导线悬垂串、跳线串	1．电压等级：500kV 2．金具串名称：300kN 复合绝缘子双联 I 型悬垂串（30H2-1） 3．绝缘子型号：FXBW-500/300-1 球碗连接 4．形式： I 型双联串 5．导线分裂数：四分裂	串	30	

续表

序号	项目编码	项目名称	项目特征	计量单位	工程量	备注
	3AAEBASE0204	导线悬垂串、跳线串	1．电压等级：500kV 2．金具串名称：210kN复合绝缘子单联V型悬垂串（21VH1-1） 3．绝缘子型号：FXBW-500/210-2环形连接 4．组合形式：V型单联串 5．导线分裂数：四分裂	串	12	
	3AAEBASE0205	导线悬垂串、跳线串	1．电压等级：500kV 2．金具串名称：210kN复合绝缘子单联V型悬垂串（21VH1-2） 3．绝缘子型号：FXBW-500/210-3环形连接 4．组合形式：V型单联串 5．导线分裂数：四分裂	串	18	
	3AAEBASE0206	导线悬垂串、跳线串	1．电压等级：500kV 2．金具串名称：300kN复合绝缘子单联V型悬垂串（30VH1-1） 3．绝缘子型号：FXBW-500/300-1环形连接 4．组合形式：V型单联串 5．导线分裂数：四分裂	串	18	
	3AAEBASE0207	导线悬垂串、跳线串	1．电压等级：500kV 2．金具串名称：300kN复合绝缘子单联V型悬垂串（30VH1-2） 3．绝缘子型号：FXBW-500/300-2环形连接 4．组合形式：V型单联串 5．导线分裂数：四分裂	串	18	
	3AAEBASE0208	导线悬垂串、跳线串	1．电压等级：500kV 2．金具串名称：210kN复合绝缘子双联V型悬垂串（21VH2-1） 3．绝缘子型号：FXBW-500/210-2环形连接 4．组合形式：V型双联串 5．导线分裂数：四分裂	串	6	
	3AAEBASE0209	导线悬垂串、跳线串	1．电压等级：500kV 2．金具串名称：210kN复合绝缘子双联V型悬垂串（21VH2-2） 3．绝缘子型号：FXBW-500/210-3环形连接 4．组合形式：V型双联串 5．导线分裂数：四分裂	串	30	
	3AAEBASE0210	导线悬垂串、跳线串	1．电压等级：500kV 2．金具串名称：300kN复合绝缘子双联V型悬垂串（30VH2-1） 3．绝缘子型号：FXBW-500/300-1环形连接 4．组合形式：V型双联串 5．导线分裂数：四分裂	串	12	

续表

序号	项目编码	项目名称	项目特征	计量单位	工程量	备注
	3AAEBASE0211	导线悬垂串、跳线串	1．电压等级：500kV 2．金具串名称：300kN 复合绝缘子双联 V 型悬垂串（30VH2-2） 3．绝缘子型号：FXBW-500/300-2 环形连接 4．组合形式：V 型双联串 5．导线分裂数：四分裂	串	12	
	3AAEBASE0212	导线悬垂串、跳线串	1．电压等级：500kV 2．金具串名称：120kN 复合绝缘子跳线串（TXH-1） 3．绝缘子型号：FXBW-500/120-2 球碗连接 4．组合形式：Ⅰ型单联串 5．导线分裂数：四分裂	串	233	
	3AAEBASE0213	导线悬垂串、跳线串	1．电压等级：500kV 2．金具串名称：120kN 复合绝缘子跳线串（TXH-2） 3．绝缘子型号：FXBW-500/120-3 球碗连接 4．组合形式：Ⅰ型单联串 5．导线分裂数：四分裂	串	28	
5.3	3AAECA	其他金具安装				
	3AAECASE0401	防振锤	规格或型号：防振锤	个	1248	
	3AAECASE0501	导线间隔棒	规格或型号：间隔棒 FJZ-450/34B	个	4956	
	3AAECASE0502	导线间隔棒	规格或型号：跳线间隔棒 FJZS-450/34B	个	1260	
	3AAECASE0503	导线间隔棒	规格或型号：间隔棒 TJ2-120-34/25	个	1176	
	3AAECASE0701	重锤	规格或型号：重锤 FZC-20	单相	3132	
6	3AAF	辅助工程				
6.1	3AAFAA	输电线路试运				
	3AAFAASF0101	输电线路试运	1．电压等级：500kV 2．线路长度：50km 以内 3．同塔同时运行回路数：二回	回路	2	
6.2	3AAFBA	辅助设施土石方				
	3AAFBASF0201	尖峰、基面、排洪（水）沟、挡土（水）墙、防撞墩（墙）土石方开挖	1．名称：基面 2．地质类别：粉质黏土	m^3	2147.32	
	3AAFBASF0202	尖峰、基面、排洪（水）沟、挡土（水）墙、防撞墩（墙）土石方开挖	1．名称：排水沟 2．地质类别：粉质黏土	m^3	635.04	
	3AAFBASF0203	尖峰、基面、排洪（水）沟、挡土（水）墙、防撞墩（墙）土石方开挖	1．名称：排水沟 2．地质类别：强风化砂岩	m^3	158.76	

续表

序号	项目编码	项目名称	项目特征	计量单位	工程量	备注
6.3	3AAFCA	辅助设施砌（浇）筑				
	3AAFCASF0301	排洪（水）沟、挡土（水）墙、围堰、防撞墩（墙）砌（浇）筑	1．名称：排水沟 2．构造类型：素混凝土 3．混凝土强度等级：C15	m^3	597.48	
6.4	3AAFDA	辅助设施安装				
	3AAFDASF0501	杆塔标志牌安装	1．材质：综合 2．是否拆装：否	块	1230	
	3AAFDASF1001	监测装置	型号或规格：分布式故障诊断装置	套	4	
	3AAFDASF1002	监测装置	型号或规格：图像在线监测装置	套	2	
	3AAFDASF1003	监测装置	型号或规格：视频监控监测	套	1	
	3AAFDASF1101	耐张线夹X射线探伤	1．导线分裂数：四分裂 2．回路数：双回路 3．单双侧：单侧	基	6	

清单表–3

措施项目清单

工程名称：　　　　　　　　　　　　　　　　　　　　　　标段：

序号	项目编码	项目名称	项目特征	计量单位	工程量	备注
1		单价措施项目				
1.1	3AAGAASG0501	施工道路	1．路床整形平均厚度：10cm 2．基层材质及厚度：碎石20cm 3．面层材质及厚度：混凝土10cm	m^2	500.00	
2		总价措施项目				

清单表–4

其他项目清单

工程名称：　　　　　　　　　　　　　　　　　　　　　　标段：

序号	项目名称	计量单位	金额	备注
1	暂列金额	元	15 000 000	明细详见清单表–4.1
2	暂估价	元	5 000 000	
2.1	材料、工程设备暂估单价		—	明细详见清单表–4.2
2.2	专业工程暂估价	元	5 000 000	明细详见清单表–4.3
3	计日工			明细详见清单表–4.4
4	施工总承包服务项目			明细详见清单表–4.5
5	合同中约定的其他项目			

注：合同中约定的其他项目可包含招标人采购设备材料的二次转运及卸车保管费、建设场地征用及清理项费。

清单表–4.1

暂列金额明细表

工程名称：　　　　　　　　　　　　　　　　　　　　　　　　　　　标段：

序号	项目名称	计量单位	暂列金额	备注
1	暂列金额	元	15 000 000	
1.1	暂列金额	元	15 000 000	
合计			15 000 000	

注：本表由招标人填写，也可只列暂列金额总额，由投标人将上述暂列金额计入清单表–4 中。

清单表–4.2

材料、工程设备暂估单价表

工程名称：　　　　　　　　　　　　　　　　　　　　　　　　　　　金额单位：元

序号	材料、工程设备名称	规格、型号	计量单位	单价（元）	备注

注：本表由招标人填写，编制最高投标限价和投标报价时，需将上述材料暂估价计入全费用综合单价。

清单表–4.3

专业工程暂估价表

工程名称：

序号	项目名称	主要工程内容	计量单位	工程量	金额（元）	备注
1	专业工程暂估价					
1.1	应用软件升级		套	50	5 000 000	

注：此表由招标人填写，由投标人将上述专业工程暂估价计入清单表–4 中。

清单表–4.4

计日工表

工程名称：

序号	项目名称	计量单位	工程量	备注
一	人工			
1	输电普通工	工日	200	
2	输电技术工	工日	100	
二	材料			
三	施工机械			

注：此表项目名称、工程量由招标人填写。编制最高投标限价时，单价由招标人按有关计价规定确定；投标时，单价由投标人自主报价。

清单表–4.5

施工总承包服务项目表

工程名称：

序号	项目名称	主要服务内容	金额（元）	备注
1	招标人发包专业工程			

注：此表由招标人按工程实际情况，表中“金额”填写专业工程的发包费用。

清单表–5

投标人采购材料及设备表

工程名称：

序号	材料（设备）名称	型号规格	计量单位	数量	备注
一	投标人采购材料				

注 1：此表由招标人填写，对投标人采购的设备以及有品牌要求的材料，在此表中列出。如有暂估价的，招标人需在备注栏中说明。

注 2：若招标人对投标人采购的材料设备无要求时，可以不填写本表。

清单表–6

招标人采购材料及设备表

工程名称：

序号	材料（设备）名称	型号规格	计量单位	数量	单价（元）	交货地点及方式	备注
一	招标人采购材料						
1	盘型瓷绝缘子	U160BP/155T	只	1440	120.00		
2	线路电瓷　玻璃绝缘子	U420B/205	只	34 560	100.00		
3	线路　防振锤	FRYJ-4/6	件	1248	120.00		
4	线路　间隔棒	FJZ-450/34B	件	4956	270.00		
5	跳线间隔棒	TJ2-120-34/25	件	1176	50.00		
6	跳线间隔棒	FJZS-450/34B	件	1260	199.00		
7	线路　预绞丝护线条	FYH-630/45	件	96	255.00		
8	线路　联板	综合（L、LS、LL 等类型）	t	64.290	11 551.00		
9	线路　挂环	综合（Q、QP、QH、U 等类型）	t	31.257	22 751.00		
10	线路　挂板	综合（W、WS、P、Z 等类型）	t	131.027	18 279.00		
11	72 芯 OPGW 光缆	OPGW-17-150-5（含金具）	km	97.932	16 656.63		
12	96 芯 OPGW 光缆	OPGW-17-150-5（含金具）	km	3.580	19 195.57		

续表

序号	材料（设备）名称	型号规格	计量单位	数量	单价（元）	交货地点及方式	备注
13	高导电率钢芯铝绞线	JL3/G1A-630/45	t	2477.988	14 765.00		
14	铝包钢绞线	JLB35-150	t	0.322	12 556.00		
15	变电　设备线夹（压缩型 A、B 型）	SY-120/7A	件	8	8.00		
16	均压环	FJPE-50/1800/350	件	1152	280.00		
17	均压屏蔽环	FJPE-50/1800/380	件	48	280.00		
18	拉杆	YL-21570	件	1152	500.00		
19	拉杆（YL 型）	YL-12430	件	48	500.00		
20	铁塔	角钢，Q420	t	4594.611	6343.00		
21	铁塔	角钢，Q345	t	4594.611	6242.00		
22	铁塔	角钢钢管组合，Q420	t	500.500	7906.00		
23	铁塔	角钢钢管组合，Q345	t	500.500	7778.00		
24	跳线间隔棒	TJ2-120-34/23	件	1200	50.00		
25	跳线悬垂线夹	XT4-500/630	件	261	171.00		
26	线路　耐张线夹（压缩式）	NY-150BG-35	件	4	85.00		
27	线路　耐张线夹（压缩式）	NY-150BG-35	件	4	85.00		
28	线路　耐张线夹（压缩式）	NY-630/45（A）	件	948	305.00		
29	线路　耐张线夹（压缩式）	NY-630/45（B）	件	948	305.00		
30	线路　耐张线夹（注脂）	NY-630/45（A）	件	252	1327.00		
31	线路　耐张线夹（注脂）	NY-630/45（B）	件	252	1327.00		
32	线路　悬垂线夹	XGB-10054	件	1152	86.00		
33	线路　悬垂线夹	XGB-16054	件	360	86.00		
34	线路　悬垂线夹	XGB-6040	件	120	86.00		
35	线路　悬垂线夹	XGB-12054	件	144	86.00		
36	线路电瓷　地线绝缘子	UE70CN	只	8	88.00		
37	线路电瓷　合成绝缘子	FXBW-500/210-2	只	432	1140.00		
38	线路电瓷　合成绝缘子	FXBW-500/210-3	只	276	1140.00		
39	线路电瓷　合成绝缘子	FXBW-500/300-1	只	144	1390.00		
40	线路电瓷　合成绝缘子	FXBW-500/300-2	只	84	1390.00		
41	线路电瓷　合成绝缘子	FXBW-500/120-2	只	261	980.00		
42	重锤片	FZC-20	件	3132	138.00		
二	招标人采购设备						
1	分布式故障诊断装置		套	4	159 292.00		
2	视频监控监测		套	1	8850.00		
3	图像在线监测装置		套	2	44 248.00		

注 1： 招标人采购的设备无需列出明细清单，总价可以在备注栏中列出。
注 2： 本表未计列的材料均由投标人采购。

（三）最高投标限价编制

对下表分部分项工程量清单中的 2 项清单内容进行最高限价内容编制。

清单表–2

分部分项工程量清单

工程名称：　　　　　　　　　　　　　　　　　　　　　　　　　　　　　　标段：

序号	项目编码	项目名称	项目特征	计量单位	工程量	备注
	3A	架空输电线路工程				
1	3AAA	基础工程				
1.1	3AAAAA	基础土石方				
	3AAAAASA0101	线路复测分坑	杆塔类型：转角线自立塔	基	1	
2	3AAB	杆塔工程				
2.1	3AABAA	杆塔组立				
	3AABAASB0401	自立塔组立	1. 杆塔结构类型：角钢塔 2. 塔全高步距：塔全高70m以内	t	63.5	

1. 编制步骤

第一步：形成全费用综合单价。

（1）确定编制原则。根据工程实际情况，工程采用人力运输距离0.76km，汽车运输距离15km两种运输方式。人工、材料、机械单价参照《电力建设工程预算定额（2018年版） 第四册 架空输电线路工程》，甲供材料按《电力建设工程装置性材料预算价格（2018年版）》除税价版；水泥、黄砂、碎石等地方性材料按工程所在地地区2021年7月份信息价计入本体，不计价差。措施费、企业管理费、规费、利润和增值税参照《电网工程建设预算编制与计算规定(2018年版)》，各项取费如下：社会保障费缴费费率按26.15%计列，其中职工基本养老保险费率14.5%、失业保险费率0.5%、基本医疗保险费率10.5%、生育保险费率0.3%、工伤保险费率0.35%；住房公积金缴费费率按10%计列；人材机调整执行《电力工程造价与定额管理总站关于发布2018版电力建设工程概预算定额2020年度价格水平调整的通知》（定额〔2021〕3号），其中人工费调整系数为6.05%，500kV材机调整系数为0.5%。

（2）人工、材料、机械费计算。表格可自行设定。根据清单项目工作内容确定一个清单项目对应预算定额子目数量，并考虑综合地形调整（人工费、材机等调整在《工程量清单综合单价分析表》中完成）。案例中的人工、材料、机械单价参照《电力建设工程预算定额（2018年版） 第四册 架空输电线路工程》，参考格式见表5–6。

（3）编制工程量清单综合单价人、材、机组成表。计算组合综合单价人工、材料、机械。表式按《电力建设工程工程量清单计价规范》（DL/T 5745—2021）规定（最高投标限阶表–4.2）格式，将第二步计算所得的“人、材、机组成单价分析表”单价填入该表。具体数据计算见表5–7。

（4）编制工程量清单综合单价分析表。表式按《电力建设工程工程量清单计价规范》（DL/T 5745—2021）规定（最高投标限价表–4.1）格式。表中人工费、材料费和机械费数据由第三步“工程量清单综合单价人、材、机组成表”查得。措施费、企业管理费、规费、利润和增值税按照第一步确定的原则。具体数据计算见表5–8。

第二步：编制分部分项工程量清单计价表。

表式按《电力建设工程工程量清单计价规范》（DL/T 5745—2021）规定（最高投标限价表–4）格式。表中全费用综合单价数据由“最高投标限价表–4.1 工程量清单全费用综合单价分析表”查得。具体数据计算见表5–9。

第三步：编制分部分项工程汇总表。

分部分项工程费用汇总表按《电力建设工程工程量清单计价规范》（DL/T 5745—2021）规定格式，在整个工程分部分项工程量清单计价表汇总后统一计算填写，本工程安装工程费用汇总表见表5–10。

第四步：编制其他项目清单计价表。

根据《电力建设工程工程量清单计价规范》（DL/T 5745—2021）规定的投标报价原则进行报价。例2其他项目只计列招标人供应材料保管费。本工程其他项目清单计价表见表5–11。

第五步：编制最高投标限价汇总表。

投标报价汇总表按《电力建设工程工程量清单计价规范》（DL/T 5745—2021）规定表式填写，最高投标限价应当与组成工程量清单的分部分项工程费、措施项目费和其他项目费之和的金额一致，即投标人在投标报价时，不能进行投标总价优惠（或降价、让利），投标人对招标人的任何优惠（或降价、让利）均应反映在相应清单项目的综合单价中。本案例最高投标限价汇总表见表5–12。

表 5–6

人、材、机组成单价分析表

项目编码		3AAAAASA0101		项目名称		线路复测分坑								计量单位	基
人、材、机组成单价分析表															
定额编号	定额名称	单位	数量	定额费用			定额调整		装材费		全费用综合单价人、材、机单价费用				
				人工费	材料费	机械费	地形调整		甲供	乙供	人工费	材料费			机械费
							人工	机械				投标人采购材料	招标人采购材料	其中：暂估价	
调 YX2-7 R×1.5	线路复测及分坑 耐张（转角）自立塔	基	1	93.93	37.6	3.74	1.09	0			102.52	37.60			3.74
	小计										102.52	37.60			3.74

项目编码		3AABAASB0401		项目名称		自立塔组立								计量单位	t
人、材、机组成单价分析表															
定额编号	定额名称	单位	数量	定额费用			定额调整		装材费		全费用综合单价人、材、机单价费用				
				人工费	材料费	机械费	地形调整		甲供	乙供	人工费	材料费			机械费
							人工	机械				投标人采购材料	招标人采购材料	其中：暂估价	
YX4-54	角钢塔组立 塔全高 70m 以内	t	63.500	424.89	5.87	71.72	1.61	1.61			682.37	5.87	0.00		115.18
	铁塔	t	63.82						6343		0.00	0.00	6343.00		0.00
YX1-20	人力运输 角钢塔材	t·km	48.87	146.52		10.95	1.84				269.60	0.00	0.00		10.95
YX1-103	汽车运输 角钢塔材 装卸	t	64.14	12.76	0.59	36.56					12.76	0.59	0.00		36.56
YX1-104	汽车运输 角钢塔材 运输	t·km	962.05	0.95		1.67	1.63	1.63			1.55	0.00	0.00		2.72
	小计										966.28	6.46	6343.00	0.00	165.41

表 5–7　　工程量清单综合单价人、材、机组成表（最高投标限价表–4.2）

工程名称：　　　　　　　　　　　　　　　　　　　　　　　　　金额单位：元

序号	项目编码（编制依据）	项目名称	计量单位	工程量（数量）	单价				合价			
					人工费	材机费	主要材料费		人工费	材机费	主要材料费	
							材料费	其中：暂估价			材料费	其中：暂估价
	3A	架空输电线路工程										
1	3AAA	基础工程										
1.1	3AAAAA	基础土石方										
	3AAAAASA0101	线路复测分坑	基	1								
	调 YX2-7 R×1.5	线路复测及分坑 耐张（转角）自立塔	基	1	102.52	41.34			102.52	41.34		
	综合单价人、材、机				102.52	102.52			102.52	41.34		
	3AABAASB0401	自立塔组立	t	63.500								
	YX4-54	角钢塔组立 塔全高 70m 以内 每米塔重 800kg 以内	t	63.500	682.37	121.05			43 330.50	7686.68		
		铁塔	t	63.820					0.00	0.00		
	YX1-20	人力运输 角钢塔材	t·km	48.63	269.6	10.95			13 110.87	532.51		
	YX1-103	汽车运输 角钢塔材 装卸	t	63.820	12.76	37.15			814.34	2370.91		
	YX1-104	汽车运输 角钢塔材 运输	t·km	957.3	0.9	1.66			861.57	1589.12		
	综合单价人、材、机				915.23	191.80			58 117.28	12 179.21		

表 5–8

工程量清单综合单价分析表（最高投标限价表–4.1）

工程名称：　　　　　　　　　　　　　　　　　　　　　　　　　　　　金额单位：元

序号	项目编码	项目名称	计量单位	综合单价组成													综合单价
				人工费	材机费	装置性材料费		措施费			企业管理费	规费	利润	编制基准期价差	增值税	
						投标人采购	其中：暂估价	措施费	其中：安全文明施工费	其中：临时设施费						
	3A	架空输电线路工程														
1	3AAA	基础工程														
1.1	3AAAAA	基础土石方														
	3AAAAASA0101	线路复测分坑	基	102.52	41.34			22.67	4.22	9.14	37.78	38.92	12.16	6.41	23.56	285.36
2	3AAB	杆塔工程														
2.1	3AABAA	杆塔组立														
	3AABAASB0401	自立塔组立	t	915.23	191.8			372.69	219.21	70.29	327.29	347.37	426.88	56.33	238.15	2884.34

表 5–9 **分部分项工程费用汇总表（最高投标限价表–4）**

工程名称： 金额单位：元

序号	项目编码	项目名称	项目特征	计量单位	工程量	全费用综合单价						合价					
						单价	其中：					合计	其中：				
							人工费	材机费	主要材料费		安全文明施工费、临时设施费		人工费	材机费	主要材料费		安全文明施工费、临时设施费
									材料费	其中：暂估价					材料费	其中：暂估价	
	3A	架空输电线路工程										183 441.17	58 219.63	12 220.64			18 396.75
1	3AAA	基础工程										285.36	102.52	41.34			13.36
1.1	3AAAAA	基础土石方										285.36	102.52	41.34			13.36
	3AAAAASA0101	线路复测分坑	杆塔类型：耐张（转角）自立塔	基	1	285.36	102.52	41.34			13.36	285.36	102.52	41.34			13.36
2	3AAB	杆塔工程										183 155.81	58 117.11	12 179.30			18 383.39
2.1	3AABAA	杆塔组立										183 155.81	58 117.11	12 179.30			18 383.39
	3AABAASB0401	自立塔组立	1. 杆塔结构类型：角钢塔 2. 塔全高步距：塔全高 70m 以内	t	63.500	2884.34	915.23	191.80			289.50	183 155.81	58 117.11	12 179.30			18 383.39

表 5–10　　分部分项工程费用汇总表（最高投标限价表–3）

工程名称：　　　　　　　　　　　　　　　　　　　　　　　金额单位：元

序号	项目或费用名称	金额				备注
		合计	其中：人工费	其中：暂估材料费	其中：安全文明施工费、临时设施费	
1	基础工程	285.36	102.52		13.36	
2	杆塔工程	183 155.81	58 117.11		18 383.39	
3	接地工程					
4	架线工程					
5	附件工程					
6	辅助工程					
合计		183 441.17	58 219.63		18 396.75	

表 5–11　　其他项目清单计价表（最高投标限价表–8）

工程名称：　　　　　　　　　　　　　　　　　　　　　　　金额单位：元

序号	项目名称	金额	备注
一	招标人已列项目		
1	暂列金额		
2	暂估价		
2.1	材料、工程设备暂估单价	—	
2.2	专业工程暂估价		
3	计日工		
4	施工总承包服务费		
5	其他	2634	
5.2	招标人供应设备、材料卸车保管费		
5.2.1	设备保管费		
5.2.2	材料保管费	2634	
小计			
二	投标人增列项目		
小计			
合计		2634	

表 5–12　　工程项目最高投标限价汇总表（最高投标限价表–2）

工程名称：　　　　　　　　　　　　　　　　　　　　　　　金额单位：元

序号	项目或费用名称	金额（元）	备注
1	分部分项工程量	183 441	
	其中：估价材料费		
	其中：安全文明施工费、临时设施费	18 397	
2	投标人采购设备费		
3	措施项目费		
4	其他项目费	2634	
4.1	其中：计日工		
4.2	其中：专业工程暂估价		
4.3	其中：暂列金额		
最高投标限价 合计=1+2+3+4		186 075	

2. 最高投标限价表格

最高投标限价封–1.1

××500kV架空输电线路工程

最 高 投 标 限 价

招标人：________________________（单位盖章）

法定代表人或其授权人：________________________（签字或盖章）

工程造价咨询人：________________________（单位资质专用章）

法定代表人或其授权人：________________________（签字或盖章）

编制人：________________________（签字、盖专用章）

复核人：________________________（签字、盖执业专用章）

编制时间：20××年××月××日

复核时间：20××年××月××日

最高投标限价封–1.2

工程名称　××500kV 架空输电线路工程

标段名称＿＿＿＿＿＿＿＿＿＿＿＿＿＿＿＿

投　标　总　价

投标总价（小写）：138 030 666 元

（大写）：人民币壹亿叁仟捌佰零叁万零陆佰陆拾陆元

编制人：××（造价专业人员签字及盖章）

复核人：××（注册造价工程师签字及盖章）

审定人：××（签字盖章）

编（审）单位：××（盖章）

企业法定代表人或其授权人：××（签字或盖章）

投标人：××（签字或盖章）

企业法定代表人或其授权人：××（签字或盖章）

编制时间：20××年××月××日

填 表 须 知

1 最高投标限价应由具有编制能力的招标人或受其委托的电力工程造价咨询人编制和复核。

2 工程量清单计价格式中的任何内容不应删除或涂改。

3 工程量清单计价格式中列明的所有需要填报的单价和合价，招标人均应填报。

4 金额（价格）以人民币“元”为单位，单价保留小数点后两位，合价取整数。

5 工程量清单计价格式的填写应符合下列规定：

1） 工程量清单计价格式中所有要求签字、盖章的地方，应由规定的单位和人员签字、盖章。编制人是指电力工程造价专业的人员。

2） 工程项目最高投标限价/投标报价表的分部分项工程费、投标人采购设备费、措施项目费、其他项目费应按相应工程项目费用汇总表中合计栏的金额填写。

3） 编制说明应包括：工程概况、编制依据以及其他需要说明的问题。

4） 分部分项工程量清单计价表的序号、项目编码、项目名称、项目特征、计量单位、工程量应按分部分项工程量清单中的相应内容填写，全费用综合单价应按本规范的要求计算，填入表格。

5） 投标人采购材料计价表应按招标人提供的投标人采购材料及设备表进行填写，所填写的单价应与工程量清单计价表中采用的相应材料单价一致。

6） 措施项目清单计价表招标人应按招标文件已列的措施项目填写。

7） 计日工计价表中人工、材料、机械名称、计量单位和相应数量应按计日工表中相应的内容填写，工程竣工后，计日工工作费应按实际完成的工程量所需费用结算。

8） 如有需要说明的其他事项可增加条款。

最高投标限价表–1

最高投标限价编制说明

工程名称：

工程概况	1．本工程为××500kV 架空输电线路工程，新建线路路径长度为 46.154km，其中常规段同塔双回路长度为 44.718km，跨江段长度为 1.436km，跨江段按 500kV/220kV 混压四回路架设（2 回 220kV 线路本期预留，不挂线）。 2．导线采用 4×JL3/G1A-630/45 高导电率钢芯铝绞线。地线采用 2×OPGW-150（普通段 72 芯、跨江段 96 芯）；进构架档增加 2 根 JLB35-150 铝包钢绞线分流。 3．本工程绝缘子采用合成和玻璃绝缘子，金具采用通用金具。 4．全部采用铁塔，共新建杆塔 147 基，其中双回路铁塔 143 基（直线塔 88 基，耐张塔 55 基）；混压四回路铁塔 4 基（直线塔 2 基，耐张塔 2 基）。 5．基础采用板式基础、岩石嵌固基础、岩石锚杆基础、挖孔基础。 6．地形：平地 5%、河网 5%、丘陵 10%、山地 76%、高山大岭 4%。 7．地质：详见设计图纸。 8．设计气象条件：基本风速 V=27m/s，覆冰 C=10、15、20mm。 9．本工程建设单位：××电力设计院。 10．工程建设地点：××。
其他说明	1．工程量清单按审定的设计资料，招标文件、技术规范，相关管理规定、标准，招标方界定的招标范围及《电力建设工程工程量清单计价规范》（DL/T 5745—2021）、《电力建设工程工程量清单计算规范　输电线路工程》（DL/T 5205—2021）有关规定编制。 2．清单项目特征仅对主要工作内容进行描述，全费用综合单价包含项目特征描述的工作内容外还应包含规范中该条清单包括的其他工作内容。 3．投标人采购设备材料单价及运输由投标人根据实际情况综合测算，计入报价。 4．工程招标和分包范围：详见招标文件。 5．招标人采购材料（设备）表中的量与分部分项工程量清单中的量不一致时均以分部分项工程量清单中的量为准。 6．安全文明施工费和临时设施费为不可竞争费用，投标人按照《电网工程建设预算编制与计算规定（2018 年版）》中规定费率进行报价。

最高投标限价表–2

工程项目最高投标限价汇总表

工程名称：

序号	项目或费用名称	金额（元）	备注
1	分部分项工程费	117 214 580	
	其中：估价材料费		
	其中：安全文明施工费、临时设施费	7 949 695	
2	投标人采购设备费		
3	措施项目费	250 000	
4	其他项目费	20 816 086	
4.1	其中：计日工	110 000	
4.2	其中：专业工程暂估价	5 000 000	
4.3	其中：暂列金额	15 000 000	
最高投标限价　合计=1+2+3+4		138 030 666	

最高投标限价表–3

分部分项工程费用汇总表

工程名称：　　　　金额单位：元

序号	项目或费用名称	金额				备注
		合计	其中：人工费	其中：暂估价材料费	其中：安全文明施工费、临时设施费	
	架空输电线路工程	117 214 580	31 782 414		7 949 695	
1	基础工程	57 181 218	14 241 544		2 185 642	
2	杆塔工程	34 032 988	10 974 782		3 192 428	
3	接地工程	1 011 347	216 464		34 688	
4	架线工程	12 393 827	2 193 752		1 623 480	
5	附件安装工程	10 789 013	3 640 146		836 478	
6	辅助工程	1 806 186	515 725		76 980	
合计		117 214 580	31 782 414		7 949 695	

最高投标限价表–4

分部分项工程量清单计价表

工程名称： 金额单位：元

序号	项目编码	项目名称	项目特征	计量单位	工程量	全费用综合单价						合价					
						单价	其中					合计	其中				
							人工费	材机费	主要材料费		安全文明施工费、临时设施费		人工费	材机费	主要材料费		安全文明施工费、临时设施费
									材料费	其中：暂估价					材料费	其中：暂估价	
	3A	架空输电线路工程										117 214 580	31 782 414	10 981 252	17 531 271		7 949 695
1	3AAA	基础工程										57 181 218	14 241 544	4 028 059	16 731 165		2 185 642
1.1	3AAAAA	基础土石方										6 092 276	1 866 452	1 461 755			308 858
	3AAAAASA0101	线路复测分坑	杆塔类型：耐张（转角）自立塔	基	49	279.03	99.73	41.34			13.09	13 672	4887	2026			641
	3AAAAASA0102	线路复测分坑	杆塔类型：直线自立塔	基	74	197.35	67.45	34.80			9.49	14 604	4991	2575			702
	3AAAAASA0201	杆塔坑、拉线坑挖方及回填	1．地质类别：粉质黏土 2．开挖深度步距：2.0m 以内	m^3	2.59	145.62	60.81	5.83			6.18	377	158	15			16
	3AAAAASA0202	杆塔坑、拉线坑挖方及回填	1．地质类别：强风化粉砂岩 2．开挖深度步距：4.0m 以内	m^3	1481.61	286.39	42.93	149.24			17.83	424 317	63 602	221 115			26 422

续表

序号	项目编码	项目名称	项目特征	计量单位	工程量	全费用综合单价 单价	全费用综合单价 其中 人工费	全费用综合单价 其中 材机费	全费用综合单价 其中 主要材料费 材料费	全费用综合单价 其中 主要材料费 其中：暂估价	全费用综合单价 其中 安全文明施工费、临时设施费	合价 合计	合价 其中 人工费	合价 其中 材机费	合价 其中 主要材料费 材料费	合价 其中 主要材料费 其中：暂估价	合价 其中 安全文明施工费、临时设施费
	3AAAAASA0203	杆塔坑、拉线坑挖方及回填	1．地质类别：粉质黏土 2．开挖深度步距：4.0m 以内	m^3	1327.10	34.43	5.6	17.14			2.11	45 688	7437	22 751			2801
	3AAAAASA0204	杆塔坑、拉线坑挖方及回填	1．地质类别：强风化粉砂岩 2．开挖深度步距：3.0m 以内	m^3	221.03	630.21	242.22	62.89			28.31	139 295	53 538	13 902			6258
	3AAAAASA0301	杆塔坑、拉线坑挖方及回填	1．地质类别：粉质黏土 2．孔径步距：1500mm 以内 3．孔深步距：5m 以内	m^3	3.18	77.24	29.72	7.65			3.47	245	94	24			11
	3AAAAASA0302	挖孔基础挖方	1．地质类别：粉质黏土 2．孔径步距：1500mm 以内 3．孔深步距：10m 以内	m^3	315.48	133.22	52.25	11.41			5.91	42 027	16 484	3600			1864
	3AAAAASA0303	挖孔基础挖方	1．地质类别：粉质黏土 2．孔径步距：2000mm 以内 3．孔深步距：5m 以内	m^3	3.85	75.18	28.85	7.59			3.38	289	111	29			13

续表

序号	项目编码	项目名称	项目特征	计量单位	工程量	全费用综合单价						合价					
						单价	其中					合计	其中				
							人工费	材机费	主要材料费		安全文明施工费、临时设施费		人工费	材机费	主要材料费		安全文明施工费、临时设施费
									材料费	其中：暂估价					材料费	其中：暂估价	
	3AAAAASA0304	挖孔基础挖方	1．地质类别：粉质黏土 2．孔径步距：2000mm 以内 3．孔深步距：15m 以内	m^3	40.26	190.59	75.42	15.12			8.40	7672	3036	609			338
	3AAAAASA0305	挖孔基础挖方	1．地质类别：粉质黏土 2．孔径步距：2000mm 以内 3．孔深步距：10m 以内	m^3	652.36	129.36	50.59	11.34			5.75	84 387	33 004	7398			3749
	3AAAAASA0306	挖孔基础挖方	1．地质类别：粉质黏土 2．孔径步距：2000mm 以上 3．孔深步距：5m 以内	m^3	5.77	72.96	27.91	7.52			3.29	421	161	43			19
	3AAAAASA0307	挖孔基础挖方	1．地质类别：粉质黏土 2．孔径步距：2000mm 以上 3．孔深步距：10m 以内	m^3	32.31	125.64	49.02	11.23			5.59	4060	1584	363			181

序号	项目编码	项目名称	项目特征	计量单位	工程量	全费用综合单价						合价					
						单价	其中					合计	其中				
							人工费	材机费	主要材料费		安全文明施工费、临时设施费		人工费	材机费	主要材料费		安全文明施工费、临时设施费
									材料费	其中：暂估价					材料费	其中：暂估价	
	3AAAAASA0308	挖孔基础挖方	1. 地质类别：粉质黏土 2. 孔径步距：2000mm 以上 3. 孔深步距：15m 以内	m^3	153.91	184.32	73.01	14.50			8.12	28 369	11 237	2232			1250
	3AAAAASA0309	挖孔基础挖方	1. 地质类别：粉质黏土 2. 孔径步距：2000mm 以上 3. 孔深步距：20m 以内	m^3	1.79	226.23	90.82	15.62			9.88	406	163	28			18
	3AAAAASA0310	挖孔基础挖方	1. 地质类别：强风化粉砂岩、中风化粉砂岩 2. 孔径步距：1500mm 以内 3. 孔深步距：5m 以内	m^3	9.79	383.94	117.33	92.66			19.49	3760	1149	908			191
	3AAAAASA0311	挖孔基础挖方	1. 地质类别：强风化粉砂岩、中风化粉砂岩 2. 孔径步距：1500mm 以内 3. 孔深步距：10m 以内	m^3	2530.04	451.30	138.64	107.61			22.85	1 141 800	350 753	272 257			57 815

续表

<table>
<tr><th rowspan="4">序号</th><th rowspan="4">项目编码</th><th rowspan="4">项目名称</th><th rowspan="4">项目特征</th><th rowspan="4">计量单位</th><th rowspan="4">工程量</th><th colspan="6">全费用综合单价</th><th colspan="6">合价</th></tr>
<tr><th rowspan="3">单价</th><th colspan="5">其中</th><th rowspan="3">合计</th><th colspan="5">其中</th></tr>
<tr><th rowspan="2">人工费</th><th rowspan="2">材机费</th><th colspan="2">主要材料费</th><th rowspan="2">安全文明施工费、临时设施费</th><th rowspan="2">人工费</th><th rowspan="2">材机费</th><th colspan="2">主要材料费</th><th rowspan="2">安全文明施工费、临时设施费</th></tr>
<tr><th>材料费</th><th>其中：暂估价</th><th>材料费</th><th>其中：暂估价</th></tr>
<tr><td></td><td>3AAAAASA0312</td><td>挖孔基础挖方</td><td>1．地质类别：强风化粉砂岩、中风化粉砂岩
2．孔径步距：2000mm 以内
3．孔深步距：5m 以内</td><td>m^3</td><td>18.75</td><td>567.12</td><td>214.1</td><td>63.56</td><td></td><td></td><td>25.77</td><td>10 631</td><td>4013</td><td>1191</td><td></td><td></td><td>483</td></tr>
<tr><td></td><td>3AAAAASA0313</td><td>挖孔基础挖方</td><td>1．地质类别：强风化粉砂岩、中风化粉砂岩
2．孔径步距：2000mm 以内
3．孔深步距：10m 以内</td><td>m^3</td><td>5608.63</td><td>452.13</td><td>145.04</td><td>96.76</td><td></td><td></td><td>22.44</td><td>2 535 843</td><td>813 488</td><td>542 674</td><td></td><td></td><td>125 852</td></tr>
<tr><td></td><td>3AAAAASA0314</td><td>挖孔基础挖方</td><td>1．地质类别：强风化粉砂岩、中风化粉砂岩
2．孔径步距：2000mm 以内
3．孔深步距：15m 以内</td><td>m^3</td><td>648.63</td><td>502.94</td><td>160.73</td><td>108.72</td><td></td><td></td><td>25.01</td><td>326 220</td><td>104 256</td><td>70 519</td><td></td><td></td><td>16 219</td></tr>
<tr><td></td><td>3AAAAASA0315</td><td>挖孔基础挖方</td><td>1．地质类别：强风化粉砂岩、中风化粉砂岩
2．孔径步距：2000mm 以上
3．孔深步距：5m 以内</td><td>m^3</td><td>48.99</td><td>276.91</td><td>73.58</td><td>86.67</td><td></td><td></td><td>14.87</td><td>13 565</td><td>3604</td><td>4246</td><td></td><td></td><td>729</td></tr>
</table>

续表

序号	项目编码	项目名称	项目特征	计量单位	工程量	全费用综合单价						合价					
						单价	其中					合计	其中				
							人工费	材机费	主要材料费		安全文明施工费、临时设施费		人工费	材机费	主要材料费		安全文明施工费、临时设施费
									材料费	其中：暂估价					材料费	其中：暂估价	
	3AAAAASA0316	挖孔基础挖方	1．地质类别：强风化粉砂岩、中风化粉砂岩 2．孔径步距：2000mm 以上 3．孔深步距：10m 以内	m^3	339.29	373.97	111.51	95.23			19.19	126 883	37 834	32 310			6509
	3AAAAASA0317	挖孔基础挖方	1．地质类别：强风化粉砂岩、中风化粉砂岩 2．孔径步距：2000mm 以上 3．孔深步距：15m 以内	m^3	2426.07	437.35	134.23	104.51			22.15	1 061 033	325 640	253 541			53 748
	3AAAAASA0318	挖孔基础挖方	1．地质类别：强风化粉砂岩、中风化粉砂岩 2．孔径步距：2000mm 以上 3．孔深步距：20m 以内	m^3	88.78	751.46	284.17	83.35			34.11	66 712	25 228	7400			3028
1.2	3AAABA	基础钢材										12 731 439	911 685	322 453	8 701 754		369 489

续表

序号	项目编码	项目名称	项目特征	计量单位	工程量	全费用综合单价						合价					
						单价	其中					合计	其中				
							人工费	材机费	主要材料费		安全文明施工费、临时设施费		人工费	材机费	主要材料费		安全文明施工费、临时设施费
									材料费	其中：暂估价					材料费	其中：暂估价	
	3AAABASA0401	现浇基础（构件）钢筋	1．种类：一般钢筋 2．规格：圆钢综合	t	187.328	8174.33	657.63	245.74	5406		242.23	1 531 280	123 192	46 034	1 012 695		45 376
	3AAABASA0501	钢筋笼	1．种类：钢筋笼 2．规格：圆钢综合	t	972.676	8404.3	748.68	263.91	5406		252.36	8 174 658	728 220	256 698	5 258 286		245 468
	3AAABASA0601	地脚螺栓	1．种类：地脚螺栓 2．规格：Q355	t	245.623	9968.26	200.49	65.60	8004.42		259.22	2 448 433	49 246	16 113	1 966 070		63 671
	3AAABASA0602	地脚螺栓	1．种类：地脚螺栓 2．规格：42CrMo	t	55.000	10 492.14	200.49	65.60	8449.14		272.25	577 068	11 027	3608	464 702		14 974
1.3	3AAACA	混凝土工程										38 357 502	11 463 407	2 243 851	8 029 410		1 507 295
	3AAACASA1301	基础垫层	1．垫层类型：铺石灌浆 2．垫层面积步距：$50m^2$以上	m^3	73.60	1164.21	325.22	16.07	343.42		41.73	85 686	23 936	1182	25 276		3072
	3AAACASA1302	基础垫层	1．垫层类型：铺石灌浆 2．垫层面积步距：$50m^2$以内	m^3	8.80	1168.8	327.79	16.22	342.19		41.95	10 285	2885	143	3011		369

续表

序号	项目编码	项目名称	项目特征	计量单位	工程量	全费用综合单价						合价					
						单价	其中					合计	其中				
							人工费	材机费	主要材料费		安全文明施工费、临时设施费		人工费	材机费	主要材料费		安全文明施工费、临时设施费
									材料费	其中：暂估价					材料费	其中：暂估价	
	3AAACASA1401	现浇基础	1．基础类型：锚杆基础承台 2．基础混凝土强度等级：C30 3．特殊要求：/	m^3	128.40	2330.84	696.95	97.15	529.32		89.20	299 280	89 488	12 474	67 965		11 453
	3AAACASA1402	现浇基础	1．基础类型：板式基础 2．基础混凝土强度等级：C25 3．特殊要求：/	m^3	639.48	1083.67	162.61	42.67	560.28		35.47	692 985	103 984	27 288	358 288		22 680
	3AAACASA1601	挖孔基础浇灌	1．基础类型：岩石嵌固基础 2．孔深步距：5m 以内 3．基础混凝土强度等级：C25 4．特殊要求：/	m^3	71.82	2344.44	702.57	87.76	540.10		89.17	168 378	50 458	6303	38 790		6404
	3AAACASA1602	挖孔基础浇灌	1．基础类型：岩石嵌固基础 2．孔深步距：10m 以内 3．基础混凝土强度等级：C25 4．特殊要求：/	m^3	7811.20	2484.23	755.10	103.86	540.10		95.54	19 404 841	5 898 245	811 282	4 218 843		746 256

续表

序号	项目编码	项目名称	项目特征	计量单位	工程量	全费用综合单价						合价					
						单价	其中					合计	其中				
							人工费	材机费	主要材料费		安全文明施工费、临时设施费		人工费	材机费	主要材料费		安全文明施工费、临时设施费
									材料费	其中：暂估价					材料费	其中：暂估价	
	3AAACASA1603	挖孔基础浇灌	1．基础类型：岩石嵌固基础 2．孔深步距：20m 以内 3．基础混凝土强度等级：C25 4．特殊要求：/	m^3	357.45	2435.33	738.70	94.67	540.10		93.16	870 510	264 050	33 840	193 059		33 301
	3AAACASA1604	挖孔基础浇灌	1．基础类型：挖孔桩基础 2．孔深步距：10m 以内 3．基础混凝土强度等级：C25 4．特殊要求：/	m^3	116.51	2484.24	755.10	103.86	540.10		95.54	289 438	87 977	12 101	62 927		11 131
	3AAACASA1605	挖孔基础浇灌	1．基础类型：挖孔桩基础 2．孔深步距：20m 以内 3．基础混凝土强度等级：C25 4．特殊要求：/	m^3	2762.34	2454.25	738.70	94.67	556.16		93.63	6 779 477	2 040 553	261 515	1 536 307		258 646
	3AAACASA1701	挖孔基础护壁	1．护壁类型：有筋现浇护壁 2．基础混凝土强度等级：C25 3．特殊要求：/	m^3	2276.52	3723.92	1104.54	370.36	631.92		155.39	8 477 589	2 514 503	843 139	1 438 576		353 739

续表

序号	项目编码	项目名称	项目特征	计量单位	工程量	全费用综合单价						合价					
						单价	其中					合计	其中				
							人工费	材机费	主要材料费		安全文明施工费、临时设施费		人工费	材机费	主要材料费		安全文明施工费、临时设施费
									材料费	其中：暂估价					材料费	其中：暂估价	
	3AAACASA2201	岩石锚杆基础	1．孔径步距：100mm 以上 2．孔深步距：6.0m 以内 3．基础混凝土强度等级：C30	m	1728.00	396.69	104.26	120.47	6.18		21.04	685 481	180 162	208 165	10 671		36 349
	3AAACASA2401	保护帽	混凝土强度等级：C15	m^3	148.71	3991.40	1393.11	177.66	509.03		160.68	593 552	207 167	26 420	75 697		23 895
2	3AAB	杆塔工程										34 032 988	10 974 782	2 587 580			3 192 428
2.1	3AABAA	杆塔组立										34 032 988	10 974 782	2 587 580			3 192 428
	3AABAASB0401	自立塔组立	1．杆塔结构类型：角钢塔 2．塔全高步距：塔全高 70m 以内	t	4310.818	2847.65	902.30	189.49			286.61	12 275 698	3 889 636	816 865			1 235 524
	3AABAASB0402	自立塔组立	1．杆塔结构类型：角钢塔 2．塔全高步距：塔全高 90m 以内	t	3617.140	3472.91	1135.53	264.63			315.23	12 561 999	4 107 360	957 198			1 140 218

续表

序号	项目编码	项目名称	项目特征	计量单位	工程量	全费用综合单价						合价					
						单价	其中					合计	其中				
							人工费	材机费	主要材料费		安全文明施工费、临时设施费		人工费	材机费	主要材料费		安全文明施工费、临时设施费
									材料费	其中：暂估价					材料费	其中：暂估价	
	3AABAASB0403	自立塔组立	1．杆塔结构类型：角钢塔 2．塔全高步距：塔全高100m以内	t	1019.428	3972.77	1332.64	305.55			337.32	4 049 949	1 358 527	311 483			343 869
	3AABAASB0404	自立塔组立	1．杆塔结构类型：角钢塔 2．塔全高步距：塔全高110m以内	t	241.836	3914.95	1186.84	521.83			343.86	946 775	287 021	126 198			83 157
	3AABAASB0405	自立塔组立	1．杆塔结构类型：角钢钢管组合 2．塔全高步距：塔全高100m以内	t	773.000	3957.17	1272.55	292.82			376.19	3 058 891	983 685	226 348			290 792
	3AABAASB0406	自立塔组立	1．杆塔结构类型：角钢钢管组合 2．塔全高步距：塔全高130m以内	t	228.000	4998.58	1528.74	655.65			433.63	1 139 677	348 554	149 489			98 868
3	3AAC	接地工程										1 011 347	216 464	27 468	411 285		34 688

续表

<table>
<tr><th rowspan="4">序号</th><th rowspan="4">项目编码</th><th rowspan="4">项目名称</th><th rowspan="4">项目特征</th><th rowspan="4">计量单位</th><th rowspan="4">工程量</th><th colspan="6">全费用综合单价</th><th colspan="6">合价</th></tr>
<tr><th rowspan="3">单价</th><th colspan="5">其中</th><th rowspan="3">合计</th><th colspan="5">其中</th></tr>
<tr><th rowspan="2">人工费</th><th rowspan="2">材机费</th><th colspan="2">主要材料费</th><th rowspan="2">安全文明施工费、临时设施费</th><th rowspan="2">人工费</th><th rowspan="2">材机费</th><th colspan="2">主要材料费</th><th rowspan="2">安全文明施工费、临时设施费</th></tr>
<tr><th>材料费</th><th>其中：暂估价</th><th>材料费</th><th>其中：暂估价</th></tr>
<tr><td>3.1</td><td>3AACAA</td><td>接地土石方</td><td></td><td></td><td></td><td></td><td></td><td></td><td></td><td></td><td></td><td>409 099</td><td>173 190</td><td>12 161</td><td></td><td></td><td>17 200</td></tr>
<tr><td></td><td>3AACAASC0101</td><td>接地槽挖方及回填</td><td>地质类别：粉质黏土、素填土</td><td>m^3</td><td>11 692.80</td><td>34.99</td><td>14.81</td><td>1.04</td><td></td><td></td><td>1.47</td><td>409 099</td><td>173 190</td><td>12 161</td><td></td><td></td><td>17 200</td></tr>
<tr><td>3.2</td><td>3AACBA</td><td>接地安装</td><td></td><td></td><td></td><td></td><td></td><td></td><td></td><td></td><td></td><td>602 249</td><td>43 274</td><td>15 308</td><td>411 285</td><td></td><td>17 487</td></tr>
<tr><td></td><td>3AACBASC0301</td><td>水平接地体安装</td><td>1. 接地形式：水平接地体
2. 降阻材料：/
3. 接地体材质：镀锌圆钢
4. 每基接地体长度：300m 以上</td><td>m</td><td>63 710.40</td><td>9.36</td><td>0.67</td><td>0.24</td><td>6.39</td><td></td><td>0.27</td><td>596 513</td><td>42 858</td><td>15 152</td><td>407 386</td><td></td><td>17 320</td></tr>
<tr><td></td><td>3AACBASC0301</td><td>接地安装</td><td>1. 接地形式：水平接地体安装
2. 降阻材料：/
3. 接地体材质：镀锌圆钢
4. 每基接地体长度：300m 以内</td><td>m</td><td>324.00</td><td>17.70</td><td>1.28</td><td>0.48</td><td>12.03</td><td></td><td>0.52</td><td>5736</td><td>416</td><td>155</td><td>3899</td><td></td><td>167</td></tr>
<tr><td>4</td><td>3AAD</td><td>架线工程</td><td></td><td></td><td></td><td></td><td></td><td></td><td></td><td></td><td></td><td>12 393 827</td><td>2 193 752</td><td>3 090 706</td><td>84 686</td><td></td><td>1 623 480</td></tr>
</table>

续表

序号	项目编码	项目名称	项目特征	计量单位	工程量	全费用综合单价						合价					
						单价	其中					合计	其中				
							人工费	材机费	主要材料费		安全文明施工费、临时设施费		人工费	材机费	主要材料费		安全文明施工费、临时设施费
									材料费	其中：暂估价					材料费	其中：暂估价	
4.1	3AADAA	导地线架设										10 428 209	1 464 077	2 848 162	84 686		1 533 258
	3AADAASD0301	导线架设	1．导线型号、规格：JL3/G1A-630/45 2．回路数：同塔二回 3．相分裂数：四分裂 4．单回 OPPC 根数：/	km	44.718	200 461.60	27 846.17	51 104.75	1834.86		30 793.11	8 964 242	1 245 225	2 285 302	82 051		1 377 006
	3AADAASD0302	导线架设	1．导线型号、规格：JL3/G1A-630/45-Z 2．回路数：同塔二回 3．相分裂数：四分裂 4．单回 OPPC 根数：/	km	1.436	210 537.55	32 128.74	51 373.92	1834.86		31 215.44	302 332	46 137	73 773	2635		44 825
	3AADAASD0101	避雷线架设	1．型号、规格：JLB35-150-Z 2．是否随导线同期架设：是	km	0.400	7781.11	1280.76	2643.54			871.81	3112	512	1057			349

续表

序号	项目编码	项目名称	项目特征	计量单位	工程量	全费用综合单价						合价					
						单价	其中					合计	其中				
							人工费	材机费	主要材料费		安全文明施工费、临时设施费		人工费	材机费	主要材料费		安全文明施工费、临时设施费
									材料费	其中：暂估价					材料费	其中：暂估价	
	3AADAASD0201	OPGW架设	1．OPGW型号、规格：OPGW-150 2．芯数：72芯 3．是否随导线同期架设：是	km	40.114	11 264.15	1649.39	4780.87			1084.77	451 850	66 164	191 780			43 514
	3AADAASD0202	OPGW架设	1．OPGW型号、规格：OPGW-150 2．芯数：96芯 3．是否随导线同期架设：是	km	3.580	21 920.66	3561.32	9592.07			1783.06	78 476	12 750	34 340			6383
	3AADAASD0203	OPGW架设	1．OPGW型号、规格：OPGW-120 2．芯数：72芯 3．是否随导线同期架设：是	km	57.740	10 879.76	1615.68	4536.03			1059.58	628 197	93 290	261 910			61 180
4.2	3AADBA	跨（穿）越架设										1 965 618	729 675	242 543			90 222

续表

序号	项目编码	项目名称	项目特征	计量单位	工程量	全费用综合单价						合价					
						单价	其中					合计	其中				
							人工费	材机费	主要材料费		安全文明施工费、临时设施费		人工费	材机费	主要材料费		安全文明施工费、临时设施费
									材料费	其中：暂估价					材料费	其中：暂估价	
	3AADBASD0501	交叉跨越	1. 被跨越物名称：一般公路 2. 在建线路单侧导线最大水平排列相数：1 相 3. 公路双向车道数：4 车道以内	处	13	20 789.42	7699.17	2598.08			955.58	270 262	100 089	33 775			12 423
	3AADBASD0502	交叉跨越	1. 被跨越物名称：高速公路 2. 在建线路单侧导线最大水平排列相数：1 相 3. 公路双向车道数：4 车道以内	处	2	28 036.19	10 465.44	3355.47			1282.58	56 072	20 931	6711			2565
	3AADBASD0503	交叉跨越	1. 被跨越物名称：220kV 电力线 2. 被跨电力线回路数：单回路 3. 被跨电力线带电状态：是 4. 被跨电力线电压等级：220kV 5. 在建线路单侧导线最大水平排列相数：1 相	处	1	55 410.95	15 625.83	15 721.09			2908.99	55 411	15 626	15 721			2909

续表

序号	项目编码	项目名称	项目特征	计量单位	工程量	全费用综合单价						合价					
						单价	其中					合计	其中				
							人工费	材机费	主要材料费		安全文明施工费、临时设施费		人工费	材机费	主要材料费		安全文明施工费、临时设施费
									材料费	其中：暂估价					材料费	其中：暂估价	
	3AADBASD0504	交叉跨越	1. 被跨越物名称：220kV 电力线 2. 被跨电力线回路数：单回路 3. 被跨电力线带电状态：否 4. 被跨电力线电压等级：220kV 5. 在建线路单侧导线最大水平排列相数：1 相	处	2	33 100.35	13 322.72	2224.07			1442.74	66 201	26 645	4448			2885
	3AADBASD0505	交叉跨越	1. 被跨越物名称：110kV 电力线 2. 被跨电力线回路数：双回路 3. 被跨电力线带电状态：否 4. 被跨电力线电压等级：110kV 5. 在建线路单侧导线最大水平排列相数：1 相	处	1	26 815.88	10 793.27	1801.78			1168.82	26 816	10 793	1802			1169

续表

序号	项目编码	项目名称	项目特征	计量单位	工程量	全费用综合单价						合价					
						单价	其中					合计	其中				
							人工费	材机费	主要材料费		安全文明施工费、临时设施费		人工费	材机费	主要材料费		安全文明施工费、临时设施费
									材料费	其中：暂估价					材料费	其中：暂估价	
	3AADBASD0506	交叉跨越	1. 被跨越物名称：110kV 电力线 2. 被跨电力线回路数：单回路 3. 被跨电力线带电状态：否 4. 被跨电力线电压等级：110kV 5. 在建线路单侧导线最大水平排列相数：1 相	处	3	26 815.88	10 793.27	1801.78			1168.82	80 448	32 380	5405			3506
	3AADBASD0507	交叉跨越	1. 被跨越物名称：35kV 电力线 2. 被跨电力线回路数：单回路 3. 被跨电力线带电状态：否 4. 被跨电力线电压等级：35kV 5. 在建线路单侧导线最大水平排列相数：1 相	处	5	21 651.60	8714.69	1454.75			943.72	108 258	43 573	7274			4719

续表

序号	项目编码	项目名称	项目特征	计量单位	工程量	全费用综合单价						合价					
						单价	其中					合计	其中				
							人工费	材机费	主要材料费		安全文明施工费、临时设施费		人工费	材机费	主要材料费		安全文明施工费、临时设施费
									材料费	其中：暂估价					材料费	其中：暂估价	
	3AADBASD0508	交叉跨越	1. 被跨越物名称：10kV 电力线 2. 被跨电力线回路数：单回路 3. 被跨电力线带电状态：是 4. 被跨电力线电压等级：10kV 5. 在建线路单侧导线最大水平排列相数：1 相	处	14	18 646.84	6662.74	2766.89			875.07	261 056	93 278	38 736			12 251
	3AADBASD0509	交叉跨越	1. 被跨越物名称：土路 2. 在建线路单侧导线最大水平排列相数：1 相	处	22	7652.18	2883.80	866.65			348.04	168 348	63 444	19 066			7657
	3AADBASD0510	交叉跨越	1. 被跨越物名称：低压、弱电线 2. 在建线路单侧导线最大水平排列相数：1 相	处	65	8858.92	3327.47	1023.29			403.75	575 830	216 285	66 514			26 244

续表

序号	项目编码	项目名称	项目特征	计量单位	工程量	全费用综合单价						合价					
						单价	其中					合计	其中				
							人工费	材机费	主要材料费		安全文明施工费、临时设施费		人工费	材机费	主要材料费		安全文明施工费、临时设施费
									材料费	其中：暂估价					材料费	其中：暂估价	
	3AADBASD0511	交叉跨越	1. 被跨越物名称：河流 2. 在建线路单侧导线最大水平排列相数：1 相 3. 河流宽度步距：50m 以内	处	21	5176.60	1758.30	932.30			249.69	108 709	36 924	19 578			5243
	3AADBASD0512	交叉跨越	1. 被跨越物名称：河流 2. 在建线路单侧导线最大水平排列相数：1 相 3. 河流宽度步距：150m 以内	处	5	8690.70	3032.15	1421.00			413.25	43 453	15 161	7105			2066
	3AADBASD0513	交叉跨越	1. 被跨越物名称：河流 2. 在建线路单侧导线最大水平排列相数：1 相 3. 河流宽度步距：300m 以上	处	1	22 319.89	8404.05	2541.21			1015.72	22 320	8404	2541			1016
	3AADBASD0514	交叉跨越	1. 被跨越物名称：房屋 10m 以下 2. 在建线路单侧导线最大水平排列相数：1 相	处	7	7652.18	2883.80	866.65			348.04	53 565	20 187	6067			2436

续表

序号	项目编码	项目名称	项目特征	计量单位	工程量	全费用综合单价						合价					
						单价	其中					合计	其中				
							人工费	材机费	主要材料费		安全文明施工费、临时设施费		人工费	材机费	主要材料费		安全文明施工费、临时设施费
									材料费	其中：暂估价					材料费	其中：暂估价	
	3AADBASD0515	交叉跨越	1. 被跨越物名称：果园经济作物 2. 在建线路单侧导线最大水平排列相数：1 相	处	9	7652.18	2883.80	866.65			348.04	68 870	25 954	7800			3132
5	3AAE	附件工程										10 789 013	3 640 146	1 029 669			836 478
5.1	3AAEAA	导线耐张绝缘子、金具串安装										9 025 155	3 112 176	911 390			638 721
	3AAEAASE0101	导线耐张串	1. 电压等级：500kV 2. 绝缘子、金具串名称及型号：U420B/205盘型玻璃绝缘子、420kN 盘形悬式绝缘子双联双挂点耐张串（42N2-a） 3. 组合形式：双联 4. 导线分裂数：四分裂	组	450	12 384.32	4269.91	1121.93			919.10	5 572 946	1 921 460	504 870			413 597

续表

序号	项目编码	项目名称	项目特征	计量单位	工程量	全费用综合单价						合价					
						单价	其中					合计	其中				
							人工费	材机费	主要材料费		安全文明施工费、临时设施费		人工费	材机费	主要材料费		安全文明施工费、临时设施费
									材料费	其中：暂估价					材料费	其中：暂估价	
	3AAEAASE0102	导线耐张串	1．电压等级：500kV 2．绝缘子、金具串名称及型号：U420B/205盘形玻璃绝缘子、420kN盘形悬式绝缘子双联双挂点耐张串（42N2-b） 3．组合形式：双联 4．导线分裂数：四分裂	组	126	12 749.60	4269.91	1121.93			1040.68	1 606 450	538 009	141 364			131 126
	3AAEAASE0103	导线耐张串	1．电压等级：500kV 2．绝缘子、金具串名称及型号：U160B/155盘形瓷绝缘子、160kN盘形悬式绝缘子双联双挂点耐张串（16N2-a） 3．组合形式：双联 4．导线分裂数：四分裂	组	24	11 819.10	4116.82	1071.84			849.05	283 658	98 804	25 724			20 377

续表

序号	项目编码	项目名称	项目特征	计量单位	工程量	全费用综合单价						合价					
						单价	其中					合计	其中				
							人工费	材机费	主要材料费		安全文明施工费、临时设施费		人工费	材机费	主要材料费		安全文明施工费、临时设施费
									材料费	其中：暂估价					材料费	其中：暂估价	
	3AAEAASE0301	跳线制作及安装	1．电压等级：500kV 2．跳线类型：软跳线 3．跳线分裂数：四分裂	单相	261	5985.06	2122.24	917.36			282.08	1 562 101	553 904	239 432			73 622
5.2	3AAEBA	导线悬垂绝缘子、金具串安装										965 457	293 965	65 156			104 803
	3AAEBASE0201	导线悬垂串、跳线串	1．电压等级：500kV 2．金具串名称：210kN 复合绝缘子双联 I 型悬垂串（21H2-1） 3．绝缘子型号：FXBW-500/210-2 4．组合形式：I 型双联串 5．导线分裂数：四分裂	串	198	1541.57	483.08	102.38			158.79	305 232	95 650	20 272			31 441

续表

序号	项目编码	项目名称	项目特征	计量单位	工程量	全费用综合单价						合价					
						单价	其中					合计	其中				
							人工费	材机费	主要材料费		安全文明施工费、临时设施费		人工费	材机费	主要材料费		安全文明施工费、临时设施费
									材料费	其中：暂估价					材料费	其中：暂估价	
	3AAEBASE0202	导线悬垂串、跳线串	1．电压等级：500kV 2．金具串名称：210kN 复合绝缘子双联 I 型悬垂串（21H2-2） 3．绝缘子型号：FXBW-500/210-3 球碗连接 4．组合形式：I 型双联串 5．导线分裂数：四分裂	串	90	1545.84	484.67	102.90			158.99	139 126	43 620	9261			14 309
	3AAEBASE0203	导线悬垂串、跳线串	1．电压等级：500kV 2．金具串名称：300kN 复合绝缘子双联 I 型悬垂串（30H2-1） 3．绝缘子型号：FXBW-500/300-1 球碗连接 4．形式：I 型双联串 5．导线分裂数：四分裂	串	30	1628.92	488.16	104.05			183.94	48 868	14 645	3121			5518

续表

序号	项目编码	项目名称	项目特征	计量单位	工程量	全费用综合单价						合价					
						单价	其中					合计	其中				
							人工费	材机费	主要材料费		安全文明施工费、临时设施费		人工费	材机费	主要材料费		安全文明施工费、临时设施费
									材料费	其中：暂估价					材料费	其中：暂估价	
	3AAEBASE0204	导线悬垂串、跳线串	1．电压等级：500kV 2．金具串名称：210kN 复合绝缘子单联 V 型悬垂串（21VH1-1） 3．绝缘子型号：FXBW-500/210-2 环形连接 4．组合形式：V 型单联串 5．导线分裂数：四分裂	串	12	1725.56	510.81	110.96			198.80	20 707	6130	1332			2386
	3AAEBASE0205	导线悬垂串、跳线串	1．电压等级：500kV 2．金具串名称：210kN 复合绝缘子单联 V 型悬垂串（21VH1-2） 3．绝缘子型号：FXBW-500/210-3 环形连接 4．组合形式：V 型单联串 5．导线分裂数：四分裂	串	18	1729.83	512.40	111.48			199.00	31 137	9223	2007			3582

续表

序号	项目编码	项目名称	项目特征	计量单位	工程量	全费用综合单价						合价					
						单价	其中					合计	其中				
							人工费	材机费	主要材料费		安全文明施工费、临时设施费		人工费	材机费	主要材料费		安全文明施工费、临时设施费
									材料费	其中：暂估价					材料费	其中：暂估价	
	3AAEBASE0206	导线悬垂串、跳线串	1．电压等级：500kV 2．金具串名称：300kN 复合绝缘子单联 V 型悬垂串(30VH1-1) 3．绝缘子型号：FXBW-500/300-1 环形连接 4．组合形式：V 型单联串 5．导线分裂数：四分裂	串	18	1984.99	532.80	118.15			268.19	35 730	9590	2127			4827
	3AAEBASE0207	导线悬垂串、跳线串	1．电压等级：500kV 2．金具串名称：300kN 复合绝缘子单联 V 型悬垂串(30VH1-2) 3．绝缘子型号：FXBW-500/300-2 环形连接 4．组合形式：V 型单联串 5．导线分裂数：四分裂	串	18	1984.99	532.80	118.15			268.19	35 730	9590	2127			4827

续表

<table>
<tr><th rowspan="4">序号</th><th rowspan="4">项目编码</th><th rowspan="4">项目名称</th><th rowspan="4">项目特征</th><th rowspan="4">计量单位</th><th rowspan="4">工程量</th><th colspan="6">全费用综合单价</th><th colspan="6">合价</th></tr>
<tr><th rowspan="3">单价</th><th colspan="5">其中</th><th rowspan="3">合计</th><th colspan="5">其中</th></tr>
<tr><th rowspan="2">人工费</th><th rowspan="2">材机费</th><th colspan="2">主要材料费</th><th rowspan="2">安全文明施工费、临时设施费</th><th rowspan="2">人工费</th><th rowspan="2">材机费</th><th colspan="2">主要材料费</th><th rowspan="2">安全文明施工费、临时设施费</th></tr>
<tr><th>材料费</th><th>其中：暂估价</th><th>材料费</th><th>其中：暂估价</th></tr>
<tr><td></td><td>3AAEBASE0208</td><td>导线悬垂串、跳线串</td><td>1. 电压等级：500kV
2. 金具串名称：210kN 复合绝缘子双联 V 型悬垂串(21VH2-1)
3. 绝缘子型号：FXBW-500/210-2 环形连接
4. 组合形式：V 型双联串
5. 导线分裂数：四分裂</td><td>串</td><td>6</td><td>2273.70</td><td>676.02</td><td>123.38</td><td></td><td></td><td>267.49</td><td>13 642</td><td>4056</td><td>740</td><td></td><td></td><td>1605</td></tr>
<tr><td></td><td>3AAEBASE0209</td><td>导线悬垂串、跳线串</td><td>1. 电压等级：500kV
2. 金具串名称：210kN 复合绝缘子双联 V 型悬垂串(21VH2-2)
3. 绝缘子型号：FXBW-500/210-3 环形连接
4. 组合形式：V 型双联串
5. 导线分裂数：四分裂</td><td>串</td><td>30</td><td>2277.93</td><td>677.60</td><td>123.90</td><td></td><td></td><td>267.68</td><td>68 338</td><td>20 328</td><td>3717</td><td></td><td></td><td>8031</td></tr>
</table>

续表

序号	项目编码	项目名称	项目特征	计量单位	工程量	全费用综合单价						合价					
						单价	其中					合计	其中				
							人工费	材机费	主要材料费		安全文明施工费、临时设施费		人工费	材机费	主要材料费		安全文明施工费、临时设施费
									材料费	其中：暂估价					材料费	其中：暂估价	
	3AAEBASE0210	导线悬垂串、跳线串	1．电压等级：500kV 2．金具串名称：300kN 复合绝缘子双联 V 型悬垂串（30VH2-1） 3．绝缘子型号：FXBW-500/300-1 环形连接 4．组合形式：V 型双联串 5．导线分裂数：四分裂	串	12	3087.69	744.46	145.77			485.63	37 052	8933	1749			5828
	3AAEBASE0211	导线悬垂串、跳线串	1．电压等级：500kV 2．金具串名称：300kN 复合绝缘子双联 V 型悬垂串（30VH2-2） 3．绝缘子型号：FXBW-500/300-2 环形连接 4．组合形式：V 型双联串 5．导线分裂数：四分裂	串	12	3087.69	744.46	145.77			485.63	37 052	8933	1749			5828

续表

序号	项目编码	项目名称	项目特征	计量单位	工程量	全费用综合单价						合价					
						单价	其中					合计	其中				
							人工费	材机费	主要材料费		安全文明施工费、临时设施费		人工费	材机费	主要材料费		安全文明施工费、临时设施费
									材料费	其中：暂估价					材料费	其中：暂估价	
	3AAEBASE0212	导线悬垂串、跳线串	1．电压等级：500kV 2．金具串名称：120kN 复合绝缘子跳线串（TXH-1） 3．绝缘子型号：FXBW-500/120-2 球碗连接 4．组合形式：I 型单联串 5．导线分裂数：四分裂	单相	233	738.87	242.39	64.96			63.69	172 156	56 478	15 135			14 839
	3AAEBASE0213	导线悬垂串、跳线串	1．电压等级：500kV 2．金具串名称：120kN 复合绝缘子跳线串（TXH-2） 3．绝缘子型号：FXBW-500/120-3 球碗连接 4．组合形式：I 型单联串 5．导线分裂数：四分裂	单相	28	738.86	242.39	64.96			63.69	20 688	6787	1819			1783

续表

序号	项目编码	项目名称	项目特征	计量单位	工程量	全费用综合单价						合价					
						单价	其中					合计	其中				
							人工费	材机费	主要材料费		安全文明施工费、临时设施费		人工费	材机费	主要材料费		安全文明施工费、临时设施费
									材料费	其中：暂估价					材料费	其中：暂估价	
5.3	3AAECA	其他金具安装										798 401	234 005	53 123			92 954
	3AAECASE0401	防振锤	规格或型号：防振锤	个	1248	26.35	6.12	1.36			4.26	32 885	7638	1692			5320
	3AAECASE0501	导线间隔棒	规格或型号：间隔棒 FJZ-450/34B	个	4956	75.52	20.95	2.98			10.25	374 274	103 831	14 755			50 800
	3AAECASE0502	导线间隔棒	规格或型号：跳线间隔棒 FJZS-450/34B	个	1260	72.69	22.26	3.40			8.30	91 586	28 045	4290			10 458
	3AAECASE0503	导线间隔棒	规格或型号：间隔棒 TJ2-120-34/25	个	1176	55.45	20.80	2.93			3.69	65 214	24 460	3443			4338
	3AAECASE0701	重锤	规格或型号：重锤 FZC-20	单相	3132	74.85	22.36	9.24			7.04	234 442	70 032	28 944			22 039
6	3AAF	辅助工程										1 806 186	515 725	217 770	304 136		76 980
6.1	3AAFAA	输电线路试运										84 524	19 205	32 301			4780
	3AAFAASF0101	输电线路试运	1．电压等级：500kV 2．线路长度：50km 以内 3．同塔同时试运行回路数：二回	回路	2	42 261.84	9602.61	16 150.75			2389.91	84 524	19 205	32 301			4780

续表

序号	项目编码	项目名称	项目特征	计量单位	工程量	全费用综合单价						合价					
						单价	其中					合计	其中				
							人工费	材机费	主要材料费		安全文明施工费、临时设施费		人工费	材机费	主要材料费		安全文明施工费、临时设施费
									材料费	其中：暂估价					材料费	其中：暂估价	
6.2	3AAFBA	辅助设施土石方										99 985	41 377	4682			4274
	3AAFBASF0201	尖峰、基面、排洪（水）沟、挡土（水）墙、防撞墩（墙）土石方开挖	1．名称：基面 2．地质类别：粉质黏土	m^3	2147.32	22.96	9.82	0.50			0.96	49 312	21 094	1074			2057
	3AAFBASF0202	尖峰、基面、排洪（水）沟、挡土（水）墙、防撞墩（墙）土石方开挖	1．名称：排水沟 2．地质类别：粉质黏土	m^3	635.04	32.03	13.69	0.72			1.34	20 343	8693	459			849
	3AAFBASF0203	尖峰、基面、排洪（水）沟、挡土（水）墙、防撞墩（墙）土石方开挖	1．名称：排水沟 2．地质类别：强风化砂岩	m^3	158.76	191.05	73.00	19.84			8.62	30 330	11 589	3150			1368

续表

序号	项目编码	项目名称	项目特征	计量单位	工程量	全费用综合单价						合价					
						单价	其中					合计	其中				
							人工费	材机费	主要材料费		安全文明施工费、临时设施费		人工费	材机费	主要材料费		安全文明施工费、临时设施费
									材料费	其中：暂估价					材料费	其中：暂估价	
6.3	3AAFCA	辅助设施砌（浇）筑										1 326 562	395 075	55 452	304 136		50 720
	3AAFCASF0301	排洪(水)沟、挡土（水）墙、围堰、防撞墩（墙）砌（浇）筑	1．名称：排水沟 2．构造类型：素混凝土 3．混凝土强度等级：C15	m^3	597.48	2220.26	661.23	92.81	509.03		84.89	1 326 562	395 075	55 452	304 136		50 720
6.4	3AAFDA	辅助设施安装										295 115	60 069	125 335			17 205
	3AAFDASF0501	杆塔标志牌安装	1．材质：综合 2．是否拆装：否	块	1230	99.53	23.55	36.34			5.56	122 417	28 972	44 704			6837
	3AAFDASF1001	监测装置	型号或规格：分布式故障诊断装置	套	4	4321.64	1730.87	305.77			189.00	17 287	6923	1223			756
	3AAFDASF1002	监测装置	型号或规格：图像在线监测装置	套	2	4321.64	1730.87	305.77			189.00	8643	3462	612			378
	3AAFDASF1003	监测装置	型号或规格：视频监控监测	套	1	4321.64	1730.87	305.77			189.00	4322	1731	306			189
	3AAFDASF1101	耐张线夹X射线探伤	1．导线分裂数：四分裂 2．回路数：双回路 3．单双侧：单侧	基	6	23 741.02	3163.46	13 081.7			1507.55	142 446	18 981	78 490			9045

最高投标限价表–4.1

工程量清单全费用综合单价分析表

工程名称：　　　　　　　　　　　　　　　　　　　　　　　　　　　　　　　金额单位：元

序号	项目编码	项目名称	计量单位	全费用综合单价组成												全费用综合单价
				人工费	材机费	主要材料费		措施费			企业管理费	规费	利润	编制基准期价差	增值税	
						材料费	其中：暂估价	措施费	其中：安全文明施工费	其中：临时设施费						
	3A	架空输电线路工程														
1	3AAA	基础工程														
1.1	3AAAAA	基础土石方														
	3AAAAASA0101	线路复测分坑	基	99.73	41.34			22.16	4.13	8.96	36.77	37.86	11.89	6.24	23.04	279.03
	3AAAAASA0102	线路复测分坑	基	67.45	34.80			15.62	3.00	6.49	24.92	25.60	8.42	4.25	16.30	197.35
	3AAAAASA0201	杆塔坑、拉线坑挖方及回填	m^3	60.81	5.83			11.71	1.95	4.23	22.27	23.08	6.18	3.71	12.02	145.62
	3AAAAASA0202	杆塔坑、拉线坑挖方及回填	m^3	42.93	149.24			21.74	5.63	12.20	16.85	16.29	12.35	3.34	23.65	286.39
	3AAAAASA0203	杆塔坑、拉线坑挖方及回填	m^3	5.60	17.14			2.62	0.67	1.44	2.18	2.13	1.48	0.42	2.84	34.43
	3AAAAASA0204	杆塔坑、拉线坑挖方及回填	m^3	242.22	62.89			50.33	8.94	19.37	89.00	91.94	26.82	14.97	52.04	630.21
	3AAAAASA0301	杆塔坑、拉线坑挖方及回填	m^3	29.72	7.65			6.17	1.09	2.37	10.92	11.28	3.29	1.84	6.38	77.24
	3AAAAASA0302	挖孔基础挖方	m^3	52.25	11.41			10.66	1.87	4.04	19.18	19.83	5.67	3.22	11.00	133.22
	3AAAAASA0303	挖孔基础挖方	m^3	28.85	7.59			6.00	1.07	2.31	10.60	10.95	3.20	1.78	6.21	75.18
	3AAAAASA0304	挖孔基础挖方	m^3	75.42	15.12			15.26	2.65	5.75	27.68	28.63	8.11	4.64	15.74	190.59
	3AAAAASA0305	挖孔基础挖方	m^3	50.59	11.34			10.35	1.81	3.93	18.57	19.20	5.50	3.12	10.68	129.36
	3AAAAASA0306	挖孔基础挖方	m^3	27.91	7.52			5.82	1.04	2.25	10.26	10.59	3.11	1.73	6.02	72.96
	3AAAAASA0307	挖孔基础挖方	m^3	49.02	11.23			10.05	1.77	3.83	18.00	18.61	5.35	3.02	10.37	125.64
	3AAAAASA0308	挖孔基础挖方	m^3	73.01	14.50			14.76	2.56	5.56	26.79	27.71	7.84	4.49	15.22	184.32
	3AAAAASA0309	挖孔基础挖方	m^3	90.82	15.62			18.13	3.12	6.76	33.31	34.47	9.62	5.57	18.68	226.23

续表

序号	项目编码	项目名称	计量单位	全费用综合单价组成												全费用综合单价
				人工费	材机费	主要材料费		措施费			企业管理费	规费	利润	编制基准期价差	增值税	
						材料费	其中：暂估价	措施费	其中：安全文明施工费	其中：临时设施费						
	3AAAAASA0310	挖孔基础挖方	m^3	117.33	92.66			30.15	6.15	13.33	43.59	44.53	16.41	7.56	31.70	383.94
	3AAAAASA0311	挖孔基础挖方	m^3	138.64	107.61			35.45	7.21	15.64	51.50	52.62	19.29	8.93	37.26	451.30
	3AAAAASA0312	挖孔基础挖方	m^3	214.10	63.56			45.23	8.14	17.63	78.73	81.27	24.14	13.27	46.83	567.12
	3AAAAASA0313	挖孔基础挖方	m^3	145.04	96.76			35.62	7.08	15.35	53.75	55.05	19.31	9.26	37.33	452.13
	3AAAAASA0314	挖孔基础挖方	m^3	160.73	108.72			39.62	7.89	17.11	59.58	61.01	21.48	10.27	41.53	502.94
	3AAAAASA0315	挖孔基础挖方	m^3	73.58	86.67			21.56	4.70	10.18	27.56	27.93	11.86	4.88	22.86	276.91
	3AAAAASA0316	挖孔基础挖方	m^3	111.51	95.23			29.32	6.06	13.13	41.49	42.33	15.99	7.22	30.88	373.97
	3AAAAASA0317	挖孔基础挖方	m^3	134.23	104.51			34.36	6.99	15.16	49.86	50.95	18.69	8.64	36.11	437.35
	3AAAAASA0318	挖孔基础挖方	m^3	284.17	83.35			59.94	10.77	23.34	104.49	107.86	31.99	17.61	62.05	751.46
1.2	3AAABA	基础钢材														
	3AAABASA0401	现浇基础（构件）钢筋	t	657.63	245.74	5406.00		302.01	184.86	57.36	242.21	249.62	355.16	41.02	674.94	8174.33
	3AAABASA0501	钢筋笼	t	748.68	263.91	5406.00		320.42	188.06	64.30	275.63	284.18	364.94	46.61	693.93	8404.30
	3AAABASA0601	地脚螺栓	t	200.49	65.60	8004.42		277.45	242.33	16.90	73.77	76.10	434.89	12.46	823.07	9968.26
	3AAABASA0602	地脚螺栓	t	200.49	65.60	8449.14		290.48	255.36	16.90	73.77	76.10	457.78	12.46	866.32	10 492.14
1.3	3AAACA	混凝土工程														
	3AAACASA1301	基础垫层	m^3	325.22	16.07	343.42		71.30	20.06	21.67	118.96	123.44	49.92	19.76	96.13	1164.21
	3AAACASA1302	基础垫层	m^3	327.79	16.22	342.19		71.75	20.11	21.84	119.90	124.42	50.11	19.91	96.51	1168.80
	3AAACASA1401	现浇基础	m^3	696.95	97.15	529.32		152.55	38.78	50.43	255.42	264.54	99.80	42.65	192.45	2330.84
	3AAACASA1402	现浇基础	m^3	162.61	42.67	560.28		50.25	22.43	13.04	59.75	61.72	46.86	10.05	89.48	1083.67

续表

序号	项目编码	项目名称	计量单位	全费用综合单价组成													全费用综合单价
				人工费	材机费	主要材料费		措施费			企业管理费	规费	利润	编制基准期价差	增值税		
						材料费	其中：暂估价	措施费	其中：安全文明施工费	其中：临时设施费							
	3AAACASA1601	挖孔基础浇灌	m^3	702.57	87.76	540.10		153.03	38.98	50.19	257.40	266.68	100.38	42.94	193.58		2344.44
	3AAACASA1602	挖孔基础浇灌	m^3	755.10	103.86	540.10		164.18	40.99	54.54	276.72	286.62	106.33	46.20	205.12		2484.23
	3AAACASA1603	挖孔基础浇灌	m^3	738.70	94.67	540.10		160.31	40.24	52.92	270.66	280.39	104.24	45.16	201.08		2435.33
	3AAACASA1604	挖孔基础浇灌	m^3	755.10	103.86	540.10		164.18	40.99	54.54	276.72	286.62	106.33	46.20	205.12		2484.24
	3AAACASA1605	挖孔基础浇灌	m^3	738.70	94.67	556.16		160.78	40.71	52.92	270.66	280.39	105.07	45.16	202.64		2454.25
	3AAACASA1701	挖孔基础护壁	m^3	1104.54	370.36	631.92		255.79	61.73	93.66	406.49	419.26	159.42	68.68	307.48		3723.92
	3AAACASA2201	岩石锚杆基础	m	104.26	120.47	6.18		30.51	6.77	14.27	39.04	39.57	17.00	6.91	32.75		396.69
	3AAACASA2401	保护帽	m^3	1393.11	177.66	509.03		287.32	60.94	99.74	510.43	528.79	170.32	85.17	329.56		3991.40
2	3AAB	杆塔工程															
2.1	3AABAA	杆塔组立															
	3AABAASB0401	自立塔组立	t	902.30	189.49			368.63	217.28	69.33	331.18	342.49	422.90	55.54	235.13		2847.65
	3AABAASB0402	自立塔组立	t	1135.53	264.63			418.45	226.32	88.91	416.99	431.02	449.53	70.02	286.75		3472.91
	3AABAASB0403	自立塔组立	t	1332.64	305.55			458.45	233.29	104.02	489.33	505.84	470.79	82.15	328.03		3972.77
	3AABAASB0404	自立塔组立	t	1186.84	521.83			451.74	235.36	108.50	437.74	450.49	468.63	74.41	323.25		3914.95
	3AABAASB0405	自立塔组立	t	1272.55	292.82			491.86	276.78	99.40	467.28	483.03	544.44	78.45	326.74		3957.17
	3AABAASB0406	自立塔组立	t	1528.74	655.65			572.59	294.92	138.71	563.72	580.27	589.11	95.77	412.73		4998.58
3	3AAC	接地工程															
3.1	3AACAA	接地土石方															
	3AACAASC0101	接地槽挖方及回填	m^3	14.81	1.04			2.82	0.46	1.01	5.42	5.62	1.49	0.90	2.89		34.99
3.2	3AACBA	接地安装															

续表

序号	项目编码	项目名称	计量单位	全费用综合单价组成												全费用综合单价
				人工费	材机费	主要材料费		措施费			企业管理费	规费	利润	编制基准期价差	增值税	
						材料费	其中：暂估价	措施费	其中：安全文明施工费	其中：临时设施费						
	3AACBASC0301	水平接地体安装	m	0.67	0.24	6.39		0.33	0.21	0.06	0.25	0.26	0.41	0.04	0.77	9.36
	3AACBASC0301	接地安装	m	1.28	0.48	12.03		0.63	0.40	0.11	0.47	0.49	0.77	0.08	1.46	17.70
4	3AAD	架线工程														
4.1	3AADAA	导地线架设														
	3AADAASD0301	导线架设	km	27 846.17	51 104.75	1834.86		33 324.32	25 779.72	5013.38	10 573.61	10 569.71	46 716.08	1940.22	16 551.88	200 461.60
	3AADAASD0302	导线架设	km	32 128.74	51 373.92	1834.86		34 135.94	25 913.02	5302.42	12 140.56	12 195.27	47 143.76	2200.66	17 383.83	210 537.55
	3AADAASD0101	避雷线架设	km	1280.76	2643.54			988.24	622.62	249.19	488.61	486.15	1160.64	90.70	642.48	7781.11
	3AADAASD0201	OPGW 架设	km	1649.39	4780.87			1234.70	676.45	408.32	639.98	626.07	1279.38	123.69	930.07	11 264.15
	3AADAASD0202	OPGW 架设	km	3561.32	9592.07			2106.79	947.82	835.24	1376.13	1351.79	1859.18	263.42	1809.96	21 920.66
	3AADAASD0203	OPGW 架设	km	1615.68	4536.03			1206.44	668.94	390.63	625.75	613.27	1263.82	120.43	898.33	10 879.76
4.2	3AADBA	跨（穿）越架设														
	3AADBASD0502	交叉跨越	处	7699.17	2598.08			1655.44	301.71	653.88	2833.54	2922.41	885.43	478.79	1716.56	20 789.42
	3AADBASD0503	交叉跨越	处	10 465.44	3355.47			2233.89	404.95	877.63	3850.24	3972.42	1193.87	649.94	2314.91	28 036.19
	3AADBASD0504	交叉跨越	处	15 625.83	15 721.09			4329.38	918.46	1990.53	5832.30	5931.17	2371.99	1023.97	4575.22	55 410.95
	3AADBASD0505	交叉跨越	处	13 322.72	2224.07			2653.78	455.52	987.22	4885.47	5056.97	1407.15	817.14	2733.06	33 100.35
	3AADBASD0506	交叉跨越	处	10 793.27	1801.78			2149.93	369.03	799.79	3957.91	4096.85	1139.99	662.00	2214.16	26 815.88
	3AADBASD0507	交叉跨越	处	10 793.27	1801.78			2149.93	369.03	799.79	3957.91	4096.85	1139.99	662.00	2214.16	26 815.88
	3AADBASD0508	交叉跨越	处	8714.69	1454.75			1735.89	297.96	645.76	3195.69	3307.88	920.44	534.51	1787.75	21 651.60
	3AADBASD0509	交叉跨越	处	6662.74	2766.89			1480.71	276.29	598.78	2456.15	2529.01	794.77	416.93	1539.65	18 646.84

续表

序号	项目编码	项目名称	计量单位	全费用综合单价组成												全费用综合单价
				人工费	材机费	主要材料费		措施费			企业管理费	规费	利润	编制基准期价差	增值税	
						材料费	其中：暂估价	措施费	其中：安全文明施工费	其中：临时设施费						
	3AADBASD0510	交叉跨越	处	2883.80	866.65			610.18	109.89	238.15	1060.50	1094.62	325.79	178.80	631.83	7652.18
	3AADBASD0511	交叉跨越	处	3327.47	1023.29			706.22	127.48	276.27	1223.84	1263.02	377.19	206.43	731.47	8858.92
	3AADBASD0512	交叉跨越	处	1758.30	932.30			409.52	78.83	170.85	649.75	667.41	220.86	111.04	427.43	5176.60
	3AADBASD0513	交叉跨越	处	3032.15	1421.00			688.87	130.48	282.77	1119.03	1150.93	370.60	190.55	717.58	8690.70
	3AADBASD0514	交叉跨越	处	8404.05	2541.21			1779.65	320.70	695.02	3090.66	3189.97	950.28	521.15	1842.93	22 319.89
	3AADBASD0515	交叉跨越	处	2883.80	866.65			610.18	109.89	238.15	1060.50	1094.62	325.79	178.80	631.83	7652.18
	3AADBASD0516	交叉跨越	处	2883.80	866.65			610.18	109.89	238.15	1060.50	1094.62	325.79	178.80	631.83	7652.18
5	3AAE	附件工程														
5.1	3AAEAA	导线耐张绝缘子、金具串安装														
	3AAEAASE0101	导线耐张串	组	4269.91	1121.93			1307.24	576.72	342.38	1568.98	1620.75	1209.02	263.94	1022.56	12 384.32
	3AAEAASE0102	导线耐张串	组	4269.91	1121.93			1428.81	698.30	342.38	1568.98	1620.75	1422.56	263.94	1052.72	12 749.60
	3AAEAASE0103	导线耐张串	组	4116.82	1071.84			1223.27	519.57	329.48	1512.65	1562.64	1101.56	254.43	975.89	11 819.10
	3AAEAASE0301	跳线制作及安装	单相	2122.24	917.36			474.99	89.06	193.01	782.62	805.55	255.14	132.98	494.18	5985.06
5.2	3AAEBA	导线悬垂绝缘子、金具串安装														
	3AAEBASE0201	导线悬垂串、跳线串	串	483.08	102.38			202.70	121.61	37.18	177.32	183.37	235.70	29.74	127.29	1541.57
	3AAEBASE0202	导线悬垂串、跳线串	串	484.67	102.90			203.04	121.68	37.31	177.90	183.97	235.88	29.84	127.64	1545.84
	3AAEBASE0203	导线悬垂串、跳线串	串	488.16	104.05			228.32	146.34	37.61	179.19	185.29	279.36	30.05	134.50	1628.92
	3AAEBASE0204	导线悬垂串、跳线串	串	510.81	110.96			245.23	159.32	39.48	187.52	193.89	303.21	31.46	142.48	1725.56

续表

序号	项目编码	项目名称	计量单位	全费用综合单价组成												全费用综合单价
				人工费	材机费	主要材料费		措施费			企业管理费	规费	利润	编制基准期价差	增值税	
						材料费	其中：暂估价	措施费	其中：安全文明施工费	其中：临时设施费						
	3AAEBASE0205	导线悬垂串、跳线串	串	512.40	111.48			245.57	159.38	39.62	188.10	194.50	303.39	31.56	142.83	1729.83
	3AAEBASE0206	导线悬垂串、跳线串	串	532.80	118.15			316.63	226.86	41.34	195.61	202.24	422.85	32.82	163.90	1984.99
	3AAEBASE0207	导线悬垂串、跳线串	串	532.80	118.15			316.63	226.86	41.34	195.61	202.24	422.85	32.82	163.90	1984.99
	3AAEBASE0208	导线悬垂串、跳线串	串	676.02	123.38			328.94	216.73	50.76	247.98	256.60	411.52	41.52	187.74	2273.70
	3AAEBASE0209	导线悬垂串、跳线串	串	677.60	123.90			329.28	216.79	50.90	248.56	257.20	411.70	41.61	188.09	2277.93
	3AAEBASE0210	导线悬垂串、跳线串	串	744.46	145.77			553.30	429.10	56.53	273.16	282.58	787.71	45.77	254.95	3087.69
	3AAEBASE0211	导线悬垂串、跳线串	串	744.46	145.77			553.30	429.10	56.53	273.16	282.58	787.71	45.77	254.95	3087.69
	3AAEBASE0212	导线悬垂串、跳线串	单相	242.39	64.96			85.72	44.17	19.52	89.08	92.01	88.71	14.99	61.01	738.87
	3AAEBASE0213	导线悬垂串、跳线串	单相	242.39	64.96			85.72	44.17	19.52	89.08	92.01	88.71	14.99	61.01	738.86
5.3	3AAECA	其他金具安装														
	3AAECASE0401	防振锤	个	6.12	1.36			4.82	3.79	0.47	2.25	2.32	6.93	0.38	2.18	26.35
	3AAECASE0501	导线间隔棒	个	20.95	2.98			12.15	8.73	1.52	7.68	7.95	16.29	1.28	6.24	75.52
	3AAECASE0502	导线间隔棒	个	22.26	3.40			10.32	6.67	1.63	8.16	8.45	12.73	1.36	6.00	72.69
	3AAECASE0503	导线间隔棒	个	20.80	2.93			5.58	2.18	1.51	7.62	7.89	4.78	1.27	4.58	55.45
	3AAECASE0701	重锤	单相	22.36	9.24			9.07	5.03	2.01	8.24	8.49	9.87	1.40	6.18	74.85
6	3AAF	辅助工程														
6.1	3AAFAA	输电线路试运														
	3AAFAASF0101	输电线路试运	回路	9602.61	16 150.75			3262.79	754.57	1635.34	3634.77	3644.91	1814.79	661.71	3489.51	42 261.84
6.2	3AAFBA	辅助设施土石方														

续表

序号	项目编码	项目名称	计量单位	全费用综合单价组成												全费用综合单价
				人工费	材机费	主要材料费		措施费			企业管理费	规费	利润	编制基准期价差	增值税	
						材料费	其中：暂估价	措施费	其中：安全文明施工费	其中：临时设施费						
	3AAFBASF0201	尖峰、基面、排洪（水）沟、挡土（水）墙、防撞墩（墙）土石方开挖	m^3	9.82	0.50			1.85	0.30	0.66	3.59	3.73	0.97	0.60	1.90	22.96
	3AAFBASF0202	尖峰、基面、排洪（水）沟、挡土（水）墙、防撞墩（墙）土石方开挖	m^3	13.69	0.72			2.58	0.42	0.92	5.01	5.20	1.36	0.83	2.65	32.03
	3AAFBASF0203	尖峰、基面、排洪（水）沟、挡土（水）墙、防撞墩（墙）土石方开挖	m^3	73.00	19.84			15.25	2.72	5.90	26.83	27.71	8.13	4.52	15.77	191.05
6.3	3AAFCA	辅助设施砌（浇）筑														
	3AAFCASF0301	排洪（水）沟、挡土（水）墙、围堰、防撞墩（墙）砌（浇）筑	m^3	661.23	92.81	509.03		145.00	37.01	47.88	242.34	250.99	95.07	40.47	183.32	2220.26
6.4	3AAFDA	辅助设施安装														
	3AAFDASF0501	杆塔标志牌安装	块	23.55	36.34			7.70	1.76	3.80	8.89	8.94	4.27	1.61	8.22	99.53
	3AAFDASF1001	监测装置	套	1730.87	305.77			346.34	59.67	129.33	634.84	656.99	183.74	106.25	356.83	4321.64
	3AAFDASF1002	监测装置	套	1730.87	305.77			346.34	59.67	129.33	634.84	656.99	183.74	106.25	356.83	4321.64
	3AAFDASF1003	监测装置	套	1730.87	305.77			346.34	59.67	129.33	634.84	656.99	183.74	106.25	356.83	4321.64
	3AAFDASF1101	耐张线夹 X 射线探伤	基	3163.46	13 081.70			1795.11	475.98	1031.57	1257.96	1200.77	1024.95	256.80	1960.27	23 741.02

注 1： 材机费=消耗性材料+机械费。
注 2： 措施费：按费率计取。
注 3： 在安装工程中计列入施工企业配合调试费。

最高投标限价表-4.2

工程量清单全费用综合单价人、材、机计价表

工程名称：　　　　　　　　　　　　　　　　　　　　　　　　　　　　　　　　金额单位：元

序号	项目编码（编制依据）	项目名称	计量单位	工程量（数量）	单价				合价			
					人工费	材机费	主要材料费		人工费	材机费	主要材料费	
							材料费	其中：暂估价			材料费	其中：暂估价
	3A	架空线路							31 782 414	10 981 252	17 531 271	
1	3AAA	基础工程							14 241 544	4 028 059	16 731 165	
1.1	3AAAAA	基础土石方							1 866 452	1 461 755		
	3AAAAASA0101	线路复测分坑	基	49								
	YX2-7	线路复测及分坑　耐张（转角）自立塔	基	4	68.35	41.34			273	165		
	调 YX2-7 R×1.5	线路复测及分坑　耐张（转角）自立塔	基	45	102.52	41.34			4614	1860		
	综合单价人、材、机				99.73	41.34			4887	2026		
	3AAAAASA0102	线路复测分坑	基	74								
	YX2-6	线路复测及分坑　直线自立塔	基	3	45.58	34.80			137	104		
	调 YX2-6 R×1.5	线路复测及分坑　直线自立塔	基	71	68.37	34.80			4854	2471		
	综合单价人、材、机				67.45	34.80			4991	2575		
	3AAAAASA0201	杆塔坑、拉线坑挖方及回填	m^3	2.59								
	YX2-16	电杆坑、塔坑、拉线坑人工挖方（或爆破）及回填　坚土坑深 2.0m 以内	m^3	3.74	18.04	1.73			158	15		
	综合单价人、材、机				60.81	5.83			158	15		

续表

序号	项目编码（编制依据）	项目名称	计量单位	工程量（数量）	单价				合价			
					人工费	材机费	主要材料费		人工费	材机费	主要材料费	
							材料费	其中：暂估价			材料费	其中：暂估价
	3AAAAASA0202	杆塔坑、拉线坑挖方及回填	m^3	1481.61								
	YX2-86	电杆坑、塔坑、拉线坑机械挖方及回填　岩石　坑深 4m 以内	m^3	1641.42	38.75	134.71			63 602	221 115		
	综合单价人、材、机				42.93	149.24			63 602	221 115		
	3AAAAASA0203	杆塔坑、拉线坑挖方及回填	m^3	1327.10								
	YX2-80	电杆坑、塔坑、拉线坑机械挖方及回填　普通土、坚土　坑深 4m 以内	m^3	2357.57	3.15	9.65			7437	22 751		
	综合单价人、材、机				5.60	17.14			7437	22 751		
	3AAAAASA0204	杆塔坑、拉线坑挖方及回填	m^3	221.03								
	YX2-41	电杆坑、塔坑、拉线坑人工挖方（或爆破）及回填　岩石（人工开凿）　坑深 3.0m 以内	m^3	281.75	190.02	49.34			53 538	13 902		
	综合单价人、材、机				242.22	62.89			53 538	13 902		
	3AAAAASA0301	杆塔坑、拉线坑挖方及回填	m^3	3.18								
	YX2-114	挖孔基础人工挖方（或爆破）坚土　坑径 1500mm 以内　坑深 5m 以内	m^3	3.18	29.72	7.65			94	24		
	综合单价人、材、机				29.72	7.65			94	24		
	3AAAAASA0302	挖孔基础挖方	m^3	315.48								
	YX2-115	挖孔基础人工挖方（或爆破）坚土　坑径 1500mm 以内　坑深 10m 以内	m^3	315.48	52.25	11.41			16 484	3600		
	综合单价人、材、机				52.25	11.41			16 484	3600		

续表

<table>
<tr><th rowspan="3">序号</th><th rowspan="3">项目编码
（编制依据）</th><th rowspan="3">项目名称</th><th rowspan="3">计量
单位</th><th rowspan="3">工程量
（数量）</th><th colspan="4">单价</th><th colspan="4">合价</th></tr>
<tr><th rowspan="2">人工费</th><th rowspan="2">材机费</th><th colspan="2">主要材料费</th><th rowspan="2">人工费</th><th rowspan="2">材机费</th><th colspan="2">主要材料费</th></tr>
<tr><th>材料费</th><th>其中：
暂估价</th><th>材料费</th><th>其中：
暂估价</th></tr>
<tr><td rowspan="3"></td><td>3AAAAASA0303</td><td>挖孔基础挖方</td><td>m^3</td><td>3.85</td><td></td><td></td><td></td><td></td><td></td><td></td><td></td><td></td></tr>
<tr><td>YX2-119</td><td>挖孔基础人工挖方（或爆破）坚土 坑径 2000mm 以内 坑深 5m 以内</td><td>m^3</td><td>3.85</td><td>28.85</td><td>7.59</td><td></td><td></td><td>111</td><td>29</td><td></td><td></td></tr>
<tr><td colspan="2">综合单价人、材、机</td><td></td><td></td><td>28.85</td><td>7.59</td><td></td><td></td><td>111</td><td>29</td><td></td><td></td></tr>
<tr><td rowspan="3"></td><td>3AAAAASA0304</td><td>挖孔基础挖方</td><td>m^3</td><td>40.26</td><td></td><td></td><td></td><td></td><td></td><td></td><td></td><td></td></tr>
<tr><td>YX2-121</td><td>挖孔基础人工挖方（或爆破）坚土 坑径 2000mm 以内 坑深 15m 以内</td><td>m^3</td><td>40.26</td><td>75.42</td><td>15.12</td><td></td><td></td><td>3036</td><td>609</td><td></td><td></td></tr>
<tr><td colspan="2">综合单价人、材、机</td><td></td><td></td><td>75.42</td><td>15.12</td><td></td><td></td><td>3036</td><td>609</td><td></td><td></td></tr>
<tr><td rowspan="3"></td><td>3AAAAASA0305</td><td>挖孔基础挖方</td><td>m^3</td><td>652.36</td><td></td><td></td><td></td><td></td><td></td><td></td><td></td><td></td></tr>
<tr><td>YX2-120</td><td>挖孔基础人工挖方（或爆破）坚土 坑径 2000mm 以内 坑深 10m 以内</td><td>m^3</td><td>652.36</td><td>50.59</td><td>11.34</td><td></td><td></td><td>33 004</td><td>7398</td><td></td><td></td></tr>
<tr><td colspan="2">综合单价人、材、机</td><td></td><td></td><td>50.59</td><td>11.34</td><td></td><td></td><td>33 004</td><td>7398</td><td></td><td></td></tr>
<tr><td rowspan="3"></td><td>3AAAAASA0306</td><td>挖孔基础挖方</td><td>m^3</td><td>5.77</td><td></td><td></td><td></td><td></td><td></td><td></td><td></td><td></td></tr>
<tr><td>YX2-124</td><td>挖孔基础人工挖方（或爆破）坚土 坑径 2000mm 以上 坑深 5m 以内</td><td>m^3</td><td>5.77</td><td>27.91</td><td>7.52</td><td></td><td></td><td>161</td><td>43</td><td></td><td></td></tr>
<tr><td colspan="2">综合单价人、材、机</td><td></td><td></td><td>27.91</td><td>7.52</td><td></td><td></td><td>161</td><td>43</td><td></td><td></td></tr>
<tr><td rowspan="3"></td><td>3AAAAASA0307</td><td>挖孔基础挖方</td><td>m^3</td><td>32.31</td><td></td><td></td><td></td><td></td><td></td><td></td><td></td><td></td></tr>
<tr><td>YX2-125</td><td>挖孔基础人工挖方（或爆破）坚土 坑径 2000mm 以上 坑深 10m 以内</td><td>m^3</td><td>32.31</td><td>49.02</td><td>11.23</td><td></td><td></td><td>1584</td><td>363</td><td></td><td></td></tr>
<tr><td colspan="2">综合单价人、材、机</td><td></td><td></td><td>49.02</td><td>11.23</td><td></td><td></td><td>1584</td><td>363</td><td></td><td></td></tr>
</table>

续表

序号	项目编码（编制依据）	项目名称	计量单位	工程量（数量）	单价				合价			
					人工费	材机费	主要材料费		人工费	材机费	主要材料费	
							材料费	其中：暂估价			材料费	其中：暂估价
	3AAAAASA0308	挖孔基础挖方	m^3	153.91								
	YX2-126	挖孔基础人工挖方（或爆破）坚土 坑径 2000mm 以上 坑深 15m 以内	m^3	153.91	73.01	14.50			11 237	2232		
	综合单价人、材、机				73.01	14.50			11 237	2232		
	3AAAAASA0309	挖孔基础挖方	m^3	1.79								
	YX2-127	挖孔基础人工挖方（或爆破）坚土 坑径 2000mm 以上 坑深 20m 以内	m^3	1.79	90.82	15.62			163	28		
	综合单价人、材、机				90.82	15.62			163	28		
	3AAAAASA0310	挖孔基础挖方	m^3	9.79								
	YX2-154	挖孔基础人工挖方（或爆破）岩石（爆破） 坑径 1500mm 以内 坑深 5m 以内	m^3	9.79	117.33	92.66			1149	908		
	综合单价人、材、机				117.33	92.66			1149	908		
	3AAAAASA0311	挖孔基础挖方	m^3	2530.04								
	YX2-155	挖孔基础人工挖方（或爆破）岩石（爆破） 坑径 1500mm 以内 坑深 10m 以内	m^3	2422.53	131.85	108.61			319 419	263 111		
	YX2-175	挖孔基础人工挖方（或爆破）岩石（人工开凿）坑径 1500mm 以内 坑深 10m 以内	m^3	107.50	291.47	85.07			31 334	9145		
	综合单价人、材、机				138.64	107.61			350 753	272 257		

续表

序号	项目编码（编制依据）	项目名称	计量单位	工程量（数量）	单价				合价			
					人工费	材机费	主要材料费		人工费	材机费	主要材料费	
							材料费	其中：暂估价			材料费	其中：暂估价
	3AAAAASA0312	挖孔基础挖方	m^3	18.75								
	YX2-179	挖孔基础人工挖方（或爆破）岩石（人工开凿）坑径 2000mm 以内 坑深 5m 以内	m^3	18.75	214.10	63.56			4013	1191		
	综合单价人、材、机				214.10	63.56			4013	1191		
	3AAAAASA0313	挖孔基础挖方	m^3	5608.63								
	YX2-160	挖孔基础人工挖方（或爆破）岩石（爆破） 坑径 2000mm 以内 坑深 10m 以内	m^3	4050.63	102.61	104.96			415 643	425 154		
	YX2-180	挖孔基础人工挖方（或爆破）岩石（人工开凿）坑径 2000mm 以内 坑深 10m 以内	m^3	1558.00	255.36	75.43			397 845	117 520		
	综合单价人、材、机				145.04	96.76			813 488	542 674		
	3AAAAASA0314	挖孔基础挖方	m^3	648.63								
	YX2-161	挖孔基础人工挖方（或爆破）岩石（爆破） 坑径 2000mm 以内 坑深 15m 以内	m^3	472.40	113.93	117.95			53 821	55 720		
	YX2-181	挖孔基础人工挖方（或爆破）岩石（人工开凿）坑径 2000mm 以内 坑深 15m 以内	m^3	176.23	286.19	83.98			50 435	14 800		
	综合单价人、材、机				160.73	108.72			104 256	70 519		
	3AAAAASA0315	挖孔基础挖方	m^3	48.99								
	YX2-164	挖孔基础人工挖方（或爆破）岩石（爆破） 坑径 2000mm 以上 坑深 5m 以内	m^3	48.99	73.58	86.67			3604	4246		
	综合单价人、材、机				73.58	86.67			3604	4246		

续表

序号	项目编码（编制依据）	项目名称	计量单位	工程量（数量）	单价				合价			
					人工费	材机费	主要材料费		人工费	材机费	主要材料费	
							材料费	其中：暂估价			材料费	其中：暂估价
	3AAAAASA0316	挖孔基础挖方	m^3	339.29								
	YX2-165	挖孔基础人工挖方（或爆破）岩石（爆破） 坑径 2000mm 以上 坑深 10m 以内	m^3	276.45	84.39	101.30			23 331	28 004		
	YX2-185	挖孔基础人工挖方（或爆破）岩石（人工开凿）坑径 2000mm 以上 坑深 10m 以内	m^3	62.84	230.80	68.53			14 503	4306		
	综合单价人、材、机				111.51	95.23			37 834	32 310		
	3AAAAASA0317	挖孔基础挖方	m^3	2426.07								
	YX2-186	挖孔基础人工挖方（或爆破）岩石（人工开凿）坑径 2000mm 以上 坑深 15m 以内	m^3	596.01	258.64	76.28			154 153	45 464		
	YX2-166	挖孔基础人工挖方（或爆破）岩石（爆破） 坑径 2000mm 以上 坑深 15m 以内	m^3	1830.06	93.71	113.70			171 486	208 078		
	综合单价人、材、机				134.23	104.51			325 640	253 541		
	3AAAAASA0318	挖孔基础挖方	m^3	88.78								
	YX2-187	挖孔基础人工挖方（或爆破）岩石（人工开凿）坑径 2000mm 以上 坑深 20m 以内	m^3	88.78	284.17	83.35			25 228	7400		
	综合单价人、材、机				284.17	83.35			25 228	7400		
1.2	3AAABA	基础钢材							911 685	322 453	8 701 754	
	3AAABASA0401	现浇基础（构件）钢筋	t	187.328								
	YX3-43	钢筋加工及制作	t	187.328	449.29	177.57			84 165	33 264		
	H09010101	普通圆钢	t	187.328			5406.00				1 012 695	

续表

序号	项目编码（编制依据）	项目名称	计量单位	工程量（数量）	单价				合价			
					人工费	材机费	主要材料费		人工费	材机费	主要材料费	
							材料费	其中：暂估价			材料费	其中：暂估价
	YX1-17	人力运输　金具、绝缘子、零星钢材	t·km	150.560	226.32	8.28			34 075	1247		
	YX1-97	汽车运输　金具、绝缘子、零星钢材　装卸	t	197.586	12.61	33.41			2492	6601		
	YX1-98	汽车运输　金具、绝缘子、零星钢材　运输	t·km	2963.784	0.83	1.66			2461	4922		
	综合单价人、材、机				657.63	245.74	5406.00		123 192	46 034	1 012 695	
	3AAABASA0501	钢筋笼	t	972.676								
	YX3-44	钢筋笼加工及制作	t	972.676	539.31	195.40			524 570	190 064		
		钢筋笼	t	972.676			5406.00				5 258 286	
	YX1-17	人力运输　金具、绝缘子、零星钢材	t·km	785.650	226.32	8.28			177 808	6505		
	YX1-97	汽车运输　金具、绝缘子、零星钢材　装卸	t	1031.037	12.61	33.41			13 001	34 447		
	YX1-98	汽车运输　金具、绝缘子、零星钢材　运输	t·km	15 465.548	0.83	1.66			12 841	25 681		
	综合单价人、材、机				748.68	263.91	5406.00		728 220	256 698	5 258 286	
	3AAABASA0601	地脚螺栓	t	245.623								
		地脚螺栓	t	245.623			8004.42				1 966 070	
	YX1-17	人力运输　金具、绝缘子、零星钢材	t·km	189.982	226.32	8.28			42 997	1573		
	YX1-97	汽车运输　金具、绝缘子、零星钢材　装卸	t	249.320	12.61	33.41			3144	8330		
	YX1-98	汽车运输　金具、绝缘子、零星钢材　运输	t·km	3739.794	0.83	1.66			3105	6210		
	综合单价人、材、机				200.49	65.60	8004.42		49 246	16 113	1 966 070	

续表

序号	项目编码（编制依据）	项目名称	计量单位	工程量（数量）	单价				合价			
					人工费	材机费	主要材料费		人工费	材机费	主要材料费	
							材料费	其中：暂估价			材料费	其中：暂估价
	3AAABASA0602	地脚螺栓	t	55.000								
		地脚螺栓	t	55.000			8449.14				464 702	
	YX1-17	人力运输 金具、绝缘子、零星钢材	t·km	42.541	226.32	8.28			9628	352		
	YX1-97	汽车运输 金具、绝缘子、零星钢材 装卸	t	55.828	12.61	33.41			704	1865		
	YX1-98	汽车运输 金具、绝缘子、零星钢材 运输	t·km	837.416	0.83	1.66			695	1391		
	综合单价人、材、机				200.49	65.60	8449.14		11 027	3608	464 702	
1.3	3AAACA	混凝土工程							11 463 407	2 243 851	8 029 410	
	3AAACASA1301	基础垫层	m^3	73.60								
	YX3-54	基础垫层 坑底铺石灌浆 底面积 $50m^2$ 以上	m^3	73.60	34.83	5.25			2563	387		
	C10020101	碎石	m^3	73.60			222.53				16 378	
	C09010102	普通硅酸盐水泥	t	3.868			537.26				2078	
	C10010101	中砂	m^3	21.74			312.99				6803	
	C21010101	水	t	4.052			4.00				16	
	YX1-22	人力运输 其他建筑安装材料	t·km	109.026	196.03	7.30			21 373	796		
	综合单价人、材、机				325.22	16.07	343.42		23 936	1182	25 276	
	3AAACASA1302	基础垫层	m^3	8.80								
	YX3-53	基础垫层 坑底铺石灌浆 底面积 $50m^2$ 以内	m^3	8.80	37.39	5.41			329	48		
	C10020101	碎石	m^3	8.80			222.53				1958	

续表

序号	项目编码（编制依据）	项目名称	计量单位	工程量（数量）	单价				合价			
					人工费	材机费	主要材料费		人工费	材机费	主要材料费	
							材料费	其中：暂估价			材料费	其中：暂估价
	C09010102	普通硅酸盐水泥	t	0.458			537.26				246	
	C10010101	中砂	m^3	2.57			312.99				805	
	C21010101	水	t	0.480			4.00				2	
	YX1-22	人力运输　其他建筑安装材料	t·km	13.036	196.03	7.30			2555	95		
	综合单价人、材、机				327.79	16.22	342.19		2885	143	3011	
	3AAACASA1401	现浇基础	m^3	128.40								
	YX3-65	混凝土搅拌及浇制　每个基础混凝土量 $20m^3$ 以内	m^3	128.40	156.89	62.42			20 145	8014		
	C09010102	普通硅酸盐水泥	t	49.177			537.26				26 421	
	C10010101	中砂	m^3	53.93			312.99				16 879	
	C10020103	碎石	m^3	110.42			222.53				24 572	
	C21010101	水	t	23.112			4.00				92	
	YX1-22	人力运输　其他建筑安装材料	t·km	348.438	196.03	7.30			68 306	2544		
	YX1-107	汽车运输　其他建筑安装材料　装卸	t	52.947	9.59	17.87			508	946		
	YX1-108	汽车运输　其他建筑安装材料　运输	t·km	794.207	0.67	1.22			530	970		
	综合单价人、材、机				696.95	97.15	529.32		89 488	12 474	67 965	
	3AAACASA1402	现浇基础	m^3	639.48								
	YX3-77	商品混凝土浇制　每个基础混凝土量 $40m^3$ 以内	m^3	203.16	101.15	40.28			20 549	8184		
	ZH1004	混凝土（基础）	m^3	203.16			560.28				113 826	

续表

序号	项目编码（编制依据）	项目名称	计量单位	工程量（数量）	单价				合价			
					人工费	材机费	主要材料费		人工费	材机费	主要材料费	
							材料费	其中：暂估价			材料费	其中：暂估价
	YX1-22	人力运输　其他建筑安装材料	t·km	71.205	196.03	7.30			13 959	520		
	YX1-107	汽车运输　其他建筑安装材料　装卸	t	1.741	9.59	17.87			17	31		
	YX1-108	汽车运输　其他建筑安装材料　运输	t·km	26.114	0.67	1.22			17	32		
	YX3-78	商品混凝土浇制　每个基础混凝土量 $80m^3$ 以内	m^3	436.32	93.60	39.77			40 839	17 353		
	ZH1004	混凝土（基础）	m^3	436.32			560.28				244 461	
	YX1-22	人力运输　其他建筑安装材料	t·km	145.616	196.03	7.30			28 546	1063		
	YX1-107	汽车运输　其他建筑安装材料　装卸	t	2.917	9.59	17.87			28	52		
	YX1-108	汽车运输　其他建筑安装材料　运输	t·km	43.750	0.67	1.22			29	53		
	综合单价人、材、机				162.61	42.67	560.28		103 984	27 288	358 288	
	3AAACASA1601	挖孔基础浇灌	m^3	71.82								
	YX3-64	混凝土搅拌及浇制　每个基础混凝土量 $10m^3$ 以内	m^3	0.31	175.31	68.09			54	21		
	调 YX3-64×0.9	混凝土搅拌及浇制　每个基础混凝土量 $10m^3$ 以内	m^3	8.95	157.78	61.28			1412	548		
	C09010102	普通硅酸盐水泥	t	0.112			537.26				60	
	C10010101	中砂	m^3	0.14			312.99				44	
	C10020103	碎石	m^3	0.29			222.53				64	
	C21010101	水	t	0.056			4.00				0	

续表

序号	项目编码（编制依据）	项目名称	计量单位	工程量（数量）	单价				合价			
					人工费	材机费	主要材料费		人工费	材机费	主要材料费	
							材料费	其中：暂估价			材料费	其中：暂估价
	C09010102	普通硅酸盐水泥	t	3.222			537.26				1731	
	C10010101	中砂	m^3	4.00			312.99				1252	
	C10020103	碎石	m^3	8.29			222.53				1844	
	C21010101	水	t	1.611			4.00				6	
	YX1-22	人力运输　其他建筑安装材料	t·km	26.150	196.03	7.30			5126	191		
	YX1-107	汽车运输　其他建筑安装材料　装卸	t	3.589	9.59	17.87			34	64		
	YX1-108	汽车运输　其他建筑安装材料　运输	t·km	53.837	0.67	1.22			36	66		
	YX3-65	混凝土搅拌及浇制　每个基础混凝土量 $20m^3$ 以内	m^3	0.63	156.89	62.42			99	39		
	调 YX3-65×0.9	混凝土搅拌及浇制　每个基础混凝土量 $20m^3$ 以内	m^3	17.77	141.20	56.18			2509	998		
	C09010102	普通硅酸盐水泥	t	0.227			537.26				122	
	C10010101	中砂	m^3	0.28			312.99				88	
	C10020103	碎石	m^3	0.58			222.53				130	
	C21010101	水	t	0.113			4.00				0	
	C09010102	普通硅酸盐水泥	t	6.397			537.26				3437	
	C10010101	中砂	m^3	7.94			312.99				2486	
	C10020103	碎石	m^3	16.46			222.53				3662	
	C21010101	水	t	3.199			4.00				13	
	YX1-22	人力运输　其他建筑安装材料	t·km	51.961	196.03	7.30			10 186	379		

续表

序号	项目编码（编制依据）	项目名称	计量单位	工程量（数量）	单价				合价			
					人工费	材机费	主要材料费		人工费	材机费	主要材料费	
							材料费	其中：暂估价			材料费	其中：暂估价
	YX1-107	汽车运输　其他建筑安装材料　装卸	t	7.132	9.59	17.87			68	127		
	YX1-108	汽车运输　其他建筑安装材料　运输	t·km	106.977	0.67	1.22			71	131		
	YX3-66	混凝土搅拌及浇制　每个基础混凝土量 $40m^3$ 以内	m^3	1.52	152.37	55.34			232	84		
	调 YX3-66×0.9	混凝土搅拌及浇制　每个基础混凝土量 $40m^3$ 以内	m^3	42.64	137.13	49.80			5847	2124		
	C09010102	普通硅酸盐水泥	t	0.547			537.26				294	
	C10010101	中砂	m^3	0.68			312.99				213	
	C10020103	碎石	m^3	1.41			222.53				313	
	C21010101	水	t	0.274			4.00				1	
	C09010102	普通硅酸盐水泥	t	15.350			537.26				8247	
	C10010101	中砂	m^3	19.06			312.99				5966	
	C10020103	碎石	m^3	39.49			222.53				8787	
	C21010101	水	t	7.675			4.00				31	
	YX1-22	人力运输　其他建筑安装材料	t·km	124.708	196.03	7.30			24 447	910		
	YX1-107	汽车运输　其他建筑安装材料　装卸	t	17.116	9.59	17.87			164	306		
	YX1-108	汽车运输　其他建筑安装材料　运输	t·km	256.745	0.67	1.22			171	313		
	综合单价人、材、机				702.57	87.76	540.10		50 458	6303	38 790	

续表

序号	项目编码（编制依据）	项目名称	计量单位	工程量（数量）	单价				合价			
					人工费	材机费	主要材料费		人工费	材机费	主要材料费	
							材料费	其中：暂估价			材料费	其中：暂估价
	3AAACASA1602	挖孔基础浇灌	m^3	7811.20								
	YX3-171	钻孔灌注桩基础　混凝土搅拌及浇制　孔深 10m 以内	m^3	7811.20	193.91	69.22			1 514 635	540 699		
	C09010102	普通硅酸盐水泥	t	130.338			537.26				70 026	
	C10010101	中砂	m^3	161.84			312.99				50 653	
	C10020103	碎石	m^3	335.26			222.53				74 604	
	C21010101	水	t	65.169			4.00				261	
	C09010102	普通硅酸盐水泥	t	2681.694			537.26				1 440 778	
	C10010101	中砂	m^3	3329.77			312.99				1 042 179	
	C10020103	碎石	m^3	6897.91			222.53				1 534 979	
	C21010101	水	t	1340.847			4.00				5363	
	YX1-22	人力运输　其他建筑安装材料	t·km	22 058.781	196.03	7.30			4 324 262	161 029		
	YX1-107	汽车运输　其他建筑安装材料　装卸	t	3027.602	9.59	17.87			29 035	54 103		
	YX1-108	汽车运输　其他建筑安装材料　运输	t·km	45 414.036	0.67	1.22			30 313	55 451		
	综合单价人、材、机				755.10	103.86	540.10		5 898 245	811 282	4 218 843	
	3AAACASA1603	挖孔基础浇灌	m^3	357.45								
	YX3-172	钻孔灌注桩基础　混凝土搅拌及浇制　孔深 20m 以内	m^3	357.45	177.51	60.03			63 451	21 458		
	C09010102	普通硅酸盐水泥	t	5.785			537.26				3108	
	C10010101	中砂	m^3	7.18			312.99				2248	
	C10020103	碎石	m^3	14.88			222.53				3311	

续表

序号	项目编码（编制依据）	项目名称	计量单位	工程量（数量）	单价				合价			
					人工费	材机费	主要材料费		人工费	材机费	主要材料费	
							材料费	其中：暂估价			材料费	其中：暂估价
	C21010101	水	t	2.893			4.00				12	
	C09010102	普通硅酸盐水泥	t	122.897			537.26				66 028	
	C10010101	中砂	m^3	152.60			312.99				47 761	
	C10020103	碎石	m^3	316.12			222.53				70 345	
	C21010101	水	t	61.448			4.00				246	
	YX1-22	人力运输　其他建筑安装材料	t·km	1009.437	196.03	7.30			197 884	7369		
	YX1-107	汽车运输　其他建筑安装材料　装卸	t	138.547	9.59	17.87			1329	2476		
	YX1-108	汽车运输　其他建筑安装材料　运输	t·km	2078.201	0.67	1.22			1387	2537		
	综合单价人、材、机				738.70	94.67	540.10		264 050	33 840	193 059	
	3AAACASA1604	挖孔基础浇灌	m^3	116.51								
	YX3-172	钻孔灌注桩基础　混凝土搅拌及浇制　孔深 10m 以内	m^3	116.51	193.91	69.22			22 592	8065		
	C09010102	普通硅酸盐水泥	m^3	0.85			537.26				457	
	C10010101	中砂	m^3	1.06			312.99				330	
	C10020103	碎石	t	2.185			222.53				486	
	C21010101	水	t	0.425			4.00				2	
	C09010102	普通硅酸盐水泥	m^3	41.09			537.26				22 078	
	C10010101	中砂	m^3	51.03			312.99				15 970	
	C10020103	碎石	t	105.703			222.53				23 522	
	C21010101	水	t·km	20.547			4.00				82	

续表

序号	项目编码（编制依据）	项目名称	计量单位	工程量（数量）	单价				合价			
					人工费	材机费	主要材料费		人工费	材机费	主要材料费	
							材料费	其中：暂估价			材料费	其中：暂估价
	YX1-22	人力运输　其他建筑安装材料	t	329.024	196.03	7.30			64 500	2402		
	YX1-107	汽车运输　其他建筑安装材料　装卸	t·km	45.159	9.59	17.87			433	807		
	YX1-108	汽车运输　其他建筑安装材料　运输		677.385	0.67	1.22			452	827		
	综合单价人、材、机				755.10	103.86	540.10		87 977	12 101	62 927	
	SD1103A27005	挖孔基础浇灌	m^3	2762.34								
	YX3-172	钻孔灌注桩基础　混凝土搅拌及浇制　孔深 20m 以内	m^3	2762.34	177.51	60.03			490 341	165 826		
		声测管	m	2687.00			16.51				44 362	
	C09010102	普通硅酸盐水泥	t	30.578			537.26				16 428	
	C10010101	中砂	m^3	37.97			312.99				11 884	
	C10020103	碎石	m^3	78.65			222.53				17 503	
	C21010101	水	t	15.289			4.00				61	
	C09010102	普通硅酸盐水泥	t	963.864			537.26				517 849	
	C10010101	中砂	m^3	1196.80			312.99				374 584	
	C10020103	碎石	m^3	2479.27			222.53				551 707	
	C21010101	水	t	481.932			4.00				1928	
	YX1-22	人力运输　其他建筑安装材料	t·km	7800.831	196.03	7.30			1 529 225	56 946		
	YX1-107	汽车运输　其他建筑安装材料　装卸	t	1070.676	9.59	17.87			10 268	19 133		
	YX1-108	汽车运输　其他建筑安装材料　运输	t·km	16 060.145	0.67	1.22			10 720	19 609		
	综合单价人、材、机				738.70	94.67	556.16		2 040 553	261 515	1 536 307	

续表

序号	项目编码（编制依据）	项目名称	计量单位	工程量（数量）	单价				合价			
					人工费	材机费	主要材料费		人工费	材机费	主要材料费	
							材料费	其中：暂估价			材料费	其中：暂估价
	3AACASA1701	挖孔基础护壁	m^3	2276.52								
	YX3-193	现浇护壁　有筋	m^3	2663.53	382.85	281.91			1 019 743	750 873		
	C09010102	普通硅酸盐水泥	t	958.870			537.26				515 166	
	C10010101	中砂	m^3	1190.60			312.99				372 643	
	C10020103	碎石	m^3	2466.43			222.53				548 849	
	C21010101	水	t	479.435			4.00				1918	
	YX1-22	人力运输　其他建筑安装材料	t·km	7521.786	196.03	7.30			1 474 523	54 909		
	YX1-107	汽车运输　其他建筑安装材料　装卸	t	1032.380	9.59	17.87			9901	18 449		
	YX1-108	汽车运输　其他建筑安装材料　运输	t·km	15 485.705	0.67	1.22			10 336	18 908		
	综合单价人、材、机				1104.54	370.36	631.92		2 514 503	843 139	1 438 576	
	3AACASA2201	岩石锚杆基础	m	1728.00								
	YX3-94	岩石锚杆基础　孔径 100mm 以上　孔深 6.0m 以内	m	1728.00	99.01	120.10			171 081	207 532		
	C09010102	普通硅酸盐水泥	t	7.721			537.26				4148	
	C10010101	中砂	m^3	8.47			312.99				2650	
	C10020103	碎石	m^3	17.34			222.53				3858	
	C21010101	水	t	3.629			4.00				15	
	YX1-22	人力运输　其他建筑安装材料	t·km	45.491	196.03	7.30			8918	332		
	YX1-107	汽车运输　其他建筑安装材料　装卸	t	8.313	9.59	17.87			80	149		

续表

序号	项目编码（编制依据）	项目名称	计量单位	工程量（数量）	单价				合价			
					人工费	材机费	主要材料费		人工费	材机费	主要材料费	
							材料费	其中：暂估价			材料费	其中：暂估价
	YX1-108	汽车运输　其他建筑安装材料　运输	t·km	124.697	0.67	1.22			83	152		
	综合单价人、材、机				104.26	120.47	6.18		180 162	208 165	10 671	
	3AAACASA2401	保护帽	m^3	148.71								
	YX3-72	混凝土搅拌及浇制　保护帽	m^3	148.71	842.62	146.17			125 304	21 736		
	C09010102	普通硅酸盐水泥	t	42.828			537.26				23 010	
	C10010101	中砂	m^3	75.69			312.99				23 691	
	C10020103	碎石	m^3	129.82			222.53				28 889	
	C21010101	水	t	26.767			4.00				107	
	YX1-22	人力运输　其他建筑安装材料	t·km	412.989	196.03	7.30			80 960	3015		
	YX1-107	汽车运输　其他建筑安装材料　装卸	t	46.108	9.59	17.87			442	824		
	YX1-108	汽车运输　其他建筑安装材料　运输	t·km	691.626	0.67	1.22			462	844		
	综合单价人、材、机				1393.11	177.66	509.03		207 167	26 420	75 697	
2	3AAB	杆塔工程							10 974 782	2 587 580		
2.1	3AABAA	杆塔组立							10 974 782	2 587 580		
	3AABAASB0401	自立塔组立	t	4310.818								
	YX4-54	角钢塔组立　塔全高 70m 以内　每米塔重 800kg 以内	t	893.304	682.37	121.05			609 567	108 137		
		铁塔（角钢，Q420）	t	2155.409								
		铁塔（角钢，Q345）	t	2155.409								
	YX1-20	人力运输　角钢塔材	t·km	3301.268	269.60	10.95			890 011	36 149		

续表

序号	项目编码（编制依据）	项目名称	计量单位	工程量（数量）	单价				合价			
					人工费	材机费	主要材料费		人工费	材机费	主要材料费	
							材料费	其中：暂估价			材料费	其中：暂估价
	YX1-103	汽车运输　角钢塔材　装卸	t	4332.372	12.76	37.15			55 281	160 948		
	YX1-104	汽车运输　角钢塔材　运输	t·km	64 985.581	0.90	1.66			58 188	107 912		
	YX4-55	角钢塔组立　塔全高 70m 以内　每米塔重 1200kg 以内	t	1288.572	672.35	119.18			866 374	153 567		
	YX4-56	角钢塔组立　塔全高 70m 以内　每米塔重 1600kg 以内	t	1913.818	664.68	117.91			1 272 067	225 665		
	YX4-57	角钢塔组立　塔全高 70m 以内　每米塔重 1600kg 以上	t	215.124	642.18	113.83			138 147	24 488		
	综合单价人、材、机				902.30	189.49			3 889 636	816 865		
	3AABAASB0402	自立塔组立	t	3617.140								
	YX4-59	角钢塔组立　塔全高 90m 以内　每米塔重 800kg 以内	t	1063.854	1066.82	229.11			1 134 938	243 735		
		铁塔（角钢，Q420）	t	1808.57								
		铁塔（角钢，Q345）	t	1808.57								
	YX1-20	人力运输　角钢塔材	t·km	2770.042	269.60	10.95			746 794	30 332		
	YX1-103	汽车运输　角钢塔材　装卸	t	3635.226	12.76	37.15			46 385	135 049		
	YX1-104	汽车运输　角钢塔材　运输	t·km	54 528.386	0.90	1.66			48 825	90 548		
	YX4-60	角钢塔组立　塔全高 90m 以内　每米塔重 1200kg 以内	t	476.444	954.70	205.19			454 862	97 762		
	YX4-61	角钢塔组立　塔全高 90m 以内　每米塔重 1600kg 以内	t	1446.282	810.07	173.89			1 171 584	251 496		
	YX4-62	角钢塔组立　塔全高 90m 以内　每米塔重 2400kg 以内	t	630.560	799.24	171.71			503 970	108 276		
	综合单价人、材、机				1135.53	264.63			4 107 360	957 198		

续表

序号	项目编码（编制依据）	项目名称	计量单位	工程量（数量）	单价				合价			
					人工费	材机费	主要材料费		人工费	材机费	主要材料费	
							材料费	其中：暂估价			材料费	其中：暂估价
	3AABAASB0403	自立塔组立	t	1019.428								
	YX4-65	角钢塔组立　塔全高 100m 以内　每米塔重 1200kg 以内	t	649.046	1154.38	246.44			749 244	159 951		
		铁塔（角钢，Q420）	t	509.714								
		铁塔（角钢，Q345）	t	509.714								
	YX1-20	人力运输　角钢塔材	t·km	780.688	269.60	10.95			210 471	8549		
	YX1-103	汽车运输　角钢塔材　装卸	t	1024.525	12.76	37.15			13 073	38 061		
	YX1-104	汽车运输　角钢塔材　运输	t·km	15 367.877	0.90	1.66			13 760	25 519		
	YX4-66	角钢塔组立　塔全高 100m 以内　每米塔重 1600kg 以内	t	370.382	1004.31	214.38			371 979	79 403		
	综合单价人、材、机				1332.64	305.55			1 358 527	311 483		
	3AABAASB0404	自立塔组立	t	241.836								
	YX4-72	角钢塔组立　塔全高 110m 以内　每米塔重 1600kg 以内	t	129.648	908.02	429.66			117 723	55 705		
		铁塔（角钢，Q420）	t	120.918								
		铁塔（角钢，Q345）	t	120.918								
	YX1-20	人力运输　角钢塔材	t·km	185.200	269.60	10.95			49 929	2028		
	YX1-103	汽车运输　角钢塔材　装卸	t	243.045	12.76	37.15			3101	9029		
	YX1-104	汽车运输　角钢塔材　运输	t·km	3645.678	0.90	1.66			3264	6054		
	YX4-71	角钢塔组立　塔全高 110m 以内　每米塔重 1200kg 以内	t	112.188	1007.27	475.82			113 003	53 382		
	综合单价人、材、机				1186.84	521.83			287 021	126 198		

续表

序号	项目编码（编制依据）	项目名称	计量单位	工程量（数量）	单价				合价			
					人工费	材机费	主要材料费		人工费	材机费	主要材料费	
							材料费	其中：暂估价			材料费	其中：暂估价
	3AABAASB0405	自立塔组立	t	773.000								
	YX4-124	钢管塔组立　塔全高 100m 以内　每米塔重 3600kg 以内	t	622.000	1034.79	220.98			643 642	137 452		
		铁塔（角钢钢管组合，Q420）	t	311								
		铁塔（角钢钢管组合，Q345）	t	311								
	YX1-20	人力运输　角钢塔材	t·km	476.334	269.60	10.95			128 418	5216		
	YX1-103	汽车运输　角钢塔材　装卸	t	625.110	12.76	37.15			7976	23 223		
	YX1-104	汽车运输　角钢塔材　运输	t·km	9376.650	0.90	1.66			8396	15 570		
	YX4-123	钢管塔组立　塔全高 100m 以内　每米塔重 2400kg 以内	t	151.000	1060.28	226.51			160 102	34 202		
		铁塔（角钢钢管组合，Q420）	t	75.5								
		铁塔（角钢钢管组合，Q345）	t	75.5								
	YX1-20	人力运输　角钢塔材	t·km	115.637	269.60	10.95			31 175	1266		
	YX1-103	汽车运输　角钢塔材　装卸	t	151.755	12.76	37.15			1936	5638		
	YX1-104	汽车运输　角钢塔材　运输	t·km	2276.325	0.90	1.66			2038	3780		
	综合单价人、材、机				1272.55	292.82			983 685	226 348		
	3AABAASB0406	自立塔组立	t	228.000								
	YX4-136	钢管塔组立　塔全高 130m 以内　每米塔重 2400kg 以内	t	228.000	1295.96	584.90			295 479	133 357		
		铁塔（角钢钢管组合，Q420）	t	114								
		铁塔（角钢钢管组合，Q345）	t	114								
	YX1-20	人力运输　角钢塔材	t·km	174.605	269.60	10.95			47 073	1912		
	YX1-103	汽车运输　角钢塔材　装卸	t	229.140	12.76	37.15			2924	8513		

续表

序号	项目编码（编制依据）	项目名称	计量单位	工程量（数量）	单价				合价			
					人工费	材机费	主要材料费		人工费	材机费	主要材料费	
							材料费	其中：暂估价			材料费	其中：暂估价
	YX1-104	汽车运输　角钢塔材　运输	t·km	3437.100	0.90	1.66			3078	5708		
	综合单价人、材、机				1528.74	655.65			348 554	149 489		
3	3AAC	接地工程							216 464	27 468	411 285	
3.1	3AACAA	接地土石方							173 190	12 161		
	3AACAASC0101	接地槽挖方及回填	m^3	11 692.80								
	YX2-214	接地槽挖方（或爆破）及回填　坚土	m^3	11 692.80	14.81	1.04			173 190	12 161		
	综合单价人、材、机				14.81	1.04			173 190	12 161		
3.2	3AACBA	接地安装							43 274	15 308	411 285	
	3AACBASC0301	水平接地体安装	m	63 710.40								
	调 YX3-206×0.6	一般接地体安装　水平接地体敷设	m	63 710.40	0.26	0.04			16 732	2503		
	YX3-214	接地电阻测量	基	121	28.90	15.26			3497	1847		
	H09010101	接地圆钢	t	57.257			7115.04				407 386	
	YX1-17	人力运输　金具、绝缘子、零星钢材	t·km	43.848	226.32	8.28			9924	363		
	YX1-97	汽车运输　金具、绝缘子、零星钢材　装卸	t	57.543	12.61	33.41			726	1923		
	YX1-98	汽车运输　金具、绝缘子、零星钢材　运输	t·km	863.149	0.83	1.66			717	1433		
	YX3-203	接地体加工及制作	t	57.257	196.71	123.72			11 263	7084		
	综合单价人、材、机				0.67	0.24	6.39		42 858	15 152	407 386	

续表

序号	项目编码（编制依据）	项目名称	计量单位	工程量（数量）	单价				合价			
					人工费	材机费	主要材料费		人工费	材机费	主要材料费	
							材料费	其中：暂估价			材料费	其中：暂估价
	3AACBASC0301	接地安装	m	324.00								
	YX3-203	接地体加工及制作	t	0.548	196.71	123.71			108	68		
	YX3-206	一般接地体安装　水平接地体敷设	m	324.00	0.44	0.07			142	21		
	YX3-214	接地电阻测量	基	2	28.90	15.26			58	31		
	H09010101	接地圆钢	t	0.548			7115.04				3899	
	YX1-17	人力运输　金具、绝缘子、零星钢材	t·km	0.420	226.32	8.28			95	3		
	YX1-97	汽车运输　金具、绝缘子、零星钢材　装卸	t	0.551	12.61	33.41			7	18		
	YX1-98	汽车运输　金具、绝缘子、零星钢材　运输	t·km	8.261	0.83	1.66			7	14		
	综合单价人、材、机				1.28	0.48	12.03		416	155	3899	
4	3AAD	架线工程							2 193 752	3 090 706	84 686	
4.1	3AADAA	导地线架设							1 464 077	2 848 162	84 686	
	3AADAASD0301	导线架设	km	44.718								
	YX5-20	牵、张场场地建设　场地平整　四分裂导线	处	6	1615.25	101.53			9691	609		
	YX5-29	导引绳展放　飞行器展放	km	89.436	2116.00	1005.07			189 246	89 890		
	调 YX5-55 R×1.75 C×2 J×1.75	张力放、紧线　交流线路导线　4×630mm^{2}以内	km	44.718	21 550.95	41 159.11			963 715	1 840 553		
	X10010141	高导电率钢芯铝绞线	t	2400.890								
		飞行器租赁	km	44.718			1834.86				82 051	

续表

序号	项目编码（编制依据）	项目名称	计量单位	工程量（数量）	单价				合价			
					人工费	材机费	主要材料费		人工费	材机费	主要材料费	
							材料费	其中：暂估价			材料费	其中：暂估价
	YX1-91	汽车运输　线材　每件重 8000kg 以内　装卸	t	2783.112	14.04	78.69			39 075	219 003		
	YX1-92	汽车运输　线材　每件重 8000kg 以内　运输	t·km	41 746.675	1.04	3.24			43 497	135 248		
	综合单价人、材、机				27 846.17	51 104.75	1834.86		1 245 225	2 285 302	82 051	
	3AADAASD0302	导线架设	km	1.436								
	YX5-20	牵、张场场地建设　场地平整　四分裂导线	处	4	1615.25	101.53			6461	406		
	YX5-29	导引绳展放　飞行器展放	km	2.872	2116.00	1005.07			6077	2887		
	调 YX5-55 R×1.75 C×2 J×1.75	张力放、紧线　交流线路导线　4×630mm^2 以内	km	1.436	21 550.95	41 159.11			30 947	59 104		
	X10010141	高导电率钢芯铝绞线	t	77.098								
		飞行器租赁	km	1.436			1834.86				2635	
	YX1-91	汽车运输　线材　每件重 8000kg 以内　装卸	t	89.372	14.04	78.69			1255	7033		
	YX1-92	汽车运输　线材　每件重 8000kg 以内　运输	t·km	1340.580	1.04	3.24			1397	4343		
	综合单价人、材、机				32 128.74	51 373.92	1834.86		46 137	73 773	2635	
	3AADAASD0101	避雷线架设	km	0.400								
	YX5-35	张力放、紧线　单根避雷线良导体　100mm^2 以上	km	0.400	1178.95	2540.76			472	1016		
	X11020101	铝包钢绞线	t	0.322								
	YX1-87	汽车运输　线材　每件重 2000kg 以内　装卸	t	0.336	12.22	65.97			4	22		

续表

序号	项目编码（编制依据）	项目名称	计量单位	工程量（数量）	单价				合价			
					人工费	材机费	主要材料费		人工费	材机费	主要材料费	
							材料费	其中：暂估价			材料费	其中：暂估价
	YX1-88	汽车运输　线材　每件重2000kg 以内　运输	t·km	5.038	0.99	1.71			5	9		
		设备线夹（压缩型 A、B 型）	件	4								
		线路　耐张线夹（压缩式）	件	4								
	C03300101	线路　挂环	t	0.028								
	YX1-17	人力运输　金具、绝缘子、零星钢材	t·km	0.039	226.32	8.28			9	0		
	YX1-97	汽车运输　金具、绝缘子、零星钢材　装卸	t	0.051	12.61	33.41			1	2		
	YX1-98	汽车运输　金具、绝缘子、零星钢材　运输	t·km	0.766	0.83	1.66			1	1		
		设备线夹（压缩型 A、B 型）	件	4								
		线路　耐张线夹（压缩式）	件	4								
		线路电瓷　地线绝缘子	只	8								
	C03290101	线路　联板	t	0.036								
	C03300101	线路　挂环	t	0.008								
	C03310101	线路　挂板	t	0.008								
	YX1-17	人力运输　金具、绝缘子、零星钢材	t·km	0.083	226.32	8.28			19	1		
	YX1-97	汽车运输　金具、绝缘子、零星钢材　装卸	t	0.109	12.61	33.41			1	4		
	YX1-98	汽车运输　金具、绝缘子、零星钢材　运输	t·km	1.629	0.83	1.66			1	3		
	综合单价人、材、机				1280.76	2643.54			512	1057		

续表

序号	项目编码（编制依据）	项目名称	计量单位	工程量（数量）	单价				合价			
					人工费	材机费	主要材料费		人工费	材机费	主要材料费	
							材料费	其中：暂估价			材料费	其中：暂估价
	3AADAASD0201	OPGW 架设	km	40.114								
	YX5-18	牵、张场场地建设　场地平整　单导线/OPGW	处	2	1106.48	64.84			2213	130		
	YX5-31	张力放、紧线　OPGW 100mm^2 以上	km	40.114	1106.61	3159.75			44 391	126 750		
	YX5-210	OPGW 单盘测量　芯数　72 以内	盘	18	281.71	1610.58			5071	28 990		
	YX5-219	OPGW 接续　芯数　72 以内	头	8	1456.32	3709.24			11 651	29 674		
	YX5-228	OPGW 全程测量　芯数　72 以内	段	1	1540.28	2055.28			1540	2055		
	L05010402	72 芯 OPGW 光缆	km	40.114								
	YX1-89	汽车运输　线材　每件重 4000kg 以内　装卸	t	41.061	13.55	70.30			556	2887		
	YX1-90	汽车运输　线材　每件重 4000kg 以内　运输	t·km	615.910	1.20	2.10			742	1293		
	综合单价人、材、机				1649.39	4780.87			66 164	191 780		
	3AADAASD0202	OPGW 架设	km	3.580								
	YX5-18	牵、张场场地建设　场地平整　单导线/OPGW	处	1	1106.48	64.84			1106	65		
	YX5-31	张力放、紧线　OPGW 100mm^2 以上	km	3.580	1106.61	3159.75			3962	11 312		
	YX5-212	OPGW 单盘测量　芯数　96 以内	盘	2	340.57	2053.97			681	4108		
	YX5-221	OPGW 接续　芯数　96 以内	头	4	1721.09	4620.47			6884	18 482		
	L05010404	96 芯 OPGW 光缆	km	3.580								

续表

序号	项目编码（编制依据）	项目名称	计量单位	工程量（数量）	单价				合价			
					人工费	材机费	主要材料费		人工费	材机费	主要材料费	
							材料费	其中：暂估价			材料费	其中：暂估价
	YX1-89	汽车运输 线材 每件重4000kg以内 装卸	t	3.664	13.55	70.30			50	258		
	YX1-90	汽车运输 线材 每件重4000kg以内 运输	t·km	54.967	1.20	2.10			66	115		
	综合单价人、材、机				3561.32	9592.07			12 750	34 340		
	3AADAASD0203	OPGW架设	km	57.740								
	YX5-18	牵、张场场地建设 场地平整 单导线/OPGW	处	2	1106.48	64.84			2213	130		
	YX5-31	张力放、紧线 OPGW 100mm^{2}以上	km	57.740	1106.61	3159.75			63 896	182 444		
	YX5-210	OPGW 单盘测量 芯数 72以内	盘	12	281.71	1610.58			3381	19 327		
	YX5-219	OPGW接续 芯数 72以内	头	14	1456.32	3709.24			20 389	51 929		
	YX5-228	OPGW 全程测量 芯数 72以内	段	1	1540.28	2055.28			1540	2055		
	L05010402	72芯OPGW光缆	km	57.818								
	YX1-89	汽车运输 线材 每件重4000kg以内 装卸	t	59.183	13.55	70.30			802	4161		
	YX1-90	汽车运输 线材 每件重4000kg以内 运输	t·km	887.738	1.20	2.10			1069	1864		
	综合单价人、材、机				1615.68	4536.03			93 290	261 910		
4.2	3AADBA	跨（穿）越架设							729 675	242 543		
	3AADBASD0501	交叉跨越	处	13								
	调 YX5-103 R×1.5 C×1.1 J×1.5	跨越一般公路 ±500kV、500kV	处	13	7699.17	2598.08			100 089	33 775		
	综合单价人、材、机				7699.17	2598.08			100 089	33 775		

续表

序号	项目编码（编制依据）	项目名称	计量单位	工程量（数量）	单价				合价			
					人工费	材机费	主要材料费		人工费	材机费	主要材料费	
							材料费	其中：暂估价			材料费	其中：暂估价
	3AADBASD0503	交叉跨越	处	2								
	调 YX5-112 R×1.5 C×1.1 J×1.5	跨越高速公路　±500kV、500kV	处	2	10 465.44	3355.47			20 931	6711		
	综合单价人、材、机				10 465.44	3355.47			20 931	6711		
	3AADBASD0504	交叉跨越	处	1								
	调 YX5-141 R×1.5 C×1.1 J×1.5	±500kV、500kV　跨越电力线　220kV	处	1	13 322.72	2224.07			13 323	2224		
	YX5-188	带电跨越电力线　被跨线电压等级　220kV	处	1	2303.11	13 497.02			2303	13 497		
	综合单价人、材、机				15 625.83	15 721.09			15 626	15 721		
	3AADBASD0505	交叉跨越	处	2								
	调 YX5-141 R×1.5 C×1.1 J×1.5	±500kV、500kV　跨越电力线　220kV	处	2	13 322.72	2224.07			26 645	4448		
	综合单价人、材、机				13 322.72	2224.07			26 645	4448		
	3AADBASD0506	交叉跨越	处	1								
	调 YX5-140 R×1.5 C×1.1 J×1.5	±500kV、500kV　跨越电力线　110kV	处	1	10 793.27	1801.78			10 793	1802		
	综合单价人、材、机				10 793.27	1801.78			10 793	1802		
	3AADBASD0507	交叉跨越	处	3								
	调 YX5-140 R×1.5 C×1.1 J×1.5	±500kV、500kV　跨越电力线　110kV	处	3	10 793.27	1801.78			32 380	5405		
	综合单价人、材、机				10 793.27	1801.78			32 380	5405		

续表

序号	项目编码（编制依据）	项目名称	计量单位	工程量（数量）	单价				合价			
					人工费	材机费	主要材料费		人工费	材机费	主要材料费	
							材料费	其中：暂估价			材料费	其中：暂估价
	3AADBASD0508	交叉跨越	处	5								
	调 YX5-139 R×1.5 C×1.1 J×1.5	±500kV、500kV 跨越电力线 35kV	处	5	8714.69	1454.75			43 573	7274		
	综合单价人、材、机				8714.69	1454.75			43 573	7274		
	3AADBASD0509	交叉跨越	处	14								
	调 YX5-138 R×1.5 C×1.1 J×1.5	±500kV、500kV 跨越电力线 10kV	处	14	5809.64	969.90			81 335	13 579		
	YX5-185	带电跨越电力线 被跨线电压等级 10kV	处	14	853.10	1796.99			11 943	25 158		
	综合单价人、材、机				6662.74	2766.89			93 278	38 736		
	3AADBASD0510	交叉跨越	处	22								
	调 YX5-173 R×1.3 C×0.9 J×1.3	跨越低压、弱电线 ±500kV、500kV	处	22	2883.80	866.65			63 444	19 066		
	综合单价人、材、机				2883.80	866.65			63 444	19 066		
	3AADBASD0511	交叉跨越	处	65								
	调 YX5-173 R×1.5 C×1.1 J×1.5	跨越低压、弱电线 ±500kV、500kV	处	65	3327.47	1023.29			216 285	66 514		
	综合单价人、材、机				3327.47	1023.29			216 285	66 514		
	3AADBASD0512	交叉跨越	处	21								
	调 YX5-181 R×1.5 C×1.1 J×1.5	张力架线 跨越河流 河宽 50m 以内	处	21	1758.30	932.30			36 924	19 578		
	综合单价人、材、机				1758.30	932.30			36 924	19 578		

续表

序号	项目编码（编制依据）	项目名称	计量单位	工程量（数量）	单价				合价			
					人工费	材机费	主要材料费		人工费	材机费	主要材料费	
							材料费	其中：暂估价			材料费	其中：暂估价
	3AADBASD0513	交叉跨越	处	5								
	调 YX5-182 R×1.5 C×1.1 J×1.5	张力架线　跨越河流　河宽150m 以内	处	5	3032.15	1421.00			15 161	7105		
	综合单价人、材、机				3032.15	1421.00			15 161	7105		
	3AADBASD0514	交叉跨越	处	1								
	调 YX5-184 R×1.5 C×1.1 J×1.5	张力架线　跨越河流　河宽300m 以上	处	1	8404.05	2541.21			8404	2541		
	综合单价人、材、机				8404.05	2541.21			8404	2541		
	3AADBASD0515	交叉跨越	处	7								
	调 YX5-173 R×1.3 C×0.9 J×1.3	跨越低压、弱电线　±500kV、500kV	处	7	2883.80	866.65			20 187	6067		
	综合单价人、材、机				2883.80	866.65			20 187	6067		
	3AADBASD0516	交叉跨越	处	9								
	调 YX5-173 R×1.3 C×0.9 J×1.3	跨越低压、弱电线　±500kV、500kV	处	9	2883.80	866.65			25 954	7800		
	综合单价人、材、机				2883.80	866.65			25 954	7800		
5	3AAE	附件工程							3 640 146	1 029 669		
5.1	3AAEAA	导线耐张绝缘子、金具串安装							3 112 176	911 390		
	3AAEAASE0101	导线耐张串	组	450								
	YX6-11	耐张转角杆塔导线挂线及绝缘子串安装　±500kV、500kV 四分裂　500 以上	组	450	3934.60	1028.38			1 770 570	462 773		

续表

序号	项目编码（编制依据）	项目名称	计量单位	工程量（数量）	单价				合价			
					人工费	材机费	主要材料费		人工费	材机费	主要材料费	
							材料费	其中：暂估价			材料费	其中：暂估价
	YX6-94	均压环、屏蔽环安装 ±500kV、500kV 耐张	单相（单极）	450	52.46	1.00			23 609	451		
		跳线间隔棒	件	900								
		拉杆	件	900								
		线路 耐张线夹（压缩式）	件	900								
		线路 耐张线夹（压缩式）	件	900								
		均压环	件	900								
	C01032427	线路电瓷 玻璃绝缘子	只	27 000								
	C03290101	线路 联板	t	31.050								
	C03300101	线路 挂环	t	18.900								
	C03310101	线路 挂板	t	84.150								
	YX1-17	人力运输 金具、绝缘子、零星钢材	t·km	491.029	226.32	8.28			111 130	4066		
	YX1-97	汽车运输 金具、绝缘子、零星钢材 装卸	t	644.395	12.61	33.41			8126	21 529		
	YX1-98	汽车运输 金具、绝缘子、零星钢材 运输	t·km	9665.922	0.83	1.66			8025	16 051		
	综合单价人、材、机				4269.91	1121.93			1 921 460	504 870		
	3AAEAASE0102	导线耐张串	组	126								
	YX6-11	耐张转角杆塔导线挂线及绝缘子串安装 ±500kV、500kV 四分裂 500 以上	组	126	3934.60	1028.38			495 760	129 576		
	YX6-94	均压环、屏蔽环安装 ±500kV、500kV 耐张	单相（单极）	126	52.46	1.00			6610	126		

续表

序号	项目编码（编制依据）	项目名称	计量单位	工程量（数量）	单价				合价			
					人工费	材机费	主要材料费		人工费	材机费	主要材料费	
							材料费	其中：暂估价			材料费	其中：暂估价
		跳线间隔棒	件	252								
		拉杆	件	252								
		线路　耐张线夹（注脂）	件	252								
		线路　耐张线夹（注脂）	件	252								
		均压环	件	252								
	C01032427	线路电瓷　玻璃绝缘子	只	7560								
	C03290101	线路　联板	t	8.694								
	C03300101	线路　挂环	t	5.292								
	C03310101	线路　挂板	t	23.562								
	YX1-17	人力运输　金具、绝缘子、零星钢材	t·km	137.488	226.32	8.28			31 116	1138		
	YX1-97	汽车运输　金具、绝缘子、零星钢材　装卸	t	180.431	12.61	33.41			2275	6028		
	YX1-98	汽车运输　金具、绝缘子、零星钢材　运输	t·km	2706.458	0.83	1.66			2247	4494		
	综合单价人、材、机				4269.91	1121.93			538 009	141 364		
	3AAEAASE0103	导线耐张串	组	24								
	YX6-11	耐张转角杆塔导线挂线及绝缘子串安装　±500kV、500kV四分裂　500 以上	组	24	3934.60	1028.38			94 430	24 681		
	YX6-94	均压环、屏蔽环安装　±500kV、500kV　耐张	单相（单极）	24	52.46	1.00			1259	24		
		跳线间隔棒	件	48								
		均压屏蔽环	件	48								

续表

序号	项目编码（编制依据）	项目名称	计量单位	工程量（数量）	单价				合价			
					人工费	材机费	主要材料费		人工费	材机费	主要材料费	
							材料费	其中：暂估价			材料费	其中：暂估价
		线路　耐张线夹（压缩式）	件	48								
		拉杆（YL 型）	件	48								
		线路　耐张线夹（压缩式）	件	48								
	C01032421	盘型瓷绝缘子	只	1440								
	C03290101	线路　联板	t	1.008								
	C03300101	线路　挂环	t	0.312								
	C03310101	线路　挂板	t	1.920								
	YX1-17	人力运输　金具、绝缘子、零星钢材	t·km	12.014	226.32	8.28			2719	99		
	YX1-97	汽车运输　金具、绝缘子、零星钢材　装卸	t	15.766	12.61	33.41			199	527		
	YX1-98	汽车运输　金具、绝缘子、零星钢材　运输	t·km	236.490	0.83	1.66			196	393		
	综合单价人、材、机				4116.82	1071.84			98 804	25 724		
	3AAEAASE0301	跳线制作及安装	单相	261								
	YX6-160	软跳线制作及安装　±500kV、500kV　四分裂	单相（单极）	28	2122.24	917.36			59 423	25 686		
	YX6-160	软跳线制作及安装　±500kV、500kV　四分裂	单相（单极）	233	2122.24	917.36			494 482	213 746		
	综合单价人、材、机				2122.24	917.36			553 904	239 432		
5.2	3AAEBA	导线悬垂绝缘子、金具串安装							293 965	65 156		

续表

序号	项目编码（编制依据）	项目名称	计量单位	工程量（数量）	单价				合价			
					人工费	材机费	主要材料费		人工费	材机费	主要材料费	
							材料费	其中：暂估价			材料费	其中：暂估价
	3AAEBASE0201	导线悬垂串、跳线串	串	198								
	YX6-35	直线（直线换位、直线转角）杆塔绝缘子串悬挂安装 ±500kV、500kV Ⅰ型双联串	串	198	161.92	42.77			32 061	8469		
	调 YX6-81×1.2	导线缠绕预绞丝线夹安装 直线（直线换位、直线转角）杆塔 ±500kV、500kV 四分裂	单相（单极）	198	276.19	44.90			54 685	8890		
		线路 悬垂线夹	件	792								
		线路电瓷 合成绝缘子	只	396								
	C03290101	线路 联板	t	10.692								
	C03300101	线路 挂环	t	1.386								
	C03310101	线路 挂板	t	1.386								
	YX1-17	人力运输 金具、绝缘子、零星钢材	t·km	34.352	226.32	8.28			7775	284		
	YX1-97	汽车运输 金具、绝缘子、零星钢材 装卸	t	45.081	12.61	33.41			568	1506		
	YX1-98	汽车运输 金具、绝缘子、零星钢材 运输	t·km	676.213	0.83	1.66			561	1123		
	综合单价人、材、机				483.08	102.38			95 650	20 272		
	3AAEBASE0202	导线悬垂串、跳线串	串	90								
	YX6-35	直线（直线换位、直线转角）杆塔绝缘子串悬挂安装 ±500kV、500kV Ⅰ型双联串	串	90	161.92	42.77			14 573	3849		

续表

序号	项目编码（编制依据）	项目名称	计量单位	工程量（数量）	单价				合价			
					人工费	材机费	主要材料费		人工费	材机费	主要材料费	
							材料费	其中：暂估价			材料费	其中：暂估价
	调 YX6-81×1.2	导线缠绕预绞丝线夹安装 直线（直线换位、直线转角）杆塔 ±500kV、500kV 四分裂	单相（单极）	90	276.19	44.90			24 857	4041		
		线路 悬垂线夹	件	360								
		线路电瓷 合成绝缘子	只	180								
	C03290101	线路 联板	t	4.860								
	C03300101	线路 挂环	t	0.630								
	C03310101	线路 挂板	t	0.630								
	YX1-17	人力运输 金具、绝缘子、零星钢材	t·km	16.166	226.32	8.28			3659	134		
	YX1-97	汽车运输 金具、绝缘子、零星钢材 装卸	t	21.215	12.61	33.41			268	709		
	YX1-98	汽车运输 金具、绝缘子、零星钢材 运输	t·km	318.224	0.83	1.66			264	528		
	综合单价人、材、机				484.67	102.90			43 620	9261		
	3AAEBASE0203	导线悬垂串、跳线串	串	30								
	YX6-35	直线（直线换位、直线转角）杆塔绝缘子串悬挂安装 ±500kV、500kV I型双联串	串	30	161.92	42.77			4858	1283		
	调 YX6-81×1.2	导线缠绕预绞丝线夹安装 直线（直线换位、直线转角）杆塔 ±500kV、500kV 四分裂	单相（单极）	30	276.19	44.90			8286	1347		
		线路 悬垂线夹	件	120								

续表

序号	项目编码（编制依据）	项目名称	计量单位	工程量（数量）	单价				合价			
					人工费	材机费	主要材料费		人工费	材机费	主要材料费	
							材料费	其中：暂估价			材料费	其中：暂估价
		线路电瓷　合成绝缘子	只	60								
	C03290101	线路　联板	t	1.920								
	C03300101	线路　挂环	t	0.420								
	C03310101	线路　挂板	t	0.300								
	YX1-17	人力运输　金具、绝缘子、零星钢材	t·km	5.793	226.32	8.28			1311	48		
	YX1-97	汽车运输　金具、绝缘子、零星钢材　装卸	t	7.603	12.61	33.41			96	254		
	YX1-98	汽车运输　金具、绝缘子、零星钢材　运输	t·km	114.040	0.83	1.66			95	189		
	综合单价人、材、机				488.16	104.05			14 645	3121		
	3AAEBASE0204	导线悬垂串、跳线串	串	12								
	YX6-36	直线（直线换位、直线转角）杆塔绝缘子串悬挂安装　±500kV、500kV　V型单联串	串	12	180.82	48.46			2170	581		
	调 YX6-81×1.2	导线缠绕预绞丝线夹安装　直线（直线换位、直线转角）杆塔　±500kV、500kV　四分裂	单相（单极）	12	276.19	44.90			3314	539		
		线路　悬垂线夹	件	48								
		线路电瓷　合成绝缘子	只	24								
	C03290101	线路　联板	t	0.348								
	C03300101	线路　挂环	t	0.192								
	C03310101	线路　挂板	t	0.948								

续表

序号	项目编码（编制依据）	项目名称	计量单位	工程量（数量）	单价				合价			
					人工费	材机费	主要材料费		人工费	材机费	主要材料费	
							材料费	其中：暂估价			材料费	其中：暂估价
	YX1-17	人力运输　金具、绝缘子、零星钢材	t·km	2.491	226.32	8.28			564	21		
	YX1-97	汽车运输　金具、绝缘子、零星钢材　装卸	t	3.269	12.61	33.41			41	109		
	YX1-98	汽车运输　金具、绝缘子、零星钢材　运输	t·km	49.037	0.83	1.66			41	81		
	综合单价人、材、机				510.81	110.96			6130	1332		
	3AAEBASE0205	导线悬垂串、跳线串	串	18								
	YX6-36	直线（直线换位、直线转角）杆塔绝缘子串悬挂安装　±500kV、500kV　V 型单联串	串	18	180.82	48.46			3255	872		
	调 YX6-81×1.2	导线缠绕预绞丝线夹安装　直线（直线换位、直线转角）杆塔　±500kV、500kV　四分裂	单相（单极）	18	276.19	44.90			4971	808		
		线路　悬垂线夹	件	72								
		线路电瓷　合成绝缘子	只	36								
	C03290101	线路　联板	t	0.522								
	C03300101	线路　挂环	t	0.288								
	C03310101	线路　挂板	t	1.422								
	YX1-17	人力运输　金具、绝缘子、零星钢材	t·km	3.847	226.32	8.28			871	32		
	YX1-97	汽车运输　金具、绝缘子、零星钢材　装卸	t	5.048	12.61	33.41			64	169		
	YX1-98	汽车运输　金具、绝缘子、零星钢材　运输	t·km	75.726	0.83	1.66			63	126		
	综合单价人、材、机				512.40	111.48			9223	2007		

续表

序号	项目编码（编制依据）	项目名称	计量单位	工程量（数量）	单价				合价			
					人工费	材机费	主要材料费		人工费	材机费	主要材料费	
							材料费	其中：暂估价			材料费	其中：暂估价
	3AAEBASE0206	导线悬垂串、跳线串	串	18								
	YX6-36	直线（直线换位、直线转角）杆塔绝缘子串悬挂安装 ±500kV、500kV V型单联串	串	18	180.82	48.46			3255	872		
	调 YX6-81×1.2	导线缠绕预绞丝线夹安装 直线（直线换位、直线转角）杆塔 ±500kV、500kV 四分裂	单相（单极）	18	276.19	44.90			4971	808		
		线路 悬垂线夹	件	72								
		线路电瓷 合成绝缘子	只	36								
	C03210166	线路 预绞丝护线条	件	18								
	C03290101	线路 联板	t	0.540								
	C03300101	线路 挂环	t	0.504								
	C03310101	线路 挂板	t	2.610								
	YX1-17	人力运输 金具、绝缘子、零星钢材	t·km	5.263	226.32	8.28			1191	44		
	YX1-97	汽车运输 金具、绝缘子、零星钢材 装卸	t	6.907	12.61	33.41			87	231		
	YX1-98	汽车运输 金具、绝缘子、零星钢材 运输	t·km	103.611	0.83	1.66			86	172		
	综合单价人、材、机				532.80	118.15			9590	2127		
	3AAEBASE0207	导线悬垂串、跳线串	串	18								
	YX6-36	直线（直线换位、直线转角）杆塔绝缘子串悬挂安装 ±500kV、500kV V型单联串	串	18	180.82	48.46			3255	872		

续表

序号	项目编码（编制依据）	项目名称	计量单位	工程量（数量）	单价				合价			
					人工费	材机费	主要材料费		人工费	材机费	主要材料费	
							材料费	其中：暂估价			材料费	其中：暂估价
	调 YX6-81×1.2	导线缠绕预绞丝线夹安装 直线（直线换位、直线转角）杆塔 ±500kV、500kV 四分裂	单相（单极）	18	276.19	44.90			4971	808		
		线路 悬垂线夹	件	72								
		线路电瓷 合成绝缘子	只	36								
	C03210166	线路 预绞丝护线条	件	18								
	C03290101	线路 联板	t	0.540								
	C03300101	线路 挂环	t	0.504								
	C03310101	线路 挂板	t	2.610								
	YX1-17	人力运输 金具、绝缘子、零星钢材	t·km	5.263	226.32	8.28			1191	44		
	YX1-97	汽车运输 金具、绝缘子、零星钢材 装卸	t	6.907	12.61	33.41			87	231		
	YX1-98	汽车运输 金具、绝缘子、零星钢材 运输	t·km	103.611	0.83	1.66			86	172		
	综合单价人、材、机				532.80	118.15			9590	2127		
	3AAEBASE0208	导线悬垂串、跳线串	串	6								
	YX6-37	直线（直线换位、直线转角）杆塔绝缘子串悬挂安装 ±500kV、500kV V型双联串	串	6	322.46	53.17			1935	319		
	调 YX6-81×1.2	导线缠绕预绞丝线夹安装 直线（直线换位、直线转角）杆塔 ±500kV、500kV 四分裂	单相（单极）	6	276.19	44.90			1657	269		

续表

序号	项目编码（编制依据）	项目名称	计量单位	工程量（数量）	单价				合价			
					人工费	材机费	主要材料费		人工费	材机费	主要材料费	
							材料费	其中：暂估价			材料费	其中：暂估价
		线路　悬垂线夹	件	24								
		线路电瓷　合成绝缘子	只	12								
	C03210166	线路　预绞丝护线条	件	6								
	C03290101	线路　联板	t	0.372								
	C03300101	线路　挂环	t	0.198								
	C03310101	线路　挂板	t	0.714								
	YX1-17	人力运输　金具、绝缘子、零星钢材	t·km	1.791	226.32	8.28			405	15		
	YX1-97	汽车运输　金具、绝缘子、零星钢材　装卸	t	2.350	12.61	33.41			30	79		
	YX1-98	汽车运输　金具、绝缘子、零星钢材　运输	t·km	35.250	0.83	1.66			29	59		
	综合单价人、材、机				676.02	123.38			4056	740		
	3AAEBASE0209	导线悬垂串、跳线串	串	30								
	YX6-37	直线（直线换位、直线转角）杆塔绝缘子串悬挂安装　±500kV、500kV　V型双联串	串	30	322.46	53.17			9674	1595		
	调 YX6-81×1.2	导线缠绕预绞丝线夹安装　直线（直线换位、直线转角）杆塔　±500kV、500kV　四分裂	单相（单极）	30	276.19	44.90			8286	1347		
		线路　悬垂线夹	件	120								
		线路电瓷　合成绝缘子	只	60								
	C03210166	线路　预绞丝护线条	件	30								

续表

序号	项目编码（编制依据）	项目名称	计量单位	工程量（数量）	单价				合价			
					人工费	材机费	主要材料费		人工费	材机费	主要材料费	
							材料费	其中：暂估价			材料费	其中：暂估价
	C03290101	线路　联板	t	1.860								
	C03300101	线路　挂环	t	0.990								
	C03310101	线路　挂板	t	3.570								
	YX1-17	人力运输　金具、绝缘子、零星钢材	t·km	9.137	226.32	8.28			2068	76		
	YX1-97	汽车运输　金具、绝缘子、零星钢材　装卸	t	11.991	12.61	33.41			151	401		
	YX1-98	汽车运输　金具、绝缘子、零星钢材　运输	t·km	179.870	0.83	1.66			149	299		
	综合单价人、材、机				677.60	123.90			20 328	3717		
	3AAEBASE0210	导线悬垂串、跳线串	串	12								
	YX6-37	直线（直线换位、直线转角）杆塔绝缘子串悬挂安装 ±500kV、500kV　V 型双联串	串	12	322.46	53.17			3870	638		
	调 YX6-81×1.2	导线缠绕预绞丝线夹安装直线（直线换位、直线转角）杆塔　±500kV、500kV　四分裂	单相（单极）	12	276.19	44.90			3314	539		
		线路　悬垂线夹	件	48								
		线路电瓷　合成绝缘子	只	48								
	C03210166	线路　预绞丝护线条	件	12								
	C03290101	线路　联板	t	0.924								
	C03300101	线路　挂环	t	0.672								
	C03310101	线路　挂板	t	3.468								

续表

序号	项目编码（编制依据）	项目名称	计量单位	工程量（数量）	单价				合价			
					人工费	材机费	主要材料费		人工费	材机费	主要材料费	
							材料费	其中：暂估价			材料费	其中：暂估价
	YX1-17	人力运输　金具、绝缘子、零星钢材	t·km	6.750	226.32	8.28			1528	56		
	YX1-97	汽车运输　金具、绝缘子、零星钢材　装卸	t	8.858	12.61	33.41			112	296		
	YX1-98	汽车运输　金具、绝缘子、零星钢材　运输	t·km	132.870	0.83	1.66			110	221		
	综合单价人、材、机				744.46	145.77			8933	1749		
	3AAEBASE0211	导线悬垂串、跳线串	串	12								
	YX6-37	直线（直线换位、直线转角）杆塔绝缘子串悬挂安装　±500kV、500kV　V 型双联串	串	12	322.46	53.17			3870	638		
	调 YX6-81×1.2	导线缠绕预绞丝线夹安装　直线（直线换位、直线转角）杆塔　±500kV、500kV　四分裂	单相（单极）	12	276.19	44.90			3314	539		
		线路　悬垂线夹	件	48								
		线路电瓷　合成绝缘子	只	48								
	C03210166	线路　预绞丝护线条	件	12								
	C03290101	线路　联板	t	0.924								
	C03300101	线路　挂环	t	0.672								
	C03310101	线路　挂板	t	3.468								
	YX1-17	人力运输　金具、绝缘子、零星钢材	t·km	6.750	226.32	8.28			1528	56		
	YX1-97	汽车运输　金具、绝缘子、零星钢材　装卸	t	8.858	12.61	33.41			112	296		

续表

序号	项目编码（编制依据）	项目名称	计量单位	工程量（数量）	单价				合价			
					人工费	材机费	主要材料费		人工费	材机费	主要材料费	
							材料费	其中：暂估价			材料费	其中：暂估价
	YX1-98	汽车运输　金具、绝缘子、零星钢材　运输	t·km	132.870	0.83	1.66			110	221		
	综合单价人、材、机				744.46	145.77			8933	1749		
	3AAEBASE0212	导线悬垂串、跳线串	单相	233								
	YX6-34	直线（直线换位、直线转角）杆塔绝缘子串悬挂安装　±500kV、500kV　I型单联串	串	233	89.17	23.53			20 777	5483		
	YX6-66	导线缠绕铝包带线夹安装直线（直线换位、直线转角）杆塔　±500kV、500kV　四分裂	单相（单极）	233	144.16	38.46			33 589	8961		
		跳线悬垂线夹	件	233								
		线路电瓷　合成绝缘子	只	233								
	C03300101	线路　挂环	t	0.233								
	C03310101	线路　挂板	t	0.233								
	YX1-17	人力运输　金具、绝缘子、零星钢材	t·km	8.149	226.32	8.28			1844	67		
	YX1-97	汽车运输　金具、绝缘子、零星钢材　装卸	t	10.695	12.61	33.41			135	357		
	YX1-98	汽车运输　金具、绝缘子、零星钢材　运输	t·km	160.418	0.83	1.66			133	266		
	综合单价人、材、机				242.39	64.96			56 478	15 135		
	3AAEBASE0213	导线悬垂串、跳线串	单相	28								
	YX6-34	直线（直线换位、直线转角）杆塔绝缘子串悬挂安装　±500kV、500kV　I型单联串	串	28	89.17	23.53			2497	659		

续表

序号	项目编码（编制依据）	项目名称	计量单位	工程量（数量）	单价				合价			
					人工费	材机费	主要材料费		人工费	材机费	主要材料费	
							材料费	其中：暂估价			材料费	其中：暂估价
	YX6-66	导线缠绕铝包带线夹安装 直线（直线换位、直线转角）杆塔 ±500kV、500kV 四分裂	单相（单极）	28	144.16	38.46			4036	1077		
		跳线悬垂线夹	件	28								
		线路电瓷 合成绝缘子	只	28								
	C03300101	线路 挂环	t	0.028								
	C03310101	线路 挂板	t	0.028								
	YX1-17	人力运输 金具、绝缘子、零星钢材	t·km	0.979	226.32	8.28			222	8		
	YX1-97	汽车运输 金具、绝缘子、零星钢材 装卸	t	1.285	12.61	33.41			16	43		
	YX1-98	汽车运输 金具、绝缘子、零星钢材 运输	t·km	19.278	0.83	1.66			16	32		
	综合单价人、材、机				242.39	64.96			6787	1819		
5.3	3AAECA	其他金具安装							234 005	53 123		
	3AAECASE0401	防振锤	个	1248								
	调 YX6-103×1.2	防振锤 四分裂	个	1248	5.60	1.19			6995	1482		
	C03130102	线路 防振锤	件	1248								
	YX1-17	人力运输 金具、绝缘子、零星钢材	t·km	2.479	226.32	8.28			561	21		
	YX1-97	汽车运输 金具、绝缘子、零星钢材 装卸	t	3.253	12.61	33.41			41	109		
	YX1-98	汽车运输 金具、绝缘子、零星钢材 运输	t·km	48.794	0.83	1.66			41	81		
	综合单价人、材、机				6.12	1.36			7638	1692		

续表

序号	项目编码（编制依据）	项目名称	计量单位	工程量（数量）	单价				合价			
					人工费	材机费	主要材料费		人工费	材机费	主要材料费	
							材料费	其中：暂估价			材料费	其中：暂估价
	3AAECASE0501	导线间隔棒	个	4956								
	YX6-107	导线间隔棒　四分裂	个	4956	20.61	2.86			102 123	14 196		
	C03150302	线路　间隔棒	件	4956								
	YX1-17	人力运输　金具、绝缘子、零星钢材	t·km	6.591	226.32	8.28			1492	55		
	YX1-97	汽车运输　金具、绝缘子、零星钢材　装卸	t	8.650	12.61	33.41			109	289		
	YX1-98	汽车运输　金具、绝缘子、零星钢材　运输	t·km	129.744	0.83	1.66			108	215		
	综合单价人、材、机				20.95	2.98			103 831	14 755		
	3AAECASE0502	导线间隔棒	个	1260								
	YX6-107	导线间隔棒　四分裂	个	1260	20.61	2.86			25 963	3609		
	C03150515	跳线间隔棒	件	1260								
	YX1-17	人力运输　金具、绝缘子、零星钢材	t·km	8.029	226.32	8.28			1817	66		
	YX1-97	汽车运输　金具、绝缘子、零星钢材　装卸	t	10.537	12.61	33.41			133	352		
	YX1-98	汽车运输　金具、绝缘子、零星钢材　运输	t·km	158.053	0.83	1.66			131	262		
	综合单价人、材、机				22.26	3.40			28 045	4290		
	3AAECASE0503	导线间隔棒	个	1176								
	YX6-107	导线间隔棒　四分裂	个	1176	20.61	2.86			24 232	3368		
	C03150402	跳线间隔棒	件	1176								

续表

序号	项目编码（编制依据）	项目名称	计量单位	工程量（数量）	单价				合价			
					人工费	材机费	主要材料费		人工费	材机费	主要材料费	
							材料费	其中：暂估价			材料费	其中：暂估价
	YX1-17	人力运输　金具、绝缘子、零星钢材	t·km	0.876	226.32	8.28			198	7		
	YX1-97	汽车运输　金具、绝缘子、零星钢材　装卸	t	1.149	12.61	33.41			14	38		
	YX1-98	汽车运输　金具、绝缘子、零星钢材　运输	t·km	17.242	0.83	1.66			14	29		
	综合单价人、材、机				20.80	2.93			24 460	3443		
	3AAECASE0701	重锤	单相	3132								
	YX6-117	重锤安装　30kg 以内	单相（单极）	3132	18.07	7.84			56 595	24 547		
		重锤片	件	3132								
	YX1-17	人力运输　金具、绝缘子、零星钢材	t·km	51.839	226.32	8.28			11 732	429		
	YX1-97	汽车运输　金具、绝缘子、零星钢材　装卸	t	68.030	12.61	33.41			858	2273		
	YX1-98	汽车运输　金具、绝缘子、零星钢材　运输	t·km	1020.453	0.83	1.66			847	1695		
	综合单价人、材、机				22.36	9.24			70 032	28 944		
6	3AAF	辅助工程							515 725	217 770	304 136	
6.1	3AAFAA	输电线路试运							19 205	32 301		
	3AAFAASF0101	输电线路试运	回路	2								

续表

序号	项目编码（编制依据）	项目名称	计量单位	工程量（数量）	单价				合价			
					人工费	材机费	主要材料费		人工费	材机费	主要材料费	
							材料费	其中：暂估价			材料费	其中：暂估价
	YX7-130	输电线路试运　±500kV、500kV	回	1	11 297.19	19 000.88			11 297	19 001		
	调 YX7-130×0.7	输电线路试运　±500kV、500kV	回	1	7908.03	13 300.62			7908	13 301		
	综合单价人、材、机				9602.61	16 150.75			19 205	32 301		
6.2	3AAFBA	辅助设施土石方							41 377	4682		
	3AAFBASF0201	尖峰、基面、排洪（水）沟、挡土（水）墙、防撞墩（墙）土石方开挖	m^3	2147.32								
	YX2-227	尖峰及施工基面挖方（或爆破）　坚土	m^3	2147.32	9.82	0.50			21 094	1074		
	综合单价人、材、机				9.82	0.50			21 094	1074		
	3AAFBASF0202	尖峰、基面、排洪（水）沟、挡土（水）墙、防撞墩（墙）土石方开挖	m^3	635.04								
	YX2-221	排水沟挖方（或爆破）　坚土	m^3	917.57	9.47	0.50			8693	459		
	综合单价人、材、机				13.69	0.72			8693	459		
	3AAFBASF0203	尖峰、基面、排洪（水）沟、挡土（水）墙、防撞墩（墙）土石方开挖	m^3	158.76								
	YX2-224	排水沟挖方（或爆破）　岩石爆破	m^3	194.07	59.72	16.23			11 589	3150		
	综合单价人、材、机				73.00	19.84			11 589	3150		

续表

序号	项目编码（编制依据）	项目名称	计量单位	工程量（数量）	单价				合价			
					人工费	材机费	主要材料费		人工费	材机费	主要材料费	
							材料费	其中：暂估价			材料费	其中：暂估价
6.3	3AAFCA	辅助设施砌（浇）筑							395 075	55 452	304 136	
	3AAFCASF0301	排洪（水）沟、挡土（水）墙、围堰、防撞墩（墙）砌（浇）筑	m^3	597.48								
	YX7-24	排洪沟、护坡、挡土墙砌筑素混凝土	m^3	592.20	200.35	64.65			118 649	38 288		
	YX7-24	排洪沟、护坡、挡土墙砌筑素混凝土	m^3	5.28	200.35	64.65			1058	341		
	C09010102	普通硅酸盐水泥	t	1.521			537.26				817	
	C10010101	中砂	m^3	2.69			312.99				841	
	C10020103	碎石	m^3	4.61			222.53				1026	
	C21010101	水	t	0.950			4.00				4	
	C09010102	普通硅酸盐水泥	t	170.554			537.26				91 633	
	C10010101	中砂	m^3	301.43			312.99				94 344	
	C10020103	碎石	m^3	516.99			222.53				115 045	
	C21010101	水	t	106.596			4.00				426	
	YX1-22	人力运输　其他建筑安装材料	t·km	1386.171	196.03	7.30			271 736	10 119		
	YX1-107	汽车运输　其他建筑安装材料　装卸	t	185.265	9.59	17.87			1777	3311		
	YX1-108	汽车运输　其他建筑安装材料　运输	t·km	2778.982	0.67	1.22			1855	3393		

续表

序号	项目编码（编制依据）	项目名称	计量单位	工程量（数量）	单价				合价			
					人工费	材机费	主要材料费		人工费	材机费	主要材料费	
							材料费	其中：暂估价			材料费	其中：暂估价
	综合单价人、材、机				661.23	92.81	509.03		395 075	55 452	304 136	
6.4	3AAFDA	辅助设施安装							60 069	125 335		
	3AAFDASF0501	杆塔标志牌安装	块	1230								
	YX7-27	杆塔标志牌安装	块	1230	23.55	36.34			28 972	44 704		
	综合单价人、材、机				23.55	36.34			28 972	44 704		
	3AAFDASF1001	监测装置	套	4								
	YX7-42	监测装置安装调测　蓄电池	套	4	262.65	49.21			1051	197		
	YX7-44	监测装置安装调测　太阳能板	m^2	8.00	362.70	99.95			2902	800		
	YX7-43	监测装置安装调测　电源控制器	套	4	462.75	32.59			1851	130		
	YX7-47	监测装置安装调测　数据集中器	个	4	149.55	17.31			598	69		
	YX7-48	监测装置安装调测　系统联调	基	4	130.52	6.76			522	27		
	综合单价人、材、机				1730.87	305.77			6923	1223		
	3AAFDASF1002	监测装置	套	2								
	YX7-42	监测装置安装调测　蓄电池	套	2	262.65	49.21			525	98		
	YX7-44	监测装置安装调测　太阳能板	m^2	4.00	362.70	99.95			1451	400		

续表

序号	项目编码（编制依据）	项目名称	计量单位	工程量（数量）	单价				合价			
					人工费	材机费	主要材料费		人工费	材机费	主要材料费	
							材料费	其中：暂估价			材料费	其中：暂估价
	YX7-43	监测装置安装调测　电源控制器	套	2	462.75	32.59			926	65		
	YX7-47	监测装置安装调测　数据集中器	个	2	149.55	17.31			299	35		
	YX7-48	监测装置安装调测　系统联调	基	2	130.52	6.76			261	14		
	综合单价人、材、机				1730.87	305.77			3462	612		
	3AAFDASF1003	监测装置	套	1								
	YX7-42	监测装置安装调测　蓄电池	套	1	262.65	49.21			263	49		
	YX7-44	监测装置安装调测　太阳能板	m^2	2.00	362.70	99.95			725	200		
	YX7-43	监测装置安装调测　电源控制器	套	1	462.75	32.59			463	33		
	YX7-47	监测装置安装调测　数据集中器	个	1	149.55	17.31			150	17		
	YX7-48	监测装置安装调测　系统联调	基	1	130.52	6.76			131	7		
	综合单价人、材、机				1730.87	305.77			1731	306		
	3AAFDASF1101	耐张线夹 X 射线探伤	基	6								
	调 YX7-124 R×1.75 C×2 J×1.75	耐张线夹 X 射线探伤　四分裂	基	6	3163.46	13 081.70			18 981	78 490		
	综合单价人、材、机				3163.46	13 081.70			18 981	78 490		

注 1： 如不使用行业建设主管部门发布的计价依据，可不填编制依据。

注 2： 招标文件提供了暂估单价的材料，按暂估的单价填入表内单价栏的“暂估价”栏。

注 3： 材机费=消耗性材料+机械费。

最高投标限价表–5

投标人采购材料计价表

工程名称：　　　　　　　　　　　　　　　　　　　　　　　　　　　　金额单位：元

序号	材料名称	型号规格	计量单位	数量	单价	合价	备注
一	安装						
1	飞行器租赁		km	46.154	1834.86	84 686	
2	声测管		m	2687.00	16.51	44 362	
3	地脚螺栓	42CrMo	t	55.275	8407.10	464 702	
4	地脚螺栓		t	246.851	7964.60	1 966 069	
5	钢筋笼		t	1031.037	5100.00	5 258 289	
6	普通硅酸盐水泥	42.5	t	5583.657	504.00	2 814 163	
7	中砂		m^3	7780.62	266.60	2 074 313	
8	碎石	粒径15mm以内	m^3	93.94	195.20	18 337	
9	碎石	粒径40mm以内	m^3	15 438.00	195.20	3 013 498	
10	水		t	2646.499	4.00	10 586	
11	接地圆钢	镀锌	t	58.094	7079.64	411 285	
12	普通圆钢	综合	t	198.568	5100.00	1 012 697	
13	混凝土（基础）	C25	m^3	649.07	552.00	358 287	
小计						17 531 274	
合计						17 531 274	

注 1：招标文件提供了暂估单价的材料，按暂估的单价填入表内单价栏中。

注 2：招标人对投标人采购材料有品牌要求的，以及合同约定可调价的材料。

最高投标限价表–6

投标人采购设备计价表

工程名称：　　　　　　　　　　　　　　　　　　　　　　　　　　　　金额单位：元

序号	设备名称	型号规格	计量单位	数量	单价	合价	备注

注：招标文件提供了暂估单价的设备，按暂估的单价填入表内单价栏中。

最高投标限价表–7

措施项目清单计价表

工程名称：　　　　　　　　　　　　　　　　　　　　　　　　　　　　　　　　　　金额单位：元

序号	项目名称	项目特征	计量单位	工程量	单价				合价				备注
					全费用综合单价	其中			合计	其中			
						人工费	材料费	机械费		人工费	材料费	机械费	
	安装措施项目												
1	单价措施项目												
	招标人已列项目								250 000				
1.1	施工道路	1. 路床　整形平均厚度：10cm 2. 基层材质及厚度：碎石 20cm 3. 面层材质及厚度：混凝土 10cm	m^2	500	500				250 000				
2	总价措施项目												
	小计								250 000				
	合计								250 000				

注：本表适用于以全费用综合单价形式计价的措施项目；若需要人、材、机组成表及全费用综合单价分析表，可以参照最高投标限价 4.1、最高投标限价 4.2；投标人增列措施项目仅在投标报价时采用。

最高投标限价表–8

其他项目清单计价表

工程名称：　　　　　　　　　　　　　　　　　　　　　　　　　　　　　　　　　　金额单位：元

序号	项目名称	计量单位	金额	备注
一	招标人已列项目			
1	暂列金额	元	15 000 000	明细详见最高投标限价表–8.1
2	暂估价	元	5 000 000	
2.1	材料、工程设备暂估单价			明细详见最高投标限价表–8.2
2.2	专业工程暂估价	元	5 000 000	明细详见最高投标限价表–8.3
3	计日工	元	110 000	明细详见最高投标限价表–8.4
4	施工总承包服务项目			明细详见最高投标限价表–8.5
5	其他	元	706 086	
5.1	拆除工程项目清单			
5.2	招标人供应设备、材料卸车保管费	元	706 086	
5.2.1	设备保管费	元	979	
5.2.2	材料保管费	元	705 108	
合计			20 816 086	

注 1：投标人增列项目费仅在投标报价时采用。

注 2：材料、工程设备暂估单价不填写金额，不计入小计、合计。

最高投标限价表–8.1

暂列金额明细表

工程名称：　　　　　　　　　　　　　　　　　　　　　　　　　　　　　　　　　　金额单位：元

序号	项目名称	计量单位	暂列金额	备注
1	招标人已列项目	元	15 000 000	
1.1	暂列金额	元	15 000 000	
合计			15 000 000	

注：此表按招标文件内容填写并计入最高投标限价表–8 中。

最高投标限价表–8.2

材料、工程设备暂估单价表

工程名称：　　　　　　　　　　　　　　　　　　　　　　　　　　　　　　　　　　金额单位：元

序号	材料、工程设备名称、规格、型号	计量单位	单价	备注

最高投标限价表–8.3

专业工程暂估价表

工程名称：　　　　　　　　　　　　　　　　　　　　　　　　　　　　　　　　　　金额单位：元

序号	工程名称	工程内容	金额	备注
1	招标人已列项目			
1.1	暂估价		5 000 000	
1.1.1	专业工程暂估价		5 000 000	
合计			5 000 000	

注：此表按招标文件内容填写并计入最高投标限价表–8 中。

最高投标限价表–8.4

计日工表

工程名称：　　　　　　　　　　　　　　　　　　　　　　　　　　　　　　　　　　金额单位：元

编号	项目名称	计量单位	工程量	全费用综合单价	合价	备注
一	人工					
1	输电普通工	工日	200	300	60 000	
2	输电技术工	工日	100	500	50 000	
人工小计					110 000	
二	材料					
1						
材料小计						
三	施工机械					
1						
施工机械小计						
合计					110 000	

注：此表项目名称、数量按招标文件内容填写。编制最高投标限价时，单价按电力行业有关计价规定确定；投标时，单价由投标人自主报价，汇总计入最高投标限价–8 其他项目清单计价表。

最高投标限价表–8.5

施工总承包服务费计价表

工程名称：　　　　　　　　　　　　　　　　　　　　　　　　　　　　　　金额单位：元

序号	项目名称	取费基数	服务内容	费率（%）	金额	备注
1	招标人已列项目					
1.1	施工总承包服务费计价					

注：此表的取费基数、服务内容按招标文件内容规定填写。

最高投标限价表–9

招标人采购材料表

工程名称：　　　　　　　　　　　　　　　　　　　　　　　　　　　　　　金额单位：元

序号	材料名称	型号规格	计量单位	数量	单价	备注
一	招标人采购材料					
1	盘型瓷绝缘子	U160BP/155T	只	1440	120.00	
2	线路电瓷　玻璃绝缘子	U420B/205	只	34 560	100.00	
3	线路　防振锤	FRYJ-4/6	件	1248	120.00	
4	线路　间隔棒	FJZ-450/34B	件	4956	270.00	
5	跳线间隔棒	TJ2-120-34/25	件	1176	50.00	
6	跳线间隔棒	FJZS-450/34B	件	1260	199.00	
7	线路　预绞丝护线条	FYH-630/45	件	96	255.00	
8	线路　联板	综合（L、LS、LL 等类型）	t	64.290	11 551.00	
9	线路　挂环	综合（Q、QP、QH、U 等类型）	t	31.257	22 751.00	
10	线路　挂板	综合（W、WS、P、Z 等类型）	t	131.027	18 279.00	
11	72 芯 OPGW 光缆	OPGW-17-150-5（含金具）	km	97.932	16 656.63	
12	96 芯 OPGW 光缆	OPGW-17-150-5（含金具）	km	3.580	19 195.57	
13	高导电率钢芯铝绞线	JL3/G1A-630/45	t	2477.988	14 765.00	
14	铝包钢绞线	JLB35-150	t	0.322	12 556.00	
15	变电　设备线夹（压缩型 A、B 型）	SY-120/7A	件	8	8.00	
16	均压环	FJPE-50/1800/350	件	1152	280.00	
17	均压屏蔽环	FJPE-50/1800/380	件	48	280.00	
18	拉杆	YL-21570	件	1152	500.00	
19	拉杆（YL 型）	YL-12430	件	48	500.00	
20	铁塔	角钢，Q420	t	4594.611	6343.00	
21	铁塔	角钢，Q345	t	4594.611	6242.00	
22	铁塔	角钢钢管组合，Q420	t	500.500	7906.00	
23	铁塔	角钢钢管组合，Q345	t	500.500	7778.00	
24	跳线间隔棒	TJ2-120-34/23	件	1200	50.00	

续表

序号	材料名称	型号规格	计量单位	数量	单价	备注
25	跳线悬垂线夹	XT4-500/630	件	261	171.00	
26	线路　耐张线夹（压缩式）	NY-150BG-35	件	4	85.00	
27	线路　耐张线夹（压缩式）	NY-150BG-35	件	4	85.00	
28	线路　耐张线夹（压缩式）	NY-630/45（A）	件	948	305.00	
29	线路　耐张线夹（压缩式）	NY-630/45（B）	件	948	305.00	
30	线路　耐张线夹（注脂）	NY-630/45（A）	件	252	1327.00	
31	线路　耐张线夹（注脂）	NY-630/45（B）	件	252	1327.00	
32	线路　悬垂线夹	XGB-10054	件	1152	86.00	
33	线路　悬垂线夹	XGB-16054	件	360	86.00	
34	线路　悬垂线夹	XGB-6040	件	120	86.00	
35	线路　悬垂线夹	XGB-12054	件	144	86.00	
36	线路电瓷　地线绝缘子	UE70CN	只	8	88.00	
37	线路电瓷　合成绝缘子	FXBW-500/210-2	只	432	1140.00	
38	线路电瓷　合成绝缘子	FXBW-500/210-3	只	276	1140.00	
39	线路电瓷　合成绝缘子	FXBW-500/300-1	只	144	1390.00	
40	线路电瓷　合成绝缘子	FXBW-500/300-2	只	84	1390.00	
41	线路电瓷　合成绝缘子	FXBW-500/120-2	只	261	980.00	
42	重锤片	FZC-20	件	3132	138.00	
二	招标人采购设备					
1	分布式故障诊断装置		套	4	159 292.00	
2	视频监控监测		套	1	8850.00	
3	图像在线监测装置		套	2	44 248.00	

注：招标人采购材料费按招标文件内容填写。

最高投标限价表-10

主要工日价格表

工程名称：　　　　　　　　　　　　　　　　　　　　　　　　　金额单位：元

序号	工种	单位	数量	单价
一	安装			
1	输电普通工	工日	217 594	74.00
2	输电技术工	工日	147 615	119.00
3	调试技术工	工日	126	161.00
二	其他：计日工			
1	输电普通工	工日	200	214.10
2	输电技术工	工日	100	356.84

最高投标限价表–11

主要机械台班价格表

工程名称：　　　　　　　　　　　　　　　　　　　　　　　　　　金额单位：元

序号	机械设备名称	单位	数量	单价
一	安装			
J01-01-001	履带式推土机　功率　75kW	台班	1.1788	749.519
J01-01-034	履带式单斗液压挖掘机　斗容量　$0.6m^3$	台班	213.4723	642.878
J01-01-054	气腿式风动凿岩机	台班	757.2251	12.382
J01-01-055	手持式风动凿岩机	台班	506.0486	11.487
J01-01-056	磨钻机	台班	3673.8344	43.054
J02-01-025	锚杆钻孔机	台班	91.3768	1400.015
J02-01-026	液压钻机　XU-100	台班	1401.0751	228.386
J03-01-015	履带式起重机　起重量　250t	台班	0.5648	8236.266
J03-01-033	汽车式起重机　起重量　5t	台班	169.5583	555.433
J03-01-034	汽车式起重机　起重量　8t	台班	438.8165	658.968
J03-01-035	汽车式起重机　起重量　12t	台班	176.945	776.885
J03-01-036	汽车式起重机　起重量　16t	台班	202.8817	881.315
J03-01-037	汽车式起重机　起重量　20t	台班	433.6212	998.005
J03-01-038	汽车式起重机　起重量　25t	台班	2.9922	1128.535
J03-01-110	吊装机械（综合）	台班	145.7915	672.827
J04-01-005	载重汽车　10t	台班	2.8444	492.53
J04-01-020	平板拖车组　10t	台班	0.7073	700.586
J05-01-001	电动单筒快速卷扬机　10kN	台班	20.7116	168.398
J05-01-009	电动单筒慢速卷扬机　30kN	台班	1362.5303	176.85
J05-01-010	电动单筒慢速卷扬机　50kN	台班	771.2401	182.558
J06-01-021	滚筒式混凝土搅拌机（电动式）出料容量 250L	台班	1197.9272	179.634
J06-01-022	滚筒式混凝土搅拌机（电动式）出料容量 400L	台班	75.8932	190.94
J06-01-052	混凝土振捣器（插入式）	台班	471.2303	13.899
J08-01-005	数控钢筋调直切断机　直径　ϕ1.8～3	台班	112.3876	195.724
J08-01-006	钢筋弯曲机　直径　ϕ40	台班	615.1621	27.768
J08-01-073	型钢剪断机　剪断宽度　500mm	台班	24.2419	250.818
J08-01-094	管子切断机　管径　ϕ60	台班	44.1414	17.487
J09-01-016	污水泵　出口直径　ϕ70	台班	473.8809	89.053
J09-01-017	污水泵　出口直径　ϕ100	台班	1.9886	132.047
J09-01-037	液压注浆泵　HYB50-50-Ⅰ型	台班	91.3768	119.736

续表

序号	机械设备名称	单位	数量	单价
J10-01-028	汽油电焊机　电流　160A 以内	台班	582.5554	227.643
J11-01-018	电动空气压缩机　排气量　$3m^3/min$	台班	198.2897	136.067
J11-01-020	电动空气压缩机　排气量　$10m^3/min$	台班	324.1981	421.819
J13-01-060	机动绞磨　3t 以内	台班	4830.406	163.805
J13-01-061	机动绞磨　5t 以内	台班	1446.2874	175.292
J13-01-062	手扶机动绞磨　5t 以内	台班	28.4939	241.431
J13-01-065	机动液压压接机　200t 以内	台班	1391.212	79.425
J13-01-079	输电专用载重汽车　4t	台班	3419.9574	316.243
J13-01-080	输电专用载重汽车　5t	台班	6734.0795	341.338
J13-01-082	输电专用载重汽车　8t	台班	108.3781	478.39
J13-01-083	输电专用载重汽车　10t	台班	436.3188	525.685
J13-01-084	输电专用载重汽车　15t	台班	50.0249	729.64
J13-01-B19	X 射线探伤机　3005	台班	27.195	349.981
J14-03-018	交流高压发生器　50kVA 以下　500kV	台班	6.4354	781.367
J14-05-020	图像质量分析仪	台班	29.1417	819.969
J14-05-057	光频谱分析仪	台班	1.995	210.769
J14-05-059	光纤色散测试仪	台班	1.995	1530.585
J14-05-061	光纤熔接仪	台班	96.7749	234.547
J14-05-062	光纤电话	台班	88.0552	33.225
J14-05-064	光时域反射仪	台班	195.9227	297.239
J14-09-027	线路参数测试仪	台班	1.2871	5252.21
J15-01-004	吹风机 能力　$4m^3/min$	台班	340.141	57.808
J15-01-012	内切割机	台班	684.1292	60.792
J15-01-051	机动船舶　5t	台班	184.8389	138.7
J15-01-066	功能检测分析平台（电脑）	台班	36.5252	32.14
J16-01-025	绝缘电阻表（数字式）	台班	3.0631	15.768
	牵引机　一牵一	台班	111.0161	1279.204
J18-01-003	牵引机　一牵四	台班	124.7475	4039.899
J18-01-005	张力机　一张一	台班	111.0161	941.072
J18-01-007	张力机　一张四	台班	124.7475	3741.082
J19-01-024	手持式数字双钳相位表	台班	5.7919	12.492
J23-01-002	人工凿岩机械　综合	台班	46.1788	15.196
J23-01-003	5.8G 无线信号传输系统	台班	30.0899	76.973
J23-01-004	防辐射个人剂量计	台班	120.3605	69.415

续表

序号	机械设备名称	单位	数量	单价
J23-01-005	环境辐射计量仪	台班	30.0899	69.033

注：仅计列招标文件约定可调价范围的施工机械；可不计列按调整的施工机械。

（四）竣工结算编制

1. 背景

（1）结算时下列清单项目工程量发生变化：

3AABAASB0402 自立塔组立工程量由 3617.140t 变为 3767.140t；

3AABAASB0403 自立塔组立工程量由 1019.428t 变为 619.428t；

3AABAASB0404 自立塔组立工程量由 241.836t 变为 391.836t。

工程量变化对比表见表 5–13。

表 5–13　　工程量变化对比表

序号	项目编码	项目名称	计量单位	合同工程量	结算工程量	工程量差	工程量偏差率
		架空线路					
2	3AAB	杆塔工程					
2.1	3AABAA	杆塔组立					
	3AABAASB0401	自立塔组立	t	4310.818	4310.818	0	0
	3AABAASB0402	自立塔组立	t	3617.140	3767.140	150	4.15%
	3AABAASB0403	自立塔组立	t	1019.428	619.428	–400	–39.42%
	3AABAASB0404	自立塔组立	t	241.836	391.836	150	62.03%

（2）暂列金额 1500 万元未发生。

（3）专业工程暂估价 500 万元，实际确认金额为 300 万元。

（4）计日工确认输电普通工 150 个工日，输电技术工 80 个工日。

2. 竣工结算的编制

（1）根据《电力建设工程工程量清单计价规范》（DL/T 5745—2021）规定："合同履行期间，若实际工程量与招标工程量出现偏差，且符合本标准第 9.6.2 条和第 9.6.3 条规定的，发承包双方应调整合同价款。"部分清单项需计算调整或新增综合单价。此部分调整全部按投标报价中综合单价的计算原则计算，具体如下：

1）3AABAASB0402 自立塔组立工程量由 3617.140t 变为 3767.140t，增加 4.15%，增加幅度在 15%以内，其全费用综合单价不做调整，执行原有全费用综合单价。

2）3AABAASB0403 自立塔组立工程量由 1019.428t 变为 619.428t，减少 39.24%，减少幅度大于 15%，减少后剩余部分的工程量的全费用综合单价应予调高，调整后的全费用综合单价为 3992.63 元/t。

3）3AABAASB0404 自立塔组立工程量 241.836t 变为 391.836t，增加 62.03%，增加幅度大于 15%，其变化在 15%以内工程量的全费用综合单价不做调整，执行原有全费用综合单价，增加超过 15%部分的工程量的全费用综合单价应予调低，调整后的全费用综合单价为 3800.92 元/t。

（2）根据结算工程量和调整的综合单位，编制"结算计价表–4　分部分项工程量清单结算汇总对比表"。

（3）编制"结算计价表–4.1　分部分项工程量清单计价表"。

（4）其他项目计算调整。

1）暂列金额未发生，结算取消。

2）专业工程按 300 万元结算，计算后汇入"结算计价表–8　其他项目清单计价表"。

3）计日工费用：工程量按工程实际发生费用计量，综合单价按投标价，计算后汇入"结算计价表–8　其他项目清单计价表""结算计价表–8.3　计日工表"。

（5）编制"结算计价表–2　工程项目竣工结算汇总表"。

结算计价表–4

分部分项工程量清单结算汇总对比表

工程名称：　　　　　　　　　　　　　　　　　　　　　　　　　　　　　　金额单位：元

序号	项目编码	项目名称	计量单位	合同工程量	结算工程量	量差	合同全费用综合单价	结算全费用综合单价	合同合价	结算合价
	3A	架空输电线路工程								
2	3AAB	杆塔工程					0		34 032 988	33 551 404
2.1	3AABAA	杆塔组立					0		34 032 988	33 551 404
	3AABAASB0401	自立塔组立	t	4310.818	4310.818	0	2847.65	2847.65	12 275 698	12 275 698
	3AABAASB0402	自立塔组立	t	3617.140	3767.140	150	3472.91	3472.91	12 561 999	13 082 938
	3AABAASB0403	自立塔组立	t	1019.428	619.428	–400	3972.77	3992.63	4 049 949	2 473 149
	3AABAASB0404	自立塔组立	t	241.836	278.116	36.28	3914.95	3914.95	946 775	1 088 810
	增 3AABAASB0407	自立塔组立	t	0	113.720	113.72	0	3800.92	0	432 241
	3AABAASB0405	自立塔组立	t	773.000	773.000	0	3957.17	3957.17	3 058 891	3 058 891
	3AABAASB0406	自立塔组立	t	228.000	228.000	0	4998.58	4998.58	1 139 677	1 139 677

结算计价表–4.1

分部分项工程量清单计价表

工程名称：　　　　　　　　　　　　　　　　　　　　　　　　　　　　　　金额单位：元

<table>
<tr><th rowspan="4">序号</th><th rowspan="4">项目编码</th><th rowspan="4">项目名称</th><th rowspan="4">项目特征</th><th rowspan="4">计量单位</th><th rowspan="4">工程量</th><th colspan="6">全费用综合单价</th><th colspan="7">合价</th></tr>
<tr><th rowspan="3">单价</th><th colspan="5">其中</th><th rowspan="3">合计</th><th colspan="6">其中</th></tr>
<tr><th rowspan="2">人工费</th><th rowspan="2">材机费</th><th colspan="2">主要材料费</th><th rowspan="2">安全文明施工费、临时设施费</th><th rowspan="2">人工费</th><th rowspan="2">材机费</th><th colspan="2">主要材料费</th><th rowspan="2">安全文明施工费、临时设施费</th></tr>
<tr><th>材料费</th><th>其中：暂估价</th><th>材料费</th><th>其中：暂估价</th></tr>
<tr><td>2</td><td>3AAB</td><td>杆塔工程</td><td></td><td></td><td></td><td></td><td></td><td></td><td></td><td></td><td></td><td>33 551 404</td><td>10 790 293</td><td>2 542 856</td><td>0</td><td>0</td><td>3 156 288</td></tr>
<tr><td>2.1</td><td>3AABAA</td><td>杆塔组立</td><td></td><td></td><td></td><td></td><td></td><td></td><td></td><td></td><td></td><td>33 551 404</td><td>10 790 293</td><td>2 542 856</td><td></td><td></td><td>3 156 288</td></tr>
<tr><td></td><td>3AABAASB0401</td><td>自立塔组立</td><td>1．杆塔结构类型：角钢塔
2．塔全高步距：塔全高 70m 以内</td><td>t</td><td>4310.818</td><td>2847.65</td><td>902.30</td><td>189.49</td><td></td><td></td><td>286.61</td><td>12 275 698</td><td>3 889 636</td><td>1 616 236.521</td><td></td><td></td><td>1 235 524</td></tr>
</table>

续表

序号	项目编码	项目名称	项目特征	计量单位	工程量	全费用综合单价						合价					
						单价	其中					合计	其中				
							人工费	材机费	主要材料费		安全文明施工费、临时设施费		人工费	材机费	主要材料费		安全文明施工费、临时设施费
									材料费	其中：暂估价					材料费	其中：暂估价	
	3AABAASB0402	自立塔组立	1．杆塔结构类型：角钢塔 2．塔全高步距：塔全高 90m 以内	t	3767.140	3472.91	1135.53	264.63			315.23	13 082 938	4 277 700	996 898			1 187 516
	3AABAASB0403	自立塔组立	1．杆塔结构类型：角钢塔 2．塔全高步距：塔全高 100m 以内	t	619.428	3992.63	1339.30	307.08			339.01	2 473 149	829 602	190 213			209 990
	3AABAASB0404	自立塔组立	1．杆塔结构类型：角钢塔 2．塔全高步距：塔全高 110m 以内	t	278.116	3914.95	1186.84	521.83			343.86	1 088 810	330 079	145 129			95 633
	增 3AABAASB0407	自立塔组立	1．杆塔结构类型：角钢塔 2．塔全高步距：塔全高 110m 以内	t	113.720	3800.92	1152.27	506.63			333.84	432 241	131 036	57 614			37 965
	3AABAASB0405	自立塔组立	1．杆塔结构类型：角钢钢管组合 2．塔全高步距：塔全高 100m 以内	t	773.000	3957.17	1272.55	292.82			376.19	3 058 891	983 685	413 008.227			290 792
	3AABAASB0406	自立塔组立	1．杆塔结构类型：角钢钢管组合 2．塔全高步距：塔全高 130m 以内	t	228.000	4998.58	1528.74	655.65			433.63	1 139 677	348 554	161 765.3609			98 868

3. 竣工结算部分表单

结算计价封–1

××500kV 架空输电线路工程

竣 工 结 算 总 价

签约合同价（小写）：138 030 666 元　　（大写）：壹亿叁仟捌佰零叁万零陆佰陆拾陆元

竣工结算价（小写）：120 784 081 元　　（大写）：壹亿贰仟零柒拾捌万肆仟零捌拾壹元

发包人：______________　　法定代表人或其授权人：______________

（单位盖章）　　（签字或盖章）

承包人：______________　　法定代表人或其授权人：______________

（单位盖章）　　（签字或盖章）

工程造价咨询人：______________　　法定代表人或其授权人：______________

（单位资质专用章）　　（签字或盖章）

编制人：______________　　核对人：______________

（签字、盖执业专用章）　　（签字、盖执业专用章）

编制时间：20××年××月××日　　核对时间：20××年××月××日

填 表 须 知

1 竣工结算总价表应由承包人或受其委托具有相应资质的工程造价咨询人编制，并应由发包人或受其委托具有相应资质的工程造价咨询人核对。

2 工程量清单计价格式中的任何内容不应删除或涂改。

3 工程量清单计价格式中列明的所有需要填报的单价和合价，承包人均应填报；未填报的单价和合价，视为此项费用已包含在工程量清单的其他单价和合价中。

4 金额（价格）以人民币“元”为单位，单价保留小数点后两位，合价取整数。

5 工程量清单计价格式的填写应符合下列规定：

1） 工程量清单计价格式中所有要求签字、盖章的地方，应由规定的单位和人员签字、盖章。编制人是指电力工程造价专业的人员。

2） 工程项目竣工结算总价表的分部分项工程费、承包人采购设备费、措施项目费、其他项目费应按相应工程项目费用汇总表中合计栏的金额填写。

3） 工程量清单竣工结算编制说明应包括：工程概况、编制依据以及其他需要说明的问题。

4） 当分部分项工程量清单表计价表中结算全费用综合单价与投标全费用综合单价不同时，需提供相应项目的工程量清单全费用综合单价分析表和工程量清单全费用综合单价人、材、机计价表。按结算计价表–4 格式填写分部分项工程量清单结算汇总对比表。

5） 发包人采购材料计价表应按发包人提供发包人采购材料表进行计算填写，所填写的单价应与工程量清单计价中采用的相应材料的单价一致。

6） 措施项目清单计价表可根据经批准的施工组织设计增加采取的措施项目。

7） 计日工计价表中人工、材料、机械名称、计量单位和相应数量应按实际完成的工程量所需费用结算。

8） 如有需要说明的其他事项可增加条款。

结算计价表–1

竣工结算编制说明

工程名称：

一、工程概况 1．本工程为××回 500kV 架空输电线路工程，新建线路路径长度为 46.154km，其中常规段同塔双回路长度为 44.718km，跨江段长度为 1.436km，跨江段按 500kV/220kV 混压四回路架设（2 回 220kV 线路本期预留，不挂线）。 2．导线采用 4×JL3/G1A-630/45 高导电率钢芯铝绞线。地线采用 2×OPGW-150（普通段 72 芯、跨江段 96 芯）；进构架档增加 2 根 JLB35-150 铝包钢绞线分流。 3．本工程绝缘子采用合成和玻璃绝缘子，金具采用通用金具。 4．全部采用铁塔，共新建杆塔 147 基，其中双回路铁塔 143 基（直线塔 88 基，耐张塔 55 基）；混压四回路铁塔 4 基（直线塔 2 基，耐张塔 2 基）。 5．基础采用板式基础、岩石嵌固基础、岩石锚杆基础、挖孔基础。 6．地形：平地 5%、河网 5%、丘陵 10%、山地 76%、高山大岭 4%。 7．地质：详见设计图纸。 8．设计气象条件：基本风速 V=27m/s，覆冰 C=10、15、20mm。
二、编制依据 1．工程量清单按审定的设计资料，招标文件、技术规范，相关管理规定、标准，招标方界定的招标范围及《电力建设工程工程量清单计价规范》（DL/T 5745—2021）、《电力建设工程工程量清单计算规范 输电线路工程》（DL/T 5205—2021）有关规定编制。 2．工程合同及补充协议。 3．发承包双方实施过程中已确认的工程量及其结算的合同价款。 4．发承包双方实施过程中已确认调整后追加（减）的合同价款。 5．建设工程设计文件及相关资料。 6．工程招标文件。 7．工程投标文件。 8．其他依据。
三、其他需要说明的问题 1．暂列金额 1500 万元未发生。 2．专业工程暂估价 500 万元，实际确认金额为 300 万元。 3．计日工确认输电普通工 150 个工日，输电技术工 80 个工日。

结算计价表–2

工程项目竣工结算汇总表

工程名称：

序号	项目或费用名称	金额（元）	备注
1	分部分项工程费	116 732 995	
1.1	其中：暂估价材料费		
1.2	其中：安全文明施工费、临时设施费	7 913 556	
2	承包人采购设备费		
3	措施项目费	250 000	
	其中：施工过程增列措施项目费		
4	其他项目费	3 801 086	
	其中：施工过程增列其他项目费		
竣工结算价合计=1+2+3+4		120 784 081	

结算计价表–3

分部分项工程费用汇总表

工程名称：　　　　　　　　　　　　　　　　　　　　　　　　　　　　金额单位：元

序号	项目或费用名称	金额				备注
		合计	其中：人工费	其中：暂估价材料费	其中：安全文明施工费、临时设施费	
	架空输电线路工程	116 732 995	31 597 924		7 913 556	
1	基础工程	57 181 218	14 241 544		2 185 642	
2	杆塔工程	33 551 404	10 790 293		3 156 288	
3	接地工程	1 011 347	216 464		34 688	
4	架线工程	12 393 827	2 193 752		1 623 480	
5	附件安装工程	10 789 013	3 640 146		836 478	
6	辅助工程	1 806 186	515 725		76 980	
合计		116 732 995	31 597 924		7 913 556	

结算计价表–4

分部分项工程量清单结算汇总对比表

工程名称：　　　　金额单位：元

序号	项目编码	项目名称	计量单位	合同工程量	结算工程量	量差	合同全费用综合单价	结算全费用综合单价	合同合价	结算合价
	3A	架空输电线路工程							117 214 580	116 732 995
1	3AAA	基础工程							57 181 218	57 181 218
1.1	3AAAAA	基础土石方							6 092 276	6 092 276
	3AAAAASA0101	线路复测分坑	基	49	49	0	279.03	279.03	13 672	13 672
	3AAAAASA0102	线路复测分坑	基	74	74	0	197.35	197.35	14 604	14 604
	3AAAAASA0201	杆塔坑、拉线坑挖方及回填	m^3	2.59	2.59	0	145.62	145.62	377	377
	3AAAAASA0202	杆塔坑、拉线坑挖方及回填	m^3	1481.61	1481.61	0	286.39	286.39	424 317	424 317
	3AAAAASA0203	杆塔坑、拉线坑挖方及回填	m^3	1327.10	1327.1	0	34.43	34.43	45 688	45 688
	3AAAAASA0204	杆塔坑、拉线坑挖方及回填	m^3	221.03	221.03	0	630.21	630.21	139 295	139 295
	3AAAAASA0301	杆塔坑、拉线坑挖方及回填	m^3	3.18	3.18	0	77.24	77.24	245	245
	3AAAAASA0302	挖孔基础挖方	m^3	315.48	315.48	0	133.22	133.22	42 027	42 027
	3AAAAASA0303	挖孔基础挖方	m^3	3.85	3.85	0	75.18	75.18	289	289
	3AAAAASA0304	挖孔基础挖方	m^3	40.26	40.26	0	190.59	190.59	7672	7672
	3AAAAASA0305	挖孔基础挖方	m^3	652.36	652.36	0	129.36	129.36	84 387	84 387
	3AAAAASA0306	挖孔基础挖方	m^3	5.77	5.77	0	72.96	72.96	421	421
	3AAAAASA0307	挖孔基础挖方	m^3	32.31	32.31	0	125.64	125.64	4060	4060
	3AAAAASA0308	挖孔基础挖方	m^3	153.91	153.91	0	184.32	184.32	28 369	28 369
	3AAAAASA0309	挖孔基础挖方	m^3	1.79	1.79	0	226.23	226.23	406	406
	3AAAAASA0310	挖孔基础挖方	m^3	9.79	9.79	0	383.94	383.94	3760	3760
	3AAAAASA0311	挖孔基础挖方	m^3	2530.04	2530.04	0	451.3	451.3	1 141 800	1 141 800
	3AAAAASA0312	挖孔基础挖方	m^3	18.75	18.75	0	567.12	567.12	10 631	10 631
	3AAAAASA0313	挖孔基础挖方	m^3	5608.63	5608.63	0	452.13	452.13	2 535 843	2 535 843

续表

序号	项目编码	项目名称	计量单位	合同工程量	结算工程量	量差	合同全费用综合单价	结算全费用综合单价	合同合价	结算合价
	3AAAAASA0314	挖孔基础挖方	m^3	648.63	648.63	0	502.94	502.94	326 220	326 220
	3AAAAASA0315	挖孔基础挖方	m^3	48.99	48.99	0	276.91	276.91	13 565	13 565
	3AAAAASA0316	挖孔基础挖方	m^3	339.29	339.29	0	373.97	373.97	126 883	126 883
	3AAAAASA0317	挖孔基础挖方	m^3	2426.07	2426.07	0	437.35	437.35	1 061 033	1 061 033
	3AAAAASA0318	挖孔基础挖方	m^3	88.78	88.78	0	751.46	751.46	66 712	66 712
1.2	3AAABA	基础钢材							12 731 439	12 731 439
	3AAABASA0401	现浇基础（构件）钢筋	t	187.328	187.328	0	8174.33	8174.33	1 531 280	1 531 280
	3AAABASA0501	钢筋笼	t	972.676	972.676	0	8404.3	8404.3	8 174 658	8 174 658
	3AAABASA0601	地脚螺栓	t	245.623	245.623	0	9968.26	9968.26	2 448 433	2 448 433
	3AAABASA0602	地脚螺栓	t	55.000	55	0	10 492.14	10 492.14	577 068	577 068
1.3	3AAACA	混凝土工程							38 357 502	38 357 502
	3AAACASA1301	基础垫层	m^3	73.60	73.6	0	1164.21	1164.21	85 686	85 686
	3AAACASA1302	基础垫层	m^3	8.80	8.8	0	1168.8	1168.8	10 285	10 285
	3AAACASA1401	现浇基础	m^3	128.40	128.4	0	2330.84	2330.84	299 280	299 280
	3AAACASA1402	现浇基础	m^3	639.48	639.48	0	1083.67	1083.67	692 985	692 985
	3AAACASA1601	挖孔基础浇灌	m^3	71.82	71.82	0	2344.44	2344.44	168 378	168 378
	3AAACASA1602	挖孔基础浇灌	m^3	7811.20	7811.2	0	2484.23	2484.23	19 404 841	19 404 841
	3AAACASA1603	挖孔基础浇灌	m^3	357.45	357.45	0	2435.33	2435.33	870 510	870 510
	3AAACASA1604	挖孔基础浇灌	m^3	116.51	116.51	0	2484.24	2484.24	289 438	289 438
	3AAACASA1605	挖孔基础浇灌	m^3	2762.34	2762.34	0	2454.25	2454.25	6 779 477	6 779 477
	3AAACASA1701	挖孔基础护壁	m^3	2276.52	2276.52	0	3723.92	3723.92	8 477 589	8 477 589
	3AAACASA2201	岩石锚杆基础	m	1728.00	1728	0	396.69	396.69	685 481	685 481

续表

序号	项目编码	项目名称	计量单位	合同工程量	结算工程量	量差	合同全费用综合单价	结算全费用综合单价	合同合价	结算合价
	3AAACASA2401	保护帽	m^3	148.71	148.708	0	3991.4	3991.4	593 552	593 552
2	3AAB	杆塔工程							34 032 988	33 551 404
2.1	3AABAA	杆塔组立							34 032 988	33 551 404
	3AABAASB0401	自立塔组立	t	4310.818	4310.818	0	2847.65	2847.65	12 275 698	12 275 698
	3AABAASB0402	自立塔组立	t	3617.140	3767.14	150	3472.91	3472.91	12 561 999	13 082 938
	3AABAASB0403	自立塔组立	t	1019.428	619.428	-400	3972.77	3992.63	4 049 949	2 473 149
	3AABAASB0404	自立塔组立	t	241.836	278.116	36.28	3914.95	3914.95	946 775	1 088 810
	增 3AABAASB0407	自立塔组立	t	0.000	113.72	113.72	0	3800.92	0	432 241
	3AABAASB0405	自立塔组立	t	773.000	773	0	3957.17	3957.17	3 058 891	3 058 891
	3AABAASB0406	自立塔组立	t	228.000	228	0	4998.58	4998.58	1 139 677	1 139 677
3	3AAC	接地工程							1 011 347	1 011 347
3.1	3AACAA	接地土石方							409 099	409 099
	3AACAASC0101	接地槽挖方及回填	m^3	11 692.80	11 692.8	0	34.99	34.99	409 099	409 099
3.2	3AACBA	接地安装							602 249	602 249
	3AACBASC0301	水平接地体安装	m	63 710.40	63 710.4	0	9.36	9.36	596 513	596 513
	3AACBASC0301	接地安装	m	324.00	324	0	17.7	17.7	5736	5736
4	3AAD	架线工程							12 393 827	12 393 827
4.1	3AADAA	导地线架设							10 428 209	10 428 209
	3AADAASD0301	导线架设	km	44.718	44.718	0	200 461.6	200 461.6	8 964 242	8 964 242
	3AADAASD0302	导线架设	km	1.436	1.436	0	210 537.55	210 537.55	302 332	302 332
	3AADAASD0101	避雷线架设	km	0.400	0.4	0	7781.11	7781.11	3112	3112
	3AADAASD0201	OPGW 架设	km	40.114	40.114	0	11 264.15	11 264.15	451 850	451 850

续表

序号	项目编码	项目名称	计量单位	合同工程量	结算工程量	量差	合同全费用综合单价	结算全费用综合单价	合同合价	结算合价
	3AADAASD0202	OPGW 架设	km	3.580	3.58	0	21 920.66	21 920.66	78 476	78 476
	3AADAASD0203	OPGW 架设	km	57.740	57.74	0	10 879.76	10 879.76	628 197	628 197
4.2	3AADBA	跨（穿）越架设							1 965 618	1 965 618
	3AADBASD0501	交叉跨越	处	13	13	0	20 789.42	20 789.42	270 262	270 262
	3AADBASD0502	交叉跨越	处	2	2	0	28 036.19	28 036.19	56 072	56 072
	3AADBASD0503	交叉跨越	处	1	1	0	55 410.95	55 410.95	55 411	55 411
	3AADBASD0504	交叉跨越	处	2	2	0	33 100.35	33 100.35	66 201	66 201
	3AADBASD0505	交叉跨越	处	1	1	0	26 815.88	26 815.88	26 816	26 816
	3AADBASD0506	交叉跨越	处	3	3	0	26 815.88	26 815.88	80 448	80 448
	3AADBASD0507	交叉跨越	处	5	5	0	21 651.6	21 651.6	108 258	108 258
	3AADBASD0508	交叉跨越	处	14	14	0	18 646.84	18 646.84	261 056	261 056
	3AADBASD0509	交叉跨越	处	22	22	0	7652.18	7652.18	168 348	168 348
	3AADBASD0510	交叉跨越	处	65	65	0	8858.92	8858.92	575 830	575 830
	3AADBASD0511	交叉跨越	处	21	21	0	5176.6	5176.6	108 709	108 709
	3AADBASD0512	交叉跨越	处	5	5	0	8690.7	8690.7	43 453	43 453
	3AADBASD0513	交叉跨越	处	1	1	0	22 319.89	22 319.89	22 320	22 320
	3AADBASD0514	交叉跨越	处	7	7	0	7652.18	7652.18	53 565	53 565
	3AADBASD0515	交叉跨越	处	9	9	0	7652.18	7652.18	68 870	68 870
5	3AAE	附件工程							10 789 013	10 789 013
5.1	3AAEAA	导线耐张绝缘子、金具串安装							9 025 155	9 025 155
	3AAEAASE0101	导线耐张串	组	450	450	0	12 384.32	12 384.32	5 572 946	5 572 946
	3AAEAASE0102	导线耐张串	组	126	126	0	12 749.6	12 749.6	1 606 450	1 606 450

续表

序号	项目编码	项目名称	计量单位	合同工程量	结算工程量	量差	合同全费用综合单价	结算全费用综合单价	合同合价	结算合价
	3AAEAASE0103	导线耐张串	组	24	24	0	11 819.1	11 819.1	283 658	283 658
	3AAEAASE0301	跳线制作及安装	单相	261	261	0	5985.06	5985.06	1 562 101	1 562 101
5.2	3AAEBA	导线悬垂绝缘子、金具串安装							965 457	965 457
	3AAEBASE0201	导线悬垂串、跳线串	串	198	198	0	1541.57	1541.57	305 232	305 232
	3AAEBASE0202	导线悬垂串、跳线串	串	90	90	0	1545.84	1545.84	139 126	139 126
	3AAEBASE0203	导线悬垂串、跳线串	串	30	30	0	1628.92	1628.92	48 868	48 868
	3AAEBASE0204	导线悬垂串、跳线串	串	12	12	0	1725.56	1725.56	20 707	20 707
	3AAEBASE0205	导线悬垂串、跳线串	串	18	18	0	1729.83	1729.83	31 137	31 137
	3AAEBASE0206	导线悬垂串、跳线串	串	18	18	0	1984.99	1984.99	35 730	35 730
	3AAEBASE0207	导线悬垂串、跳线串	串	18	18	0	1984.99	1984.99	35 730	35 730
	3AAEBASE0208	导线悬垂串、跳线串	串	6	6	0	2273.7	2273.7	13 642	13 642
	3AAEBASE0209	导线悬垂串、跳线串	串	30	30	0	2277.93	2277.93	68 338	68 338
	3AAEBASE0210	导线悬垂串、跳线串	串	12	12	0	3087.69	3087.69	37 052	37 052
	3AAEBASE0211	导线悬垂串、跳线串	串	12	12	0	3087.69	3087.69	37 052	37 052
	3AAEBASE0212	导线悬垂串、跳线串	单相	233	233	0	738.87	738.87	172 156	172 156
	3AAEBASE0213	导线悬垂串、跳线串	单相	28	28	0	738.86	738.86	20 688	20 688
5.3	3AAECA	其他金具安装							798 401	798 401
	3AAECASE0401	防振锤	个	1248	1248	0	26.35	26.35	32 885	32 885
	3AAECASE0501	导线间隔棒	个	4956	4956	0	75.52	75.52	374 274	374 274
	3AAECASE0502	导线间隔棒	个	1260	1260	0	72.69	72.69	91 586	91 586
	3AAECASE0503	导线间隔棒	个	1176	1176	0	55.45	55.45	65 214	65 214

续表

序号	项目编码	项目名称	计量单位	合同工程量	结算工程量	量差	合同全费用综合单价	结算全费用综合单价	合同合价	结算合价
	3AAECASE0701	重锤	单相	3132	3132	0	74.85	74.85	234 442	234 442
6	3AAF	辅助工程							1 806 186	1 806 186
6.1	3AAFAA	输电线路试运							84 524	84 524
	3AAFAASF0101	输电线路试运	回路	2	2	0	42 261.84	42 261.84	84 524	84 524
6.2	3AAFBA	辅助设施土石方							99 985	99 985
	3AAFBASF0201	尖峰、基面、排洪（水）沟、挡土（水）墙、防撞墩（墙）土石方开挖	m^3	2147.32	2147.32	0	22.96	22.96	49 312	49 312
	3AAFBASF0202	尖峰、基面、排洪（水）沟、挡土（水）墙、防撞墩（墙）土石方开挖	m^3	635.04	635.04	0	32.03	32.03	20 343	20 343
	3AAFBASF0203	尖峰、基面、排洪（水）沟、挡土（水）墙、防撞墩（墙）土石方开挖	m^3	158.76	158.76	0	191.05	191.05	30 330	30 330
6.3	3AAFCA	辅助设施砌（浇）筑							1 326 562	1 326 562
	3AAFCASF0301	排洪（水）沟、挡土（水）墙、围堰、防撞墩（墙）砌（浇）筑	m^3	597.48	597.48	0	2220.26	2220.26	1 326 562	1 326 562
6.4	3AAFDA	辅助设施安装							295 115	295 115
	3AAFDASF0501	杆塔标志牌安装	块	1230	1230	0	99.53	99.53	122 417	122 417
	3AAFDASF1001	监测装置	套	4	4	0	4321.64	4321.64	17 287	17 287
	3AAFDASF1002	监测装置	套	2	2	0	4321.64	4321.64	8643	8643
	3AAFDASF1003	监测装置	套	1	1	0	4321.64	4321.64	4322	4322
	3AAFDASF1101	耐张线夹 X 射线探伤	基	6	6	0	23 741.02	23 741.02	142 446	142 446

结算计价表–4.1

分部分项工程量清单计价表

工程名称： 金额单位：元

序号	项目编码	项目名称	项目特征	计量单位	工程量	全费用综合单价						合价					
						单价	其中：					合计	其中：				
							人工费	材机费	主要材料费		安全文明施工费、临时设施费		人工费	材机费	主要材料费		安全文明施工费、临时设施费
									材料费	其中：暂估价					材料费	其中：暂估价	
	3A	架空输电线路工程										116 732 995	31 597 924	10 936 528	17 531 271		7 913 556
1	3AAA	基础工程										57 181 218	14 241 544	4 028 059	16 731 165		2 185 642
1.1	3AAAAA	基础土石方										6 092 276	1 866 452	1 461 755			308 858
	3AAAAASA0101	线路复测分坑	杆塔类型：耐张（转角）自立塔	基	49	279.03	99.73	41.34			13.09	13 672	4887	2026			641
	3AAAAASA0102	线路复测分坑	杆塔类型：直线自立塔	基	74	197.35	67.45	34.80			9.49	14 604	4991	2575			702
	3AAAAASA0201	杆塔坑、拉线坑挖方及回填	1．地质类别：粉质黏土 2．开挖深度步距：2.0m 以内	m^3	2.59	145.62	60.81	5.83			6.18	377	158	15			16
	3AAAAASA0202	杆塔坑、拉线坑挖方及回填	1．地质类别：强风化粉砂岩 2．开挖深度步距：4.0m 以内	m^3	1481.61	286.39	42.93	149.24			17.83	424 317	63 602	221 115			26 422

续表

序号	项目编码	项目名称	项目特征	计量单位	工程量	全费用综合单价						合价					
						单价	其中：					合计	其中：				
							人工费	材机费	主要材料费		安全文明施工费、临时设施费		人工费	材机费	主要材料费		安全文明施工费、临时设施费
									材料费	其中：暂估价					材料费	其中：暂估价	
	3AAAASA0203	杆塔坑、拉线坑挖方及回填	1．地质类别：粉质黏土 2．开挖深度步距：4.0m以内	m^3	1327.10	34.43	5.60	17.14			2.11	45 688	7437	22 751			2801
	3AAAASA0204	杆塔坑、拉线坑挖方及回填	1．地质类别：强风化粉砂岩 2．开挖深度步距：3.0m以内	m^3	221.03	630.21	242.22	62.89			28.31	139 295	53 538	13 902			6258
	3AAAASA0301	杆塔坑、拉线坑挖方及回填	1．地质类别：粉质黏土 2．孔径步距：1500mm以内 3．孔深步距：5m以内	m^3	3.18	77.24	29.72	7.65			3.47	245	94	24			11
	3AAAASA0302	挖孔基础挖方	1．地质类别：粉质黏土 2．孔径步距：1500mm以内 3．孔深步距：10m以内	m^3	315.48	133.22	52.25	11.41			5.91	42 027	16 484	3600			1864
	3AAAASA0303	挖孔基础挖方	1．地质类别：粉质黏土 2．孔径步距：2000mm以内 3．孔深步距：5m以内	m^3	3.85	75.18	28.85	7.59			3.38	289	111	29			13

续表

序号	项目编码	项目名称	项目特征	计量单位	工程量	全费用综合单价						合价					
						单价	其中：					合计	其中：				
							人工费	材机费	主要材料费		安全文明施工费、临时设施费		人工费	材机费	主要材料费		安全文明施工费、临时设施费
									材料费	其中：暂估价					材料费	其中：暂估价	
	3AAAAASA0304	挖孔基础挖方	1. 地质类别：粉质黏土 2. 孔径步距：2000mm 以内 3. 孔深步距：15m 以内	m^3	40.26	190.59	75.42	15.12			8.40	7672	3036	609			338
	3AAAAASA0305	挖孔基础挖方	1. 地质类别：粉质黏土 2. 孔径步距：2000mm 以内 3. 孔深步距：10m 以内	m^3	652.36	129.36	50.59	11.34			5.75	84 387	33 004	7398			3749
	3AAAAASA0306	挖孔基础挖方	1. 地质类别：粉质黏土 2. 孔径步距：2000mm 以上 3. 孔深步距：5m 以内	m^3	5.77	72.96	27.91	7.52			3.29	421	161	43			19
	3AAAAASA0307	挖孔基础挖方	1. 地质类别：粉质黏土 2. 孔径步距：2000mm 以上 3. 孔深步距：10m 以内	m^3	32.31	125.64	49.02	11.23			5.59	4060	1584	363			181

续表

序号	项目编码	项目名称	项目特征	计量单位	工程量	全费用综合单价						合价					
						单价	其中：					合计	其中：				
							人工费	材机费	主要材料费		安全文明施工费、临时设施费		人工费	材机费	主要材料费		安全文明施工费、临时设施费
									材料费	其中：暂估价					材料费	其中：暂估价	
	3AAAAASA0308	挖孔基础挖方	1．地质类别：粉质黏土 2．孔径步距：2000mm 以上 3．孔深步距：15m 以内	m^3	153.91	184.32	73.01	14.5			8.12	28 369	11 237	2232			1250
	3AAAAASA0309	挖孔基础挖方	1．地质类别：粉质黏土 2．孔径步距：2000mm 以上 3．孔深步距：20m 以内	m^3	1.79	226.23	90.82	15.62			9.88	406	163	28			18
	3AAAAASA0310	挖孔基础挖方	1．地质类别：强风化粉砂岩、中风化粉砂岩 2．孔径步距：1500mm 以内 3．孔深步距：5m 以内	m^3	9.79	383.94	117.33	92.66			19.49	3760	1149	908			191
	3AAAAASA0311	挖孔基础挖方	1．地质类别：强风化粉砂岩、中风化粉砂岩 2．孔径步距：1500mm 以内 3．孔深步距：10m 以内	m^3	2530.04	451.30	138.64	107.61			22.85	1 141 800	350 753	272 257			57 815

续表

序号	项目编码	项目名称	项目特征	计量单位	工程量	全费用综合单价						合价					
						单价	其中：					合计	其中：				
							人工费	材机费	主要材料费		安全文明施工费、临时设施费		人工费	材机费	主要材料费		安全文明施工费、临时设施费
									材料费	其中：暂估价					材料费	其中：暂估价	
	3AAAAASA0312	挖孔基础挖方	1．地质类别：强风化粉砂岩、中风化粉砂岩 2．孔径步距：2000mm以内 3．孔深步距：5m以内	m^3	18.75	567.12	214.10	63.56			25.77	10 631	4013	1191			483
	3AAAAASA0313	挖孔基础挖方	1．地质类别：强风化粉砂岩、中风化粉砂岩 2．孔径步距：2000mm以内 3．孔深步距：10m以内	m^3	5608.63	452.13	145.04	96.76			22.44	2 535 843	813 488	542 674			125 852
	3AAAAASA0314	挖孔基础挖方	1．地质类别：强风化粉砂岩、中风化粉砂岩 2．孔径步距：2000mm以内 3．孔深步距：15m以内	m^3	648.63	502.94	160.73	108.72			25.01	326 220	104 256	70 519			16 219
	3AAAAASA0315	挖孔基础挖方	1．地质类别：强风化粉砂岩、中风化粉砂岩 2．孔径步距：2000mm以上 3．孔深步距：5m以内	m^3	48.99	275.91	73.58	86.67			14.87	13 565	3604	4246			729

续表

序号	项目编码	项目名称	项目特征	计量单位	工程量	全费用综合单价						合价					
						单价	其中：					合计	其中：				
							人工费	材机费	主要材料费		安全文明施工费、临时设施费		人工费	材机费	主要材料费		安全文明施工费、临时设施费
									材料费	其中：暂估价					材料费	其中：暂估价	
	3AAAAASA0316	挖孔基础挖方	1．地质类别：强风化粉砂岩、中风化粉砂岩 2．孔径步距：2000mm 以上 3．孔深步距：10m 以内	m^3	339.29	373.97	111.51	95.23			19.19	126 883	37 834	32 310			6509
	3AAAAASA0317	挖孔基础挖方	1．地质类别：强风化粉砂岩、中风化粉砂岩 2．孔径步距：2000mm 以上 3．孔深步距：15m 以内	m^3	2426.07	437.35	134.23	104.51			22.15	1 061 033	325 640	253 541			53 748
	3AAAAASA0318	挖孔基础挖方	1．地质类别：强风化粉砂岩、中风化粉砂岩 2．孔径步距：2000mm 以上 3．孔深步距：20m 以内	m^3	88.78	751.46	284.17	83.35			34.11	66 712	25 228	7400			3028
1.2	3AAABA	基础钢材										12 731 439	911 685	322 453	8 701 754		369 489
	3AAABASA0401	现浇基础（构件）钢筋	1．种类：一般钢筋 2．规格：圆钢综合	t	187.328	8174.33	657.63	245.74	5406.00		242.23	1 531 280	123 192	46 034	1 012 695		45 376

续表

序号	项目编码	项目名称	项目特征	计量单位	工程量	全费用综合单价						合价					
						单价	其中：					合计	其中：				
							人工费	材机费	主要材料费		安全文明施工费、临时设施费		人工费	材机费	主要材料费		安全文明施工费、临时设施费
									材料费	其中：暂估价					材料费	其中：暂估价	
	3AAABASA0501	钢筋笼	1. 种类：钢筋笼 2. 规格：圆钢综合	t	972.676	8404.30	748.68	263.91	5406.00		252.36	8 174 658	728 220	256 698	5 258 286		245 468
	3AAABASA0601	地脚螺栓	1. 种类：地脚螺栓 2. 规格：Q355	t	245.623	9968.26	200.49	65.60	8004.42		259.22	2 448 433	49 246	16 113	1 966 070		63 671
	3AAABASA0602	地脚螺栓	1. 种类：地脚螺栓 2. 规格：42CrMo	t	55.000	10 492.14	200.49	65.60	8449.14		272.25	577 068	11 027	3608	464 702		14 974
1.3	3AAACA	混凝土工程										38 357 502	11 463 407	2 243 851	8 029 410		1 507 295
	3AAACASA1301	基础垫层	1. 垫层类型：铺石灌浆 2. 垫层面积步距：50m² 以上	m^3	73.60	1164.21	325.22	16.07	343.42		41.73	85 686	23 936	1182	25 276		3072
	3AAACASA1302	基础垫层	1. 垫层类型：铺石灌浆 2. 垫层面积步距：50m² 以内	m^3	8.80	1168.80	327.79	16.22	342.19		41.95	10 285	2885	143	3011		369
	3AAACASA1401	现浇基础	1. 基础类型：锚杆基础承台 2. 基础混凝土强度等级：C30 3. 特殊要求：/	m^3	128.40	2330.84	696.95	97.15	529.32		89.20	299 280	89 488	12 474	67 965		11 453

续表

序号	项目编码	项目名称	项目特征	计量单位	工程量	全费用综合单价						合价					
						单价	其中：					合计	其中：				
							人工费	材机费	主要材料费		安全文明施工费、临时设施费		人工费	材机费	主要材料费		安全文明施工费、临时设施费
									材料费	其中：暂估价					材料费	其中：暂估价	
	3AAACASA1402	现浇基础	1．基础类型：板式基础 2．基础混凝土强度等级：C25 3．特殊要求：/	m^3	639.48	1083.67	162.61	42.67	560.28		35.47	692 985	103 984	27 288	358 288		22 680
	3AAACASA1601	挖孔基础浇灌	1．基础类型：岩石嵌固基础 2．孔深步距：5m以内 3．基础混凝土强度等级：C25 4．特殊要求：/	m^3	71.82	2344.44	702.57	87.76	540.10		89.17	168 378	50 458	6303	38 790		6404
	3AAACASA1602	挖孔基础浇灌	1．基础类型：岩石嵌固基础 2．孔深步距：10m以内 3．基础混凝土强度等级：C25 4．特殊要求：/	m^3	7811.20	2484.23	755.10	103.86	540.10		95.54	19 404 841	5 898 245	811 282	4 218 843		746 256
	3AAACASA1603	挖孔基础浇灌	1．基础类型：岩石嵌固基础 2．孔深步距：20m以内 3．基础混凝土强度等级：C25 4．特殊要求：/	m^3	357.45	2435.33	738.70	94.67	540.10		93.16	870 510	264 050	33 840	193 059		33 301

续表

序号	项目编码	项目名称	项目特征	计量单位	工程量	全费用综合单价						合价					
						单价	其中：					合计	其中：				
							人工费	材机费	主要材料费		安全文明施工费、临时设施费		人工费	材机费	主要材料费		安全文明施工费、临时设施费
									材料费	其中：暂估价					材料费	其中：暂估价	
	3AAACASA1604	挖孔基础浇灌	1．基础类型：挖孔桩基础 2. 孔深步距：10m以内 3．基础混凝土强度等级：C25 4．特殊要求：/	m^3	116.51	2484.24	755.10	103.86	540.10		95.54	289 438	87 977	12 101	62 927		11 131
	3AAACASA1605	挖孔基础浇灌	1．基础类型：挖孔桩基础 2. 孔深步距：20m以内 3．基础混凝土强度等级：C25 4．特殊要求：/	m^3	2762.34	2454.25	738.70	94.67	556.16		93.63	6 779 477	2 040 553	261 515	1 536 307		258 646
	3AAACASA1701	挖孔基础护壁	1．护壁类型：有筋现浇护壁 2．基础混凝土强度等级：C25 3．特殊要求：/	m^3	2276.52	3723.92	1104.54	370.36	631.92		155.39	8 477 589	2 514 503	843 139	1 438 576		353 739
	3AAACASA2201	岩石锚杆基础	1．孔径步距：100mm以上 2. 孔深步距：6.0m以内 3．基础混凝土强度等级：C30	m	1728.00	396.69	104.26	120.47	6.18		21.04	685 481	180 162	208 165	10 671		36 349

续表

序号	项目编码	项目名称	项目特征	计量单位	工程量	全费用综合单价						合价					
						单价	其中：					合计	其中：				
							人工费	材机费	主要材料费		安全文明施工费、临时设施费		人工费	材机费	主要材料费		安全文明施工费、临时设施费
									材料费	其中：暂估价					材料费	其中：暂估价	
	3AAACASA2401	保护帽	混凝土强度等级：C15	m^3	148.71	3991.4	1393.11	177.66	509.03		160.68	593 552	207 167	26 420	75 697		23 895
2	3AAB	杆塔工程										33 551 404	10 790 293	2 542 856			3 156 288
2.1	3AABAA	杆塔组立										33 551 404	10 790 293	2 542 856			3 156 288
	3AABAASB0401	自立塔组立	1．杆塔结构类型：角钢塔 2．塔全高步距：塔全高 70m 以内	t	4310.818	2847.65	902.30	189.49			286.61	12 275 698	3 889 636	816 865			1 235 524
	3AABAASB0402	自立塔组立	1．杆塔结构类型：角钢塔 2．塔全高步距：塔全高 90m 以内	t	3767.140	3472.91	1135.53	264.63			315.23	13 082 938	4 277 700	957 198			1 187 516
	3AABAASB0403	自立塔组立	1．杆塔结构类型：角钢塔 2．塔全高步距：塔全高 100m 以内	t	619.428	3992.63	1339.30	307.08			339.01	2 473 149	829 602	190 213			209 990
	3AABAASB0404	自立塔组立	1．杆塔结构类型：角钢塔 2．塔全高步距：塔全高 110m 以内	t	278.116	3914.95	1186.84	521.83			343.86	1 088 810	330 079	145 129			95 633

续表

序号	项目编码	项目名称	项目特征	计量单位	工程量	全费用综合单价						合价					
						单价	其中：					合计	其中：				
							人工费	材机费	主要材料费		安全文明施工费、临时设施费		人工费	材机费	主要材料费		安全文明施工费、临时设施费
									材料费	其中：暂估价					材料费	其中：暂估价	
	增 3AABAASB0407	自立塔组立	1．杆塔结构类型：角钢塔 2．塔全高步距：塔全高110m以内	t	113.72	3800.92	1152.27	506.63			333.84	432 241	131 036	57 614			37 965
	3AABAASB0405	自立塔组立	1．杆塔结构类型：角钢钢管组合 2．塔全高步距：塔全高100m以内	t	773	3957.17	1272.55	292.82			376.19	3 058 891	983 685	226 348			290 792
	3AABAASB0406	自立塔组立	1．杆塔结构类型：角钢钢管组合 2．塔全高步距：塔全高130m以内	t	228	4998.58	1528.74	655.65			433.63	1 139 677	348 554	149 489			98 868
3	3AAC	接地工程										1 011 347	216 464	27 468	411 285		34 688
3.1	3AACAA	接地土石方										409 099	173 190	12 161			17 200
	3AACAASC0101	接地槽挖方及回填	地质类别：粉质黏土、素填土	m^3	11 692.80	34.99	14.81	1.04			1.47	409 099	173 190	12 161			17 200
3.2	3AACBA	接地安装										602 249	43 274	15 308	411 285		17 487

续表

序号	项目编码	项目名称	项目特征	计量单位	工程量	全费用综合单价						合价					
						单价	其中：					合计	其中：				
							人工费	材机费	主要材料费		安全文明施工费、临时设施费		人工费	材机费	主要材料费		安全文明施工费、临时设施费
									材料费	其中：暂估价					材料费	其中：暂估价	
	3AACBASC0301	水平接地体安装	1. 接地形式：水平接地体 2. 降阻材料：/ 3. 接地体材质：镀锌圆钢 4. 每基接地体长度：300m 以上	m	63 710.40	9.36	0.67	0.24	6.39		0.27	596 513	42 858	15 152	407 386		17 320
	3AACBASC0301	接地安装	1. 接地形式：水平接地体安装 2. 降阻材料：/ 3. 接地体材质：镀锌圆钢 4. 每基接地体长度：300m 以内	m	324.00	17.70	1.28	0.48	12.03		0.52	5736	416	155	3899		167
4	3AAD	架线工程										12 393 827	2 193 752	3 090 706	84 686		1 623 480
4.1	3AADAA	导地线架设										10 428 209	1 464 077	2 848 162	84 686		1 533 258
	3AADAASD0301	导线架设	1. 导线型号、规格：JL3/G1A-630/45 2. 回路数：同塔二回 3. 相分裂数：四分裂 4. 单回 OPPC 根数：/	km	44.718	200 461.60	27 846.17	51 104.75	1834.86		30 793.11	8 964 242	1 245 225	2 285 302	82 051		1 377 006

续表

序号	项目编码	项目名称	项目特征	计量单位	工程量	全费用综合单价						合价					
						单价	其中：					合计	其中：				
							人工费	材机费	主要材料费		安全文明施工费、临时设施费		人工费	材机费	主要材料费		安全文明施工费、临时设施费
									材料费	其中：暂估价					材料费	其中：暂估价	
	3AADAASD0302	导线架设	1．导线型号、规格：JL3/G1A-630/45-Z 2．回路数：同塔二回 3．相分裂数：四分裂 4．单回 OPPC 根数：/	km	1.436	210 537.55	32 128.74	51 373.92	1834.86		31 215.44	302 332	46 137	73 773	2635		44 825
	3AADAASD0101	避雷线架设	1．型号、规：JLB35-150-Z 2．是否随导线同期架设：是	km	0.400	7781.11	1280.76	2643.54			871.81	3112	512	1057			349
	3AADAASD0201	OPGW 架设	1．OPGW 型号、规格：OPGW-150 2．芯数：72 芯 3．是否随导线同期架设：是	km	40.114	11 264.15	1649.39	4780.87			1084.77	451 850	66 164	191 780			43 514
	3AADAASD0202	OPGW 架设	1．OPGW 型号、规格：OPGW-150 2．芯数：96 芯 3．是否随导线同期架设：是	km	3.580	21 920.66	3561.32	9592.07			1783.06	78 476	12 750	34 340			6383

续表

序号	项目编码	项目名称	项目特征	计量单位	工程量	全费用综合单价						合价					
						单价	其中：					合计	其中：				
							人工费	材机费	主要材料费		安全文明施工费、临时设施费		人工费	材机费	主要材料费		安全文明施工费、临时设施费
									材料费	其中：暂估价					材料费	其中：暂估价	
	3AADAASD0203	OPGW架设	1. OPGW型号、规格：OPGW-120 2. 芯数：72芯 3. 是否随导线同期架设：是	km	57.740	10 879.76	1615.68	4536.03			1059.58	628 197	93 290	261 910			61 180
4.2	3AADBA	跨（穿）越架设										1 965 618	729 675	242 543			90 222
	3AADBASD0501	交叉跨越	1. 被跨越物名称：一般公路 2. 在建线路单侧导线最大水平排列相数：1相 3. 公路双向车道数：4车道以内	处	13	20 789.42	7699.17	2598.08			955.58	270 262	100 089	33 775			12 423
	3AADBASD0502	交叉跨越	1. 被跨越物名称：高速公路 2. 在建线路单侧导线最大水平排列相数：1相 3. 公路双向车道数：4车道以内	处	2	28 036.19	10 465.44	3355.47			1282.58	56 072	20 931	6711			2565

续表

序号	项目编码	项目名称	项目特征	计量单位	工程量	全费用综合单价						合价					
						单价	其中：					合计	其中：				
							人工费	材机费	主要材料费		安全文明施工费、临时设施费		人工费	材机费	主要材料费		安全文明施工费、临时设施费
									材料费	其中：暂估价					材料费	其中：暂估价	
	3AADBASD0503	交叉跨越	1. 被跨越物名称：220kV 电力线 2. 被跨电力线回路数：单回路 3. 被跨电力线带电状态：是 4. 被跨电力线电压等级：220kV 5. 在建线路单侧导线最大水平排列相数：1 相	处	1	55 410.95	15 625.83	15 721.09			2908.99	55 411	15 626	15 721			2909
	3AADBASD0504	交叉跨越	1. 被跨越物名称：220kV 电力线 2. 被跨电力线回路数：单回路 3. 被跨电力线带电状态：否 4. 被跨电力线电压等级：220kV 5. 在建线路单侧导线最大水平排列相数：1 相	处	2	33 100.35	13 322.72	2224.07			1442.74	66 201	26 645	4448			2885

续表

序号	项目编码	项目名称	项目特征	计量单位	工程量	全费用综合单价						合价					
						单价	其中：					合计	其中：				
							人工费	材机费	主要材料费		安全文明施工费、临时设施费		人工费	材机费	主要材料费		安全文明施工费、临时设施费
									材料费	其中：暂估价					材料费	其中：暂估价	
	3AADBASD0505	交叉跨越	1．被跨越物名称：110kV 电力线 2．被跨电力线回路数：双回路 3．被跨电力线带电状态：否 4．被跨电力线电压等级：110kV 5．在建线路单侧导线最大水平排列相数：1 相	处	1	26 815.88	10 793.27	1801.78			1168.82	26 816	10 793	1802			1169
	3AADBASD0506	交叉跨越	1．被跨越物名称：110kV 电力线 2．被跨电力线回路数：单回路 3．被跨电力线带电状态：否 4．被跨电力线电压等级：110kV 5．在建线路单侧导线最大水平排列相数：1 相	处	3	26 815.88	10 793.27	1801.78			1168.82	80 448	32 380	5405			3506

续表

<table>
<tr><th rowspan="4">序号</th><th rowspan="4">项目编码</th><th rowspan="4">项目名称</th><th rowspan="4">项目特征</th><th rowspan="4">计量单位</th><th rowspan="4">工程量</th><th colspan="6">全费用综合单价</th><th colspan="6">合价</th></tr>
<tr><th rowspan="3">单价</th><th colspan="5">其中：</th><th rowspan="3">合计</th><th colspan="5">其中：</th></tr>
<tr><th rowspan="2">人工费</th><th rowspan="2">材机费</th><th colspan="2">主要材料费</th><th rowspan="2">安全文明施工费、临时设施费</th><th rowspan="2">人工费</th><th rowspan="2">材机费</th><th colspan="2">主要材料费</th><th rowspan="2">安全文明施工费、临时设施费</th></tr>
<tr><th>材料费</th><th>其中：暂估价</th><th>材料费</th><th>其中：暂估价</th></tr>
<tr><td></td><td>3AADBASD0507</td><td>交叉跨越</td><td>1．被跨越物名称：35kV 电力线
2．被跨电力线回路数：单回路
3．被跨电力线带电状态：否
4．被跨电力线电压等级：35kV
5．在建线路单侧导线最大水平排列相数：1 相</td><td>处</td><td>5</td><td>21 651.6</td><td>8714.69</td><td>1454.75</td><td></td><td></td><td>943.72</td><td>108 258</td><td>43 573</td><td>7274</td><td></td><td></td><td>4719</td></tr>
<tr><td></td><td>3AADBASD0508</td><td>交叉跨越</td><td>1．被跨越物名称：10kV 电力线
2．被跨电力线回路数：单回路
3．被跨电力线带电状态：是
4．被跨电力线电压等级：10kV
5．在建线路单侧导线最大水平排列相数：1 相</td><td>处</td><td>14</td><td>18 646.84</td><td>6662.74</td><td>2766.89</td><td></td><td></td><td>875.07</td><td>261 056</td><td>93 278</td><td>38 736</td><td></td><td></td><td>12 251</td></tr>
</table>

续表

<table>
<tr><th rowspan="4">序号</th><th rowspan="4">项目编码</th><th rowspan="4">项目名称</th><th rowspan="4">项目特征</th><th rowspan="4">计量单位</th><th rowspan="4">工程量</th><th colspan="6">全费用综合单价</th><th colspan="6">合价</th></tr>
<tr><th rowspan="3">单价</th><th colspan="5">其中：</th><th rowspan="3">合计</th><th colspan="5">其中：</th></tr>
<tr><th rowspan="2">人工费</th><th rowspan="2">材机费</th><th colspan="2">主要材料费</th><th rowspan="2">安全文明施工费、临时设施费</th><th rowspan="2">人工费</th><th rowspan="2">材机费</th><th colspan="2">主要材料费</th><th rowspan="2">安全文明施工费、临时设施费</th></tr>
<tr><th>材料费</th><th>其中：暂估价</th><th>材料费</th><th>其中：暂估价</th></tr>
<tr><td></td><td>3AADBASD0509</td><td>交叉跨越</td><td>1．被跨越物名称：土路
2．在建线路单侧导线最大水平排列相数：1 相</td><td>处</td><td>22</td><td>7652.18</td><td>2883.80</td><td>866.65</td><td></td><td></td><td>348.04</td><td>168 348</td><td>63 444</td><td>19 066</td><td></td><td></td><td>7657</td></tr>
<tr><td></td><td>3AADBASD0510</td><td>交叉跨越</td><td>1．被跨越物名称：低压、弱电线
2．在建线路单侧导线最大水平排列相数：1 相</td><td>处</td><td>65</td><td>8858.92</td><td>3327.47</td><td>1023.29</td><td></td><td></td><td>403.75</td><td>575 830</td><td>216 285</td><td>66 514</td><td></td><td></td><td>26 244</td></tr>
<tr><td></td><td>3AADBASD0511</td><td>交叉跨越</td><td>1．被跨越物名称：河流
2．在建线路单侧导线最大水平排列相数：1 相
3．河流宽度步距：50m 以内</td><td>处</td><td>21</td><td>5176.6</td><td>1758.30</td><td>932.30</td><td></td><td></td><td>249.69</td><td>108 709</td><td>36 924</td><td>19 578</td><td></td><td></td><td>5243</td></tr>
<tr><td></td><td>3AADBASD0512</td><td>交叉跨越</td><td>1．被跨越物名称：河流
2．在建线路单侧导线最大水平排列相数：1 相
3．河流宽度步距：150m 以内</td><td>处</td><td>5</td><td>8690.7</td><td>3032.15</td><td>1421</td><td></td><td></td><td>413.25</td><td>43 453</td><td>15 161</td><td>7105</td><td></td><td></td><td>2066</td></tr>
</table>

续表

序号	项目编码	项目名称	项目特征	计量单位	工程量	全费用综合单价						合价					
						单价	其中：					合计	其中：				
							人工费	材机费	主要材料费		安全文明施工费、临时设施费		人工费	材机费	主要材料费		安全文明施工费、临时设施费
									材料费	其中：暂估价					材料费	其中：暂估价	
	3AADBASD0513	交叉跨越	1．被跨越物名称：河流 2．在建线路单侧导线最大水平排列相数：1相 3．河流宽度步距：300m以上	处	1	22 319.89	8404.05	2541.21			1015.72	22 320	8404	2541			1016
	3AADBASD0514	交叉跨越	1．被跨越物名称：房屋10m以下 2．在建线路单侧导线最大水平排列相数：1相	处	7	7652.18	2883.80	866.65			348.04	53 565	20 187	6067			2436
	3AADBASD0515	交叉跨越	1．被跨越物名称：果园经济作物 2．在建线路单侧导线最大水平排列相数：1相	处	9	7652.18	2883.80	866.65			348.04	68 870	25 954	7800			3132
5	3AAE	附件工程										10 789 013	3 640 146	1 029 669			836 478
5.1	3AAEAA	导线耐张绝缘子、金具串安装										9 025 155	3 112 176	911 390			638 721

续表

序号	项目编码	项目名称	项目特征	计量单位	工程量	全费用综合单价						合价					
						单价	其中：					合计	其中：				
							人工费	材机费	主要材料费		安全文明施工费、临时设施费		人工费	材机费	主要材料费		安全文明施工费、临时设施费
									材料费	其中：暂估价					材料费	其中：暂估价	
	3AAEAASE0101	导线耐张串	1．电压等级：500kV 2．绝缘子、金具串名称及型号：U420B/205 盘型玻璃绝缘子、420kN 盘形悬式绝缘子双联双挂点耐张串（42N2-a） 3．组合形式：双联 4．导线分裂数：四分裂	组	450	12 384.32	4269.91	1121.93			919.10	5 572 946	1 921 460	504 870			413 597
	3AAEAASE0102	导线耐张串	1．电压等级：500kV 2．绝缘子、金具串名称及型号：U420B/205 盘型玻璃绝缘子、420kN 盘形悬式绝缘子双联双挂点耐张串（42N2-b） 3．组合形式：双联 4．导线分裂数：四分裂	组	126	12 749.60	4269.91	1121.93			1040.68	1 606 450	538 009	141 364			131 126

续表

序号	项目编码	项目名称	项目特征	计量单位	工程量	全费用综合单价						合价					
						单价	其中：					合计	其中：				
							人工费	材机费	主要材料费		安全文明施工费、临时设施费		人工费	材机费	主要材料费		安全文明施工费、临时设施费
									材料费	其中：暂估价					材料费	其中：暂估价	
	3AAEAASE0103	导线耐张串	1．电压等级：500kV 2．绝缘子、金具串名称及型号：U160B/155盘型瓷绝缘子、160kN盘形悬式绝缘子双联双挂点耐张串（16N2-a） 3．组合形式：双联 4．导线分裂数：四分裂	组	24	11 819.10	4116.82	1071.84			849.05	283 658	98 804	25 724			20 377
	3AAEAASE0301	跳线制作及安装	1．电压等级：500kV 2．跳线类型：软跳线 3．跳线分裂数：四分裂	单相	261	5985.06	2122.24	917.36			282.08	1 562 101	553 904	239 432			73 622
5.2	3AAEBA	导线悬垂绝缘子、金具串安装										965 457	293 965	65 156			104 803

续表

<table>
<tr><th rowspan="4">序号</th><th rowspan="4">项目编码</th><th rowspan="4">项目名称</th><th rowspan="4">项目特征</th><th rowspan="4">计量单位</th><th rowspan="4">工程量</th><th colspan="6">全费用综合单价</th><th colspan="6">合价</th></tr>
<tr><th rowspan="3">单价</th><th colspan="5">其中：</th><th rowspan="3">合计</th><th colspan="5">其中：</th></tr>
<tr><th rowspan="2">人工费</th><th rowspan="2">材机费</th><th colspan="2">主要材料费</th><th rowspan="2">安全文明施工费、临时设施费</th><th rowspan="2">人工费</th><th rowspan="2">材机费</th><th colspan="2">主要材料费</th><th rowspan="2">安全文明施工费、临时设施费</th></tr>
<tr><th>材料费</th><th>其中：暂估价</th><th>材料费</th><th>其中：暂估价</th></tr>
<tr><td></td><td>3AAEBASE0201</td><td>导线悬垂串、跳线串</td><td>1．电压等级：500kV
2．金具串名称：210kN 复合绝缘子双联 I 型悬垂串（21H2-1）
3．绝缘子型号：FXBW-500/210-2
4．组合形式：I 型双联串
5．导线分裂数：四分裂</td><td>串</td><td>198</td><td>1541.57</td><td>483.08</td><td>102.38</td><td></td><td></td><td>158.79</td><td>305 232</td><td>95 650</td><td>20 272</td><td></td><td></td><td>31 441</td></tr>
<tr><td></td><td>3AAEBASE0202</td><td>导线悬垂串、跳线串</td><td>1．电压等级：500kV
2．金具串名称：210kN 复合绝缘子双联 I 型悬垂串（21H2-2）
3．绝缘子型号：FXBW-500/210-3 球碗连接
4．组合形式：I 型双联串
5．导线分裂数：四分裂</td><td>串</td><td>90</td><td>1545.84</td><td>484.67</td><td>102.90</td><td></td><td></td><td>158.99</td><td>139 126</td><td>43 620</td><td>9261</td><td></td><td></td><td>14 309</td></tr>
</table>

续表

序号	项目编码	项目名称	项目特征	计量单位	工程量	全费用综合单价						合价					
						单价	其中：					合计	其中：				
							人工费	材机费	主要材料费		安全文明施工费、临时设施费		人工费	材机费	主要材料费		安全文明施工费、临时设施费
									材料费	其中：暂估价					材料费	其中：暂估价	
	3AAEBASE0203	导线悬垂串、跳线串	1．电压等级：500kV 2．金具串名称：300kN 复合绝缘子双联 I 型悬垂串（30H2-1） 3．绝缘子型号：FXBW-500/300-1 球碗连接 4．形式：I 型双联串 5．导线分裂数：四分裂	串	30	1628.92	488.16	104.05			183.94	48 868	14 645	3121			5518
	3AAEBASE0204	导线悬垂串、跳线串	1．电压等级：500kV 2．金具串名称：210kN 复合绝缘子单联 V 型悬垂串（21VH1-1） 3．绝缘子型号：FXBW-500/210-2 环形连接 4．组合形式：V 型单联串 5．导线分裂数：四分裂	串	12	1725.56	510.81	110.96			198.80	20 707	6130	1332			2386

续表

序号	项目编码	项目名称	项目特征	计量单位	工程量	全费用综合单价						合价					
						单价	其中：					合计	其中：				
							人工费	材机费	主要材料费		安全文明施工费、临时设施费		人工费	材机费	主要材料费		安全文明施工费、临时设施费
									材料费	其中：暂估价					材料费	其中：暂估价	
	3AAEBASE0205	导线悬垂串、跳线串	1．电压等级：500kV 2．金具串名称：210kN 复合绝缘子单联 V 型悬垂串（21VH1-2） 3．绝缘子型号：FXBW-500/210-3 环形连接 4．组合形式：V 型单联串 5．导线分裂数：四分裂	串	18	1729.83	512.40	111.48			199.00	31 137	9223	2007			3582
	3AAEBASE0206	导线悬垂串、跳线串	1．电压等级：500kV 2．金具串名称：300kN 复合绝缘子单联 V 型悬垂串（30VH1-1） 3．绝缘子型号：FXBW-500/300-1 环形连接 4．组合形式：V 型单联串 5．导线分裂数：四分裂	串	18	1984.99	532.80	118.15			268.19	35 730	9590	2127			4827

续表

序号	项目编码	项目名称	项目特征	计量单位	工程量	全费用综合单价						合价					
						单价	其中：					合计	其中：				
							人工费	材机费	主要材料费		安全文明施工费、临时设施费		人工费	材机费	主要材料费		安全文明施工费、临时设施费
									材料费	其中：暂估价					材料费	其中：暂估价	
	3AAEBASE0207	导线悬垂串、跳线串	1．电压等级：500kV 2．金具串名称：300kN 复合绝缘子单联 V 型悬垂串（30VH1-2） 3．绝缘子型号：FXBW-500/300-2 环形连接 4．组合形式：V 型单联串 5．导线分裂数：四分裂	串	18	1984.99	532.80	118.15			268.19	35 730	9590	2127			4827
	3AAEBASE0208	导线悬垂串、跳线串	1．电压等级：500kV 2．金具串名称：210kN 复合绝缘子双联 V 型悬垂串（21VH2-1） 3．绝缘子型号：FXBW-500/210-2 环形连接 4．组合形式：V 型双联串 5．导线分裂数：四分裂	串	6	2273.70	676.02	123.38			267.49	13 642	4056	740			1605

续表

序号	项目编码	项目名称	项目特征	计量单位	工程量	全费用综合单价						合价					
						单价	其中：					合计	其中：				
							人工费	材机费	主要材料费		安全文明施工费、临时设施费		人工费	材机费	主要材料费		安全文明施工费、临时设施费
									材料费	其中：暂估价					材料费	其中：暂估价	
	3AAEBASE0209	导线悬垂串、跳线串	1．电压等级：500kV 2．金具串名称：210kN 复合绝缘子双联 V 型悬垂串（21VH2-2） 3．绝缘子型号：FXBW-500/210-3 环形连接 4．组合形式：V 型双联串 5．导线分裂数：四分裂	串	30	2277.93	677.60	123.90			267.68	68 338	20 328	3717			8031
	3AAEBASE0210	导线悬垂串、跳线串	1．电压等级：500kV 2．金具串名称：300kN 复合绝缘子双联 V 型悬垂串（30VH2-1） 3．绝缘子型号：FXBW-500/300-1 环形连接 4．组合形式：V 型双联串 5．导线分裂数：四分裂	串	12	3087.69	744.46	145.77			485.63	37 052	8933	1749			5828

续表

序号	项目编码	项目名称	项目特征	计量单位	工程量	全费用综合单价						合价					
						单价	其中：					合计	其中：				
							人工费	材机费	主要材料费		安全文明施工费、临时设施费		人工费	材机费	主要材料费		安全文明施工费、临时设施费
									材料费	其中：暂估价					材料费	其中：暂估价	
	3AAEBASE0211	导线悬垂串、跳线串	1．电压等级：500kV 2．金具串名称：300kN 复合绝缘子双联 V 型悬垂串（30VH2-2） 3．绝缘子型号：FXBW-500/300-2 环形连接 4．组合形式：V 型双联串 5．导线分裂数：四分裂	串	12	3087.69	744.46	145.77			485.63	37 052	8933	1749			5828
	3AAEBASE0212	导线悬垂串、跳线串	1．电压等级：500kV 2．金具串名称：120kN 复合绝缘子跳线串（TXH-1） 3．绝缘子型号：FXBW-500/120-2 球碗连接 4．组合形式：I 型单联串 5．导线分裂数：四分裂	单相	233	738.87	242.39	64.96			63.69	172 156	56 478	15 135			14 839

续表

序号	项目编码	项目名称	项目特征	计量单位	工程量	全费用综合单价						合价					
						单价	其中：					合计	其中：				
							人工费	材机费	主要材料费		安全文明施工费、临时设施费		人工费	材机费	主要材料费		安全文明施工费、临时设施费
									材料费	其中：暂估价					材料费	其中：暂估价	
	3AAEBASE0213	导线悬垂串、跳线串	1．电压等级：500kV 2．金具串名称：120kN 复合绝缘子跳线串（TXH-2） 3．绝缘子型号：FXBW-500/120-3 球碗连接 4．组合形式：I 型单联串 5．导线分裂数：四分裂	单相	28	738.86	242.39	64.96			63.69	20 688	6787	1819			1783
5.3	3AAECA	其他金具安装										798 401	234 005	53 123			92 954
	3AAECASE0401	防振锤	规格或型号：防振锤	个	1248	26.35	6.12	1.36			4.26	32 885	7638	1692			5320
	3AAECASE0501	导线间隔棒	规格或型号：间隔棒 FJZ-450/34B	个	4956	75.52	20.95	2.98			10.25	374 274	103 831	14 755			50 800
	3AAECASE0502	导线间隔棒	规格或型号：跳线间隔棒 FJZS-450/34B	个	1260	72.69	22.26	3.40			8.30	91 586	28 045	4290			10 458
	3AAECASE0503	导线间隔棒	规格或型号：间隔棒 TJ2-120-34/25	个	1176	55.45	20.80	2.93			3.69	65 214	24 460	3443			4338
	3AAECASE0701	重锤	规格或型号：重锤 FZC-20	单相	3132	74.85	22.36	9.24			7.04	234 442	70 032	28 944			22 039

续表

序号	项目编码	项目名称	项目特征	计量单位	工程量	全费用综合单价						合价					
						单价	其中：					合计	其中：				
							人工费	材机费	主要材料费		安全文明施工费、临时设施费		人工费	材机费	主要材料费		安全文明施工费、临时设施费
									材料费	其中：暂估价					材料费	其中：暂估价	
6	3AAF	辅助工程										1 806 186	515 725	217 770	304 136		76 980
6.1	3AAFAA	输电线路试运										84 524	19 205	32 301			4780
	3AAFAASF0101	输电线路试运	1．电压等级：500kV 2.线路长度:50km以内 3．同塔同时试运行回路数：二回	回路	2	42 261.84	9602.61	16 150.75			2389.91	84 524	19 205	32 301			4780
6.2	3AAFBA	辅助设施土石方										99 985	41 377	4682			4274
	3AAFBASF0201	尖峰、基面、排洪（水）沟、挡土（水）墙、防撞墩（墙）土石方开挖	1．名称：基面 2．地质类别：粉质黏土	m^3	2147.32	22.96	9.82	0.50			0.96	49 312	21 094	1074			2057

续表

序号	项目编码	项目名称	项目特征	计量单位	工程量	全费用综合单价						合价					
						单价	其中：					合计	其中：				
							人工费	材机费	主要材料费		安全文明施工费、临时设施费		人工费	材机费	主要材料费		安全文明施工费、临时设施费
									材料费	其中：暂估价					材料费	其中：暂估价	
	3AAFBASF0202	尖峰、基面、排洪（水）沟、挡土（水）墙、防撞墩（墙）土石方开挖	1. 名称：排水沟 2. 地质类别：粉质黏土	m^3	635.04	32.03	13.69	0.72			1.34	20 343	8693	459			849
	3AAFBASF0203	尖峰、基面、排洪（水）沟、挡土（水）墙、防撞墩（墙）土石方开挖	1. 名称：排水沟 2. 地质类别：强风化砂岩	m^3	158.76	191.05	73.00	19.84			8.62	30 330	11 589	3150			1368
6.3	3AAFCA	辅助设施砌（浇）筑										1 326 562	395 075	55 452	304 136		50 720
	3AAFCASF0301	排洪（水）沟、挡土（水）墙、围堰、防撞墩（墙）砌（浇）筑	1. 名称：排水沟 2. 构造类型：素混凝土 3. 混凝土强度等级：C15	m^3	597.48	2220.26	661.23	92.81	509.03		84.89	1 326 562	395 075	55 452	304 136		50 720

续表

序号	项目编码	项目名称	项目特征	计量单位	工程量	全费用综合单价						合价					
						单价	其中：					合计	其中：				
							人工费	材机费	主要材料费		安全文明施工费、临时设施费		人工费	材机费	主要材料费		安全文明施工费、临时设施费
									材料费	其中：暂估价					材料费	其中：暂估价	
6.4	3AAFDA	辅助设施安装										295 115	60 069	125 335			17 205
	3AAFDASF0501	杆塔标志牌安装	1．材质：综合 2．是否拆装：否	块	1230	99.53	23.55	36.34			5.56	122 417	28 972	44 704			6837
	3AAFDASF1001	监测装置	型号或规格：分布式故障诊断装置	套	4	4321.64	1730.87	305.77			189.00	17 287	6923	1223			756
	3AAFDASF1002	监测装置	型号或规格：图像在线监测装置	套	2	4321.64	1730.87	305.77			189.00	8643	3462	612			378
	3AAFDASF1003	监测装置	型号或规格：视频监控监测	套	1	4321.64	1730.87	305.77			189.00	4322	1731	306			189
	3AAFDASF1101	耐张线夹X射线探伤	1．导线分裂数：四分裂 2．回路数：双回路 3．单双侧：单侧	基	6	23 741.02	3163.46	13 081.70			1507.55	142 446	18 981	78 490			9045

结算计价表–4.2

工程量清单全费用综合单价分析表

工程名称：　　　　　　　　　　　　　　　　　　　　　　　　　　金额单位：元

序号	项目编码	项目名称	计量单位	全费用综合单价组成												全费用综合单价
				人工费	材机费	主要材料费		措施费			企业管理费	规费	利润	编制基准期价差	增值税	
						材料费	其中：暂估价	措施费	其中：安全文明施工费	其中：临时设施费						
	3A	架空输电线路工程														
1	3AAA	基础工程														
1.1	3AAAAA	基础土石方														
	3AAAAASA0101	线路复测分坑	基	99.73	41.34			22.16	4.13	8.96	36.77	37.86	11.89	6.24	23.04	279.03
	3AAAAASA0102	线路复测分坑	基	67.45	34.80			15.62	3.00	6.49	24.92	25.60	8.42	4.25	16.30	197.35
	3AAAAASA0201	杆塔坑、拉线坑挖方及回填	m^3	60.81	5.83			11.71	1.95	4.23	22.27	23.08	6.18	3.71	12.02	145.62
	3AAAAASA0202	杆塔坑、拉线坑挖方及回填	m^3	42.93	149.24			21.74	5.63	12.20	16.85	16.29	12.35	3.34	23.65	286.39
	3AAAAASA0203	杆塔坑、拉线坑挖方及回填	m^3	5.60	17.14			2.62	0.67	1.44	2.18	2.13	1.48	0.42	2.84	34.43
	3AAAAASA0204	杆塔坑、拉线坑挖方及回填	m^3	242.22	62.89			50.33	8.94	19.37	89.00	91.94	26.82	14.97	52.04	630.21
	3AAAAASA0301	杆塔坑、拉线坑挖方及回填	m^3	29.72	7.65			6.17	1.09	2.37	10.92	11.28	3.29	1.84	6.38	77.24
	3AAAAASA0302	挖孔基础挖方	m^3	52.25	11.41			10.66	1.87	4.04	19.18	19.83	5.67	3.22	11.00	133.22
	3AAAAASA0303	挖孔基础挖方	m^3	28.85	7.59			6.00	1.07	2.31	10.60	10.95	3.20	1.78	6.21	75.18
	3AAAAASA0304	挖孔基础挖方	m^3	75.42	15.12			15.26	2.65	5.75	27.68	28.63	8.11	4.64	15.74	190.59
	3AAAAASA0305	挖孔基础挖方	m^3	50.59	11.34			10.35	1.81	3.93	18.57	19.20	5.50	3.12	10.68	129.36
	3AAAAASA0306	挖孔基础挖方	m^3	27.91	7.52			5.82	1.04	2.25	10.26	10.59	3.11	1.73	6.02	72.96

续表

序号	项目编码	项目名称	计量单位	全费用综合单价组成												全费用综合单价
				人工费	材机费	主要材料费		措施费			企业管理费	规费	利润	编制基准期价差	增值税	
						材料费	其中：暂估价	措施费	其中：安全文明施工费	其中：临时设施费						
	3AAAAASA0307	挖孔基础挖方	m^3	49.02	11.23			10.05	1.77	3.83	18.00	18.61	5.35	3.02	10.37	125.64
	3AAAAASA0308	挖孔基础挖方	m^3	73.01	14.50			14.76	2.56	5.56	26.79	27.71	7.84	4.49	15.22	184.32
	3AAAAASA0309	挖孔基础挖方	m^3	90.82	15.62			18.13	3.12	6.76	33.31	34.47	9.62	5.57	18.68	226.23
	3AAAAASA0310	挖孔基础挖方	m^3	117.33	92.66			30.15	6.15	13.33	43.59	44.53	16.41	7.56	31.7	383.94
	3AAAAASA0311	挖孔基础挖方	m^3	138.64	107.61			35.45	7.21	15.64	51.50	52.62	19.29	8.93	37.26	451.30
	3AAAAASA0312	挖孔基础挖方	m^3	214.10	63.56			45.23	8.14	17.63	78.73	81.27	24.14	13.27	46.83	567.12
	3AAAAASA0313	挖孔基础挖方	m^3	145.04	96.76			35.62	7.08	15.35	53.75	55.05	19.31	9.26	37.33	452.13
	3AAAAASA0314	挖孔基础挖方	m^3	160.73	108.72			39.62	7.89	17.11	59.58	61.01	21.48	10.27	41.53	502.94
	3AAAAASA0315	挖孔基础挖方	m^3	73.58	86.67			21.56	4.70	10.18	27.56	27.93	11.86	4.88	22.86	276.91
	3AAAAASA0316	挖孔基础挖方	m^3	111.51	95.23			29.32	6.06	13.13	41.49	42.33	15.99	7.22	30.88	373.97
	3AAAAASA0317	挖孔基础挖方	m^3	134.23	104.51			34.36	6.99	15.16	49.86	50.95	18.69	8.64	36.11	437.35
	3AAAAASA0318	挖孔基础挖方	m^3	284.17	83.35			59.94	10.77	23.34	104.49	107.86	31.99	17.61	62.05	751.46
1.2	3AAABA	基础钢材														
	3AAABASA0401	现浇基础（构件）钢筋	t	657.63	245.74	5406.00		302.01	184.86	57.36	242.21	249.62	355.16	41.02	674.94	8174.33
	3AAABASA0501	钢筋笼	t	748.68	263.91	5406.00		320.42	188.06	64.30	275.63	284.18	364.94	46.61	693.93	8404.30
	3AAABASA0601	地脚螺栓	t	200.49	65.60	8004.42		277.45	242.33	16.90	73.77	76.10	434.89	12.46	823.07	9968.26
	3AAABASA0602	地脚螺栓	t	200.49	65.60	8449.14		290.48	255.36	16.90	73.77	76.10	457.78	12.46	866.32	10 492.14
1.3	3AAACA	混凝土工程														
	3AAACASA1301	基础垫层	m^3	325.22	16.07	343.42		71.30	20.06	21.67	118.96	123.44	49.92	19.76	96.13	1164.21
	3AAACASA1302	基础垫层	m^3	327.79	16.22	342.19		71.75	20.11	21.84	119.90	124.42	50.11	19.91	96.51	1168.80

续表

序号	项目编码	项目名称	计量单位	全费用综合单价组成													全费用综合单价
				人工费	材机费	主要材料费		措施费			企业管理费	规费	利润	编制基准期价差	增值税		
						材料费	其中：暂估价	措施费	其中：安全文明施工费	其中：临时设施费							
	3AAACASA1401	现浇基础	m^3	696.95	97.15	529.32		152.55	38.78	50.43	255.42	264.54	99.80	42.65	192.45		2330.84
	3AAACASA1402	现浇基础	m^3	162.61	42.67	560.28		50.25	22.43	13.04	59.75	61.72	46.86	10.05	89.48		1083.67
	3AAACASA1601	挖孔基础浇灌	m^3	702.57	87.76	540.10		153.03	38.98	50.19	257.40	266.68	100.38	42.94	193.58		2344.44
	3AAACASA1602	挖孔基础浇灌	m^3	755.10	103.86	540.10		164.18	40.99	54.54	276.72	286.62	106.33	46.20	205.12		2484.23
	3AAACASA1603	挖孔基础浇灌	m^3	738.70	94.67	540.10		160.31	40.24	52.92	270.66	280.39	104.24	45.16	201.08		2435.33
	3AAACASA1604	挖孔基础浇灌	m^3	755.10	103.86	540.10		164.18	40.99	54.54	276.72	286.62	106.33	46.20	205.12		2484.24
	3AAACASA1605	挖孔基础浇灌	m^3	738.70	94.67	556.16		160.78	40.71	52.92	270.66	280.39	105.07	45.16	202.64		2454.25
	3AAACASA1701	挖孔基础护壁	m^3	1104.54	370.36	631.92		255.79	61.73	93.66	406.49	419.26	159.42	68.68	307.48		3723.92
	3AAACASA2201	岩石锚杆基础	m	104.26	120.47	6.18		30.51	6.77	14.27	39.04	39.57	17.00	6.91	32.75		396.69
	3AAACASA2401	保护帽	m^3	1393.11	177.56	509.03		287.32	60.94	99.74	510.43	528.79	170.32	85.17	329.56		3991.40
2	3AAB	杆塔工程															
2.1	3AABAA	杆塔组立															
	3AABAASB0401	自立塔组立	t	902.30	189.49			368.63	217.28	69.33	331.18	342.49	422.90	55.54	235.13		2847.65
	3AABAASB0402	自立塔组立	t	1135.53	264.63			418.45	226.32	88.91	416.99	431.02	449.53	70.02	286.75		3472.91
	3AABAASB0403	自立塔组立	t	1332.64	305.55			458.45	233.29	104.02	489.33	505.84	470.79	82.15	328.03		3972.77
	3AABAASB0404	自立塔组立	t	1186.84	521.83			451.74	235.36	108.50	437.74	450.49	468.63	74.41	323.25		3914.95
	增 3AABAASB0407	自立塔组立	t	1152.27	506.63			438.58	228.50	105.34	424.99	437.37	454.98	72.24	313.83		3800.92
	3AABAASB0405	自立塔组立	t	1272.55	292.82			491.86	276.78	99.40	467.28	483.03	544.44	78.45	326.74		3957.17
	3AABAASB0406	自立塔组立	t	1528.74	655.65			572.59	294.92	138.71	563.72	580.27	589.11	95.77	412.73		4998.58
3	3AAC	接地工程															

续表

序号	项目编码	项目名称	计量单位	全费用综合单价组成												全费用综合单价
				人工费	材机费	主要材料费		措施费			企业管理费	规费	利润	编制基准期价差	增值税	
						材料费	其中：暂估价	措施费	其中：安全文明施工费	其中：临时设施费						
3.1	3AACAA	接地土石方														
	3AACAASC0101	接地槽挖方及回填	m^3	14.81	1.04			2.82	0.46	1.01	5.42	5.62	1.49	0.90	2.89	34.99
3.2	3AACBA	接地安装														
	3AACBASC0301	水平接地体安装	m	0.67	0.24	6.39		0.33	0.21	0.06	0.25	0.26	0.41	0.04	0.77	9.36
	3AACBASC0301	接地安装	m	1.28	0.48	12.03		0.63	0.40	0.11	0.47	0.49	0.77	0.08	1.46	17.70
4	3AAD	架线工程														
4.1	3AADAA	导地线架设														
	3AADAASD0301	导线架设	km	27 846.17	51 104.75	1834.86		33 324.32	25 779.72	5013.38	10 573.61	10 569.71	46 716.08	1940.22	16 551.88	200 461.60
	3AADAASD0302	导线架设	km	32 128.74	51 373.92	1834.86		34 135.94	25 913.02	5302.42	12 140.56	12 195.27	47 143.76	2200.66	17 383.83	210 537.55
	3AADAASD0101	避雷线架设	km	1280.76	2643.54			988.24	622.62	249.19	488.61	486.15	1160.64	90.70	642.48	7781.11
	3AADAASD0201	OPGW 架设	km	1649.39	4780.87			1234.70	676.45	408.32	639.98	626.07	1279.38	123.69	930.07	11 264.15
	3AADAASD0202	OPGW 架设	km	3561.32	9592.07			2106.79	947.82	835.24	1376.13	1351.79	1859.18	263.42	1809.96	21 920.66
	3AADAASD0203	OPGW 架设	km	1615.68	4536.03			1206.44	668.94	390.63	625.75	613.27	1263.82	120.43	898.33	10 879.76
4.2	3AADBA	跨（穿）越架设														
	3AADBASD0502	交叉跨越	处	7699.17	2598.08			1655.44	301.71	653.88	2833.54	2922.41	885.43	478.79	1716.56	20 789.42
	3AADBASD0503	交叉跨越	处	10 465.44	3355.47			2233.89	404.95	877.63	3850.24	3972.42	1193.87	649.94	2314.91	28 036.19
	3AADBASD0504	交叉跨越	处	15 625.83	15 721.09			4329.38	918.46	1990.53	5832.3	5931.17	2371.99	1023.97	4575.22	55 410.95
	3AADBASD0505	交叉跨越	处	13 322.72	2224.07			2653.78	455.52	987.22	4885.47	5056.97	1407.15	817.14	2733.06	33 100.35
	3AADBASD0506	交叉跨越	处	10 793.27	1801.78			2149.93	369.03	799.79	3957.91	4096.85	1139.99	662.00	2214.16	26 815.88
	3AADBASD0507	交叉跨越	处	10 793.27	1801.78			2149.93	369.03	799.79	3957.91	4096.85	1139.99	662.00	2214.16	26 815.88

续表

序号	项目编码	项目名称	计量单位	全费用综合单价组成												全费用综合单价
				人工费	材机费	主要材料费		措施费			企业管理费	规费	利润	编制基准期价差	增值税	
						材料费	其中：暂估价	措施费	其中：安全文明施工费	其中：临时设施费						
	3AADBASD0508	交叉跨越	处	8714.69	1454.75			1735.89	297.96	645.76	3195.69	3307.88	920.44	534.51	1787.75	21 651.60
	3AADBASD0509	交叉跨越	处	6662.74	2766.89			1480.71	276.29	598.78	2456.15	2529.01	794.77	416.93	1539.65	18 646.84
	3AADBASD0510	交叉跨越	处	2883.80	866.55			610.18	109.89	238.15	1060.50	1094.62	325.79	178.80	631.83	7652.18
	3AADBASD0511	交叉跨越	处	3327.47	1023.29			706.22	127.48	276.27	1223.84	1263.02	377.19	206.43	731.47	8858.92
	3AADBASD0512	交叉跨越	处	1758.30	932.30			409.52	78.83	170.85	649.75	667.41	220.86	111.04	427.43	5176.60
	3AADBASD0513	交叉跨越	处	3032.15	1421.00			688.87	130.48	282.77	1119.03	1150.93	370.60	190.55	717.58	8690.70
	3AADBASD0514	交叉跨越	处	8404.05	2541.21			1779.65	320.70	695.02	3090.66	3189.97	950.28	521.15	1842.93	22 319.89
	3AADBASD0515	交叉跨越	处	2883.80	866.65			610.18	109.89	238.15	1060.50	1094.62	325.79	178.80	631.83	7652.18
	3AADBASD0516	交叉跨越	处	2883.80	866.65			610.18	109.89	238.15	1060.50	1094.62	325.79	178.80	631.83	7652.18
5	3AAE	附件工程														
5.1	3AAEAA	导线耐张绝缘子、金具串安装														
	3AAEAASE0101	导线耐张串	组	4269.91	1121.93			1307.24	576.72	342.38	1568.98	1620.75	1209.02	263.94	1022.56	12 384.32
	3AAEAASE0102	导线耐张串	组	4269.91	1121.93			1428.81	698.30	342.38	1568.98	1620.75	1422.56	263.94	1052.72	12 749.60
	3AAEAASE0103	导线耐张串	组	4116.82	1071.84			1223.27	519.57	329.48	1512.65	1562.64	1101.56	254.43	975.89	11 819.10
	3AAEAASE0301	跳线制作及安装	单相	2122.24	917.36			474.99	89.06	193.01	782.62	805.55	255.14	132.98	494.18	5985.06
5.2	3AAEBA	导线悬垂绝缘子、金具串安装														
	3AAEBASE0201	导线悬垂串、跳线串	串	483.08	102.38			202.70	121.61	37.18	177.32	183.37	235.70	29.74	127.29	1541.57
	3AAEBASE0202	导线悬垂串、跳线串	串	484.67	102.90			203.04	121.68	37.31	177.90	183.97	235.88	29.84	127.64	1545.84
	3AAEBASE0203	导线悬垂串、跳线串	串	488.16	104.05			228.32	146.34	37.61	179.19	185.29	279.36	30.05	134.50	1628.92

续表

序号	项目编码	项目名称	计量单位	全费用综合单价组成												全费用综合单价
				人工费	材机费	主要材料费		措施费			企业管理费	规费	利润	编制基准期价差	增值税	
						材料费	其中：暂估价	措施费	其中：安全文明施工费	其中：临时设施费						
	3AAEBASE0204	导线悬垂串、跳线串	串	510.81	110.96			245.23	159.32	39.48	187.52	193.89	303.21	31.46	142.48	1725.56
	3AAEBASE0205	导线悬垂串、跳线串	串	512.40	111.48			245.57	159.38	39.62	188.10	194.50	303.39	31.56	142.83	1729.83
	3AAEBASE0206	导线悬垂串、跳线串	串	532.80	118.15			316.63	226.86	41.34	195.61	202.24	422.85	32.82	163.90	1984.99
	3AAEBASE0207	导线悬垂串、跳线串	串	532.80	118.15			316.63	226.86	41.34	195.61	202.24	422.85	32.82	163.90	1984.99
	3AAEBASE0208	导线悬垂串、跳线串	串	676.02	123.38			328.94	216.73	50.76	247.98	256.6	411.52	41.52	187.74	2273.70
	3AAEBASE0209	导线悬垂串、跳线串	串	677.60	123.90			329.28	216.79	50.90	248.56	257.20	411.70	41.61	188.09	2277.93
	3AAEBASE0210	导线悬垂串、跳线串	串	744.46	145.77			553.30	429.10	56.53	273.16	282.58	787.71	45.77	254.95	3087.69
	3AAEBASE0211	导线悬垂串、跳线串	串	744.46	145.77			553.30	429.10	56.53	273.16	282.58	787.71	45.77	254.95	3087.69
	3AAEBASE0212	导线悬垂串、跳线串	单相	242.39	64.96			85.72	44.17	19.52	89.08	92.01	88.71	14.99	61.01	738.87
	3AAEBASE0213	导线悬垂串、跳线串	单相	242.39	64.96			85.72	44.17	19.52	89.08	92.01	88.71	14.99	61.01	738.86
5.3	3AAECA	其他金具安装														
	3AAECASE0401	防振锤	个	6.12	1.36			4.82	3.79	0.47	2.25	2.32	6.93	0.38	2.18	26.35
	3AAECASE0501	导线间隔棒	个	20.95	2.98			12.15	8.73	1.52	7.68	7.95	16.29	1.28	6.24	75.52
	3AAECASE0502	导线间隔棒	个	22.26	3.40			10.32	6.67	1.63	8.16	8.45	12.73	1.36	6.00	72.69
	3AAECASE0503	导线间隔棒	个	20.80	2.93			5.58	2.18	1.51	7.62	7.89	4.78	1.27	4.58	55.45
	3AAECASE0701	重锤	单相	22.36	9.24			9.07	5.03	2.01	8.24	8.49	9.87	1.40	6.18	74.85
6	3AAF	辅助工程														
6.1	3AAFAA	输电线路试运														
	3AAFAASF0101	输电线路试运	回路	9602.61	16 150.75			3262.79	754.57	1635.34	3634.77	3644.91	1814.79	661.71	3489.51	42 261.84

续表

序号	项目编码	项目名称	计量单位	全费用综合单价组成												全费用综合单价
				人工费	材机费	主要材料费		措施费			企业管理费	规费	利润	编制基准期价差	增值税	
						材料费	其中：暂估价	措施费	其中：安全文明施工费	其中：临时设施费						
6.2	3AAFBA	辅助设施土石方														
	3AAFBASF0201	尖峰、基面、排洪（水）沟、挡土（水）墙、防撞墩（墙）土石方开挖	m^3	9.82	0.50			1.85	0.30	0.66	3.59	3.73	0.97	0.60	1.90	22.96
	3AAFBASF0202	尖峰、基面、排洪（水）沟、挡土（水）墙、防撞墩（墙）土石方开挖	m^3	13.69	0.72			2.58	0.42	0.92	5.01	5.20	1.36	0.83	2.65	32.03
	3AAFBASF0203	尖峰、基面、排洪（水）沟、挡土（水）墙、防撞墩（墙）土石方开挖	m^3	73.00	19.84			15.25	2.72	5.90	26.83	27.71	8.13	4.52	15.77	191.05
6.3	3AAFCA	辅助设施砌（浇）筑														
	3AAFCASF0301	排洪（水）沟、挡土（水）墙、围堰、防撞墩（墙）砌（浇）筑	m^3	661.23	92.81	509.03		145.00	37.01	47.88	242.34	250.99	95.07	40.47	183.32	2220.26
6.4	3AAFDA	辅助设施安装														
	3AAFDASF0501	杆塔标志牌安装	块	23.55	36.34			7.70	1.76	3.80	8.89	8.94	4.27	1.61	8.22	99.53
	3AAFDASF1001	监测装置	套	1730.87	305.77			346.34	59.67	129.33	634.84	656.99	183.74	106.25	356.83	4321.64
	3AAFDASF1002	监测装置	套	1730.87	305.77			346.34	59.67	129.33	634.84	656.99	183.74	106.25	356.83	4321.64
	3AAFDASF1003	监测装置	套	1730.87	305.77			346.34	59.67	129.33	634.84	656.99	183.74	106.25	356.83	4321.64
	3AAFDASF1101	耐张线夹 X 射线探伤	基	3163.46	13 081.70			1795.11	475.98	1031.57	1257.96	1200.77	1024.95	256.8	1960.27	23 741.02

注 1：材机费=消耗性材料+机械费。

注 2：措施费：按费率计取。

结算计价表–4.3

工程量清单全费用综合单价人、材、机计价表

工程名称：　　　　　　　　　　　　　　　　　　　　　　　　　　　金额单位：元

序号	项目编码（编制依据）	项目名称	计量单位	工程量（数量）	单价				合价			
					人工费	材机费	主要材料费		人工费	材机费	主要材料费	
							材料费	其中：暂估价			材料费	其中：暂估价
	3A	架空输电线路工程							31 597 924	10 936 528	17 531 271	
1	3AAA	基础工程							14 241 544	4 028 059	16 731 165	
1.1	3AAAAA	基础土石方							1 866 452	1 461 755		
	3AAAAASA0101	线路复测分坑	基	49								
	YX2-7	线路复测及分坑　耐张（转角）自立塔	基	4	68.35	41.34			273	165		
	调 YX2-7 R×1.5	线路复测及分坑　耐张（转角）自立塔	基	45	102.52	41.34			4614	1860		
	综合单价人、材、机				99.73	41.34			4887	2026		
	3AAAAASA0102	线路复测分坑	基	74								
	YX2-6	线路复测及分坑　直线自立塔	基	3	45.58	34.8			137	104		
	调 YX2-6 R×1.5	线路复测及分坑　直线自立塔	基	71	68.37	34.8			4854	2471		
	综合单价人、材、机				67.45	34.8			4991	2575		
	3AAAAASA0201	杆塔坑、拉线坑挖方及回填	m^3	2.59								
	YX2-16	电杆坑、塔坑、拉线坑人工挖方（或爆破）及回填　坚土　坑深 2.0m 以内	m^3	8.74	18.04	1.73			158	15		
	综合单价人、材、机				60.81	5.83			158	15		
	3AAAAASA0202	杆塔坑、拉线坑挖方及回填	m^3	1481.61								
	YX2-86	电杆坑、塔坑、拉线坑机械挖方及回填　岩石　坑深 4m 以内	m^3	1641.42	38.75	134.71			63 602	221 115		
	综合单价人、材、机				42.93	149.24			63 602	221 115		

注 1： 如不使用行业建设主管部门发布的计价依据，可不填编制依据。

注 2： 施工合同中属暂估单价的材料，仍按暂估单价填入表内；发、承包双方最终确认的材料单价，按价差合计填入其他费用表“暂估材料单价确认及价差计价”栏。

注 3： 材机费=消耗性材料+机械费。

结算计价表–5

承包人采购材料计价表

工程名称：　　　　　　　　　　　　　　　　　　　　　　　　　　　　金额单位：元

序号	材料名称	型号规格	计量单位	数量	合同单价	合价	备注
一	安装						
1	飞行器租赁		km	46.154	1834.86	84 686	
2	声测管		m	2687.00	16.51	44 362	
3	地脚螺栓		t	55.275	8407.10	464 702	
4	地脚螺栓		t	246.851	7964.60	1 966 069	
5	钢筋笼		t	1031.037	5100.00	5 258 289	
6	普通硅酸盐水泥	42.5	t	5583.657	504.00	2 814 163	
7	中砂		m^3	7780.62	266.60	2 074 313	
8	碎石	粒径 15mm 以内	m^3	93.94	195.20	18 337	
9	碎石	粒径 40mm 以内	m^3	15 438.00	195.20	3 013 498	
10	水		t	2646.499	4.00	10 586	
11	接地圆钢	镀锌	t	58.094	7079.64	411 285	
12	普通圆钢	综合	t	179.568	5100.00	1 012 697	
13	混凝土（基础）	C25	m^3	649.07	552.00	358 287	
小计						17 531 274	
合计						17 531 274	

注：施工合同中属暂估单价的材料，按发、承包双方最终确认的单价填入表内。

结算计价表–6

承包人采购设备计价表

工程名称：　　　　　　　　　　　　　　　　　　　　　　　　　　　　金额单位：元

序号	设备名称	型号规格	计量单位	数量	合同单价	结算单价	风险范围	价差	合价	备注

注：施工合同中属暂估单价的工程设备，按发、承包双方最终确认的单价填入表内。

结算计价表–7

措施项目清单计价表

工程名称：　　　　　　　　　　　　　　　　　　　　　　　　　　金额单位：元

序号	项目名称	项目特征	计量单位	工程量	单价				合价				备注
					全费用综合单价	其中			合计	其中			
						人工费	材料费	机械费		人工费	材料费	机械费	
	安装措施项目												
1	单价措施项目												
	招标人已列项目								250 000				
1.1	施工道路	1. 路床　整形平均厚度：10cm 2. 基层材质及厚度：碎石 20cm 3. 面层材质及厚度：混凝土 10cm	m^2	500.00	500.00				250 000				
2	总价措施项目												
小计									250 000				
合计									250 000				

注：本表适用于以全费用综合单价形式计价的措施项目，若需要人、材、机组成表及全费用综合单价表，可以参照结算计价表–4.1、结算计价表–4.2。

结算计价表–8

其他项目清单计价表

工程名称：　　　　　　　　　　　　　　　　　　　　　　　　　　金额单位：元

序号	项目名称	计量单位	金额	备注
一	施工合同已列项目	元	3 801 086	
1	确认价	元	3 000 000	
1.1	暂估材料单价确认及价差计价			
1.2	专业工程结算价	元	3 000 000	
2	计日工	元	95 000	
3	施工总承包服务费计价			
4	索赔与现场签证计价汇总			
5	其他	元	706 086	
5.1	招标人供应设备、材料卸车保管费	元	706 086	
5.1.1	设备保管费	元	979	
5.1.2	材料保管费	元	705 108	
小计			3 801 086	
二	施工过程增列项目			
小计				
合计			3 801 086	

结算计价表-8.1

暂估材料单价确认及价差计价表

工程名称：　　　　　　　　　　　　　　　　　　　　　　　　　　金额单位：元

序号	材料名称、规格、型号	计量单位	数量	暂估价	确认价	价差	备注
合计							

注：暂估材料按发、承包双方最终确认的单价填入此表，产生的价差合计填入结算计价表-8。

结算计价表-8.2

专业工程结算价表

工程名称：　　　　　　　　　　　　　　　　　　　　　　　　　　金额单位：元

序号	工程名称	工程内容	金额	备注
1	应用软件升级		3 000 000	
合计			3 000 000	

注：此表由承包人按施工合同中属暂估价的专业工程内容及施工过程中按中标价或发包人、承包人与分包人最终确认结算价填入表中。

结算计价表-8.3

计日工表

工程名称：　　　　　　　　　　　　　　　　　　　　　　　　　　金额单位：元

编号	项目名称	计量单位	确定数量	全费用综合单价	合价	备注
一	人工					
1	输电普通工	工日	150	300	45 000	
2	输电技术工	工日	80	500	40 000	
人工小计					95 000	
二	材料					
材料小计						
三	施工机械					
施工机械小计						
合计					95 000	

注：此表项目名称、数量由承包人按发包人实际签证确认的事项计列，单价按照施工合同约定的价格确定并计算合价。

结算计价表–8.4

施工总承包服务费计价表

工程名称：　　　　　　　　　　　　　　　　　　　　　　　　　　　　　　　　金额单位：元

序号	项目名称	取费基数	服务内容	费率（%）	金额	备注
1	发包人发包专业工程					

注：此表取费基数、服务内容由承包人依据合同约定金额计算，如发生调整的，以发、承包双方确认调整的金额计算。

结算计价表–8.5

索赔与现场签证计价汇总表

工程名称：　　　　　　　　　　　　　　　　　　　　　　　　　　　　　　　　金额单位：元

序号	项目名称	计量单位	数量	单价	合价	索赔及签证依据
一	索赔与现场签证费用					
合计						

注：索赔费用应该依据发承包双方确认的索赔事项和金额计算，签证及索赔依据是指经双方认可的签证单和索赔依据的编号，合计费用汇总到估算计价表–8。

结算计价表–8.6

人工、材料（设备）、机械台班价格调整计价表

工程名称：　　　　　　　　　　　　　　　　　　　　　　　　　　　　　　　　金额单位：元

序号	材料名称	单位	数量	基准价	结算单价	风险范围	价差	合价	备注
一	人工								
	小计								
二	材料（设备）								
	小计								
三	机械台班								
	小计								
	合计								

结算计价表–9

发包人采购材料表

工程名称：　　　　　　　　　　　　　　　　　　　　　　　　　　　　　　　　金额单位：元

序号	材料名称	型号规格	计量单位	数量	单价	备注
一	招标人采购材料					
1	盘型瓷绝缘子	U160BP/155T	只	1440	120.00	

续表

序号	材料名称	型号规格	计量单位	数量	单价	备注
2	线路电瓷　玻璃绝缘子	U420B/205	只	34 560	100.00	
3	线路　防振锤	FRYJ-4/6	件	1248	120.00	
4	线路　间隔棒	FJZ-450/34B	件	4956	270.00	
5	跳线间隔棒	TJ2-120-34/25	件	1176	50.00	
6	跳线间隔棒	FJZS-450/34B	件	1260	199.00	
7	线路　预绞丝护线条	FYH-630/45	件	96	255.00	
8	线路　联板	综合（L、LS、LL 等类型）	t	64.290	11 551.00	
9	线路　挂环	综合（Q、QP、QH、U 等类型）	t	31.257	22 751.00	
10	线路　挂板	综合（W、WS、P、Z 等类型）	t	131.027	18 279.00	
11	72 芯 OPGW 光缆	OPGW-17-150-5（含金具）	km	97.932	16 656.63	
12	96 芯 OPGW 光缆	OPGW-17-150-5（含金具）	km	3.580	19 195.57	
13	高导电率钢芯铝绞线	JL3/G1A-630/45	t	2477.988	14 765.00	
14	铝包钢绞线	JLB35-150	t	0.322	12 556.00	
15	变电　设备线夹（压缩型 A、B 型）	SY-120/7A	件	8	8.00	
16	均压环	FJPE-50/1800/350	件	1152	280.00	
17	均压屏蔽环	FJPE-50/1800/380	件	48	280.00	
18	拉杆	YL-21570	件	1152	500.00	
19	拉杆（YL 型）	YL-12430	件	48	500.00	
20	铁塔	角钢，Q420	t	4594.611	6343.00	
21	铁塔	角钢，Q345	t	4594.611	6242.00	
22	铁塔	角钢钢管组合，Q420	t	500.500	7906.00	
23	铁塔	角钢钢管组合，Q345	t	500.500	7778.00	
24	跳线间隔棒	TJ2-120-34/23	件	1200	50.00	
25	跳线悬垂线夹	XT4-500/630	件	261	171.00	
26	线路　耐张线夹（压缩式）	NY-150BG-35	件	4	85.00	
27	线路　耐张线夹（压缩式）	NY-150BG-35	件	4	85.00	
28	线路　耐张线夹（压缩式）	NY-630/45（A）	件	948	305.00	
29	线路　耐张线夹（压缩式）	NY-630/45（B）	件	948	305.00	
30	线路　耐张线夹（注脂）	NY-630/45（A）	件	252	1327.00	
31	线路　耐张线夹（注脂）	NY-630/45（B）	件	252	1327.00	
32	线路　悬垂线夹	XGB-10054	件	1152	86.00	
33	线路　悬垂线夹	XGB-16054	件	360	86.00	
34	线路　悬垂线夹	XGB-6040	件	120	86.00	
35	线路　悬垂线夹	XGB-12054	件	144	86.00	
36	线路电瓷　地线绝缘子	UE70CN	只	8	88.00	

续表

序号	材料名称	型号规格	计量单位	数量	单价	备注
37	线路电瓷　合成绝缘子	FXBW-500/210-2	只	432	1140.00	
38	线路电瓷　合成绝缘子	FXBW-500/210-3	只	276	1140.00	
39	线路电瓷　合成绝缘子	FXBW-500/300-1	只	144	1390.00	
40	线路电瓷　合成绝缘子	FXBW-500/300-2	只	84	1390.00	
41	线路电瓷　合成绝缘子	FXBW-500/120-2	只	261	980.00	
42	重锤片	FZC-20	件	3132	138.00	
二	招标人采购设备					
1	分布式故障诊断装置		套	4	159 292.00	
2	视频监控监测		套	1	8850.00	
3	图像在线监测装置		套	2	44 248.00	

注：发包人采购材料按施工实际发生填写。

结算计价表–10

主要工日价格表

工程名称：　　　　　　　　　　　　　　　　　　　　　　　　　　金额单位：元

序号	工种	单位	数量	单价
一	安装			
1	输电普通工	工日	216 968	74.00
2	输电技术工	工日	146 772	119.00
3	调试技术工	工日	126	161.00
二	其他：计日工			
1	输电普通工	工日	150	214.10
2	输电技术工	工日	80	356.84

结算计价表–11

主要机械台班价格表

工程名称：　　　　　　　　　　　　　　　　　　　　　　　　　　金额单位：元

序号	机械设备名称	单位	数量	单价
一	安装			
J01-01-001	履带式推土机　功率　75kW	台班	1.1788	749.519
J01-01-034	履带式单斗液压挖掘机　斗容量　$0.6m^3$	台班	213.4723	642.878
J01-01-054	气腿式风动凿岩机	台班	757.2251	12.382
J01-01-055	手持式风动凿岩机	台班	506.0486	11.487
J01-01-056	磨钻机	台班	3673.8344	43.054
J02-01-025	锚杆钻孔机	台班	91.3768	1400.015
J02-01-026	液压钻机　XU-100	台班	1401.0751	228.386
J03-01-015	履带式起重机　起重量　250t	台班	0.5648	8236.266
J03-01-033	汽车式起重机　起重量　5t	台班	169.5583	555.433

续表

序号	机械设备名称	单位	数量	单价
J03-01-034	汽车式起重机　起重量　8t	台班	438.8165	658.968
J03-01-035	汽车式起重机　起重量　12t	台班	176.945	776.885
J03-01-036	汽车式起重机　起重量　16t	台班	199.3325	881.315
J03-01-037	汽车式起重机　起重量　20t	台班	433.6212	998.005
J03-01-038	汽车式起重机　起重量　25t	台班	2.9922	1128.535
J03-01-110	吊装机械（综合）	台班	145.7915	672.827
J04-01-005	载重汽车　10t	台班	2.8444	492.53
J04-01-020	平板拖车组　10t	台班	0.7073	700.586
J05-01-001	电动单筒快速卷扬机　10kN	台班	20.7116	168.398
J05-01-009	电动单筒慢速卷扬机　30kN	台班	1362.5303	176.85
J05-01-010	电动单筒慢速卷扬机　50kN	台班	753.6063	182.558
J06-01-021	滚筒式混凝土搅拌机（电动式）　出料容量 250L	台班	1197.9272	179.634
J06-01-022	滚筒式混凝土搅拌机（电动式）　出料容量 400L	台班	75.8932	190.94
J06-01-052	混凝土振捣器（插入式）	台班	471.2303	13.899
J08-01-005	数控钢筋调直切断机　直径　ϕ1.8～3	台班	112.3876	195.724
J08-01-006	钢筋弯曲机　直径　ϕ40	台班	615.1621	27.768
J08-01-073	型钢剪断机　剪断宽度　500mm	台班	24.2419	250.818
J08-01-094	管子切断机　管径　ϕ60	台班	44.1414	17.487
J09-01-016	污水泵　出口直径　ϕ70	台班	473.8809	89.053
J09-01-017	污水泵　出口直径　ϕ100	台班	1.9886	132.047
J09-01-037	液压注浆泵　HYB50-50-Ⅰ型	台班	91.3768	119.736
J10-01-028	汽油电焊机　电流　160A 以内	台班	582.5554	227.643
J11-01-018	电动空气压缩机　排气量　3m^3/min	台班	198.2897	136.067
J11-01-020	电动空气压缩机　排气量　10m^3/min	台班	324.1981	421.819
J13-01-060	机动绞磨　3t 以内	台班	4801.0323	163.805
J13-01-061	机动绞磨　5t 以内	台班	1446.2874	175.292
J13-01-062	手扶机动绞磨　5t 以内	台班	28.4939	241.431
J13-01-065	机动液压压接机　200t 以内	台班	1391.212	79.425
J13-01-079	输电专用载重汽车　4t	台班	3406.092	316.243
J13-01-080	输电专用载重汽车　5t	台班	6734.0795	341.338
J13-01-082	输电专用载重汽车　8t	台班	108.3781	478.39
J13-01-083	输电专用载重汽车　10t	台班	436.3188	525.685
J13-01-084	输电专用载重汽车　15t	台班	50.0249	729.64
J13-01-B19	X 射线探伤机　3005	台班	27.195	349.981
J14-03-018	交流高压发生器　50kVA 以下　500kV	台班	6.4354	781.367
J14-05-020	图像质量分析仪	台班	29.1417	819.969
J14-05-057	光频谱分析仪	台班	1.995	210.769
J14-05-059	光纤色散测试仪	台班	1.995	1530.585
J14-05-061	光纤熔接仪	台班	96.7749	234.547

续表

序号	机械设备名称	单位	数量	单价
J14-05-064	光时域反射仪	台班	195.9227	297.239
J14-05-062	光纤电话	台班	88.0552	33.225
J14-09-027	线路参数测试仪	台班	1.2871	5252.21
J15-01-004	吹风机　能力　$4m^3$/min	台班	340.141	57.808
J15-01-012	内切割机	台班	684.1292	60.792
J15-01-051	机动船舶　5t	台班	184.8389	138.7
J15-01-066	功能检测分析平台（电脑）	台班	36.5252	32.14
J16-01-025	绝缘电阻表（数字式）	台班	3.0631	15.768
J18-01-001	牵引机　一牵一	台班	111.0161	1279.204
J18-01-003	牵引机　一牵四	台班	124.7475	4039.899
J18-01-005	张力机　一张一	台班	111.0161	941.072
J18-01-007	张力机　一张四	台班	124.7475	3741.082
J19-01-024	手持式数字双钳相位表	台班	5.7919	12.492
J23-01-002	人工凿岩机械　综合	台班	46.1788	15.196
J23-01-003	5.8G 无线信号传输系统	台班	30.0899	76.973
J23-01-004	防辐射个人剂量计	台班	120.3605	69.415
J23-01-005	环境辐射计量仪	台班	30.0899	69.033

二、陆上电缆输电线路建筑工程

（一）工程概况

××110kV 陆上电缆输电线路建筑工程新建 2×10-1 孔排管 2500m（其中 CPVC150 管 9 孔，CPVC175 管 9 孔，1 孔为七孔管），新建 12m×2.5m×1.9m 直线工井 20 座，新建 14m×2.5m×1.9m 转角工井 2 座，新建 14m×2.5m×1.9m 三通工井 1 座，新建 14m×2.5m×1.9m 四通工井 1 座，新建 21 孔非开挖 100m。工程位于Ⅰ类非特殊地区。

（二）招标工程量清单编制

1. 编制步骤

（1）根据工程概况，编制“清单表–1　总说明”。

（2）编制“清单表–2　分部分项工程量清单”。

第一步：识图。排管断面图见图 5-3。

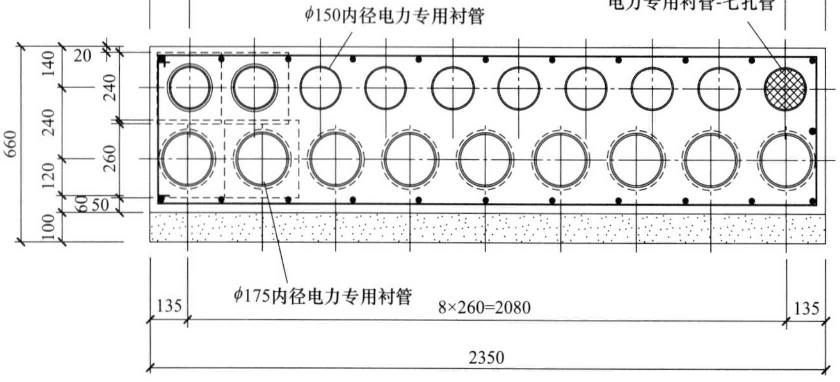

图 5-3　排管断面图

第二步：找出《电力建设工程工程量清单计算规范　输电线路工程》（DL/T 5205—2021）附录中对应的清单项。工程量清单项目及计算规定见表 5–14。

表 5–14　　工程量清单项目及计算规定

项目编码	项目名称	项目特征	计量单位	工程量计算规则	工作内容
SE01	排管敷设	1．材质 2．规格	m	按设计图示尺寸，以单孔总长度计算，扣除附属构筑物（检查井）所占长的长度	1．材料运输、装卸 2．管道安装 3．接口附近安装 4．拉棒试通 5．防腐 6．工器（机）具移运 7．清理现场

第三步：根据工程施工图和表 5–14 列出的分部分项清单项目，编制“清单表–2　分部分项工程量清单”。

清单表–2

分部分项工程量清单

工程名称：　　　　　　　　　　　　　　　　　　　　　　　标段：

序号	项目编码	项目名称	项目特征	计量单位	工程量	备注
1	3BABCASE0101	排管敷设	1．材质：CPVC 2．规格：内径 150mm	m	22 500	

（3）编制“清单表–3　措施项目清单”。

第一步：找出《电力建设工程工程量清单计算规范　输电线路工程》（DL/T 5205—2021）附录中对应的清单项。

单价措施项目是指能够计算工程量的措施项目，是招标人根据拟建工程图纸、工程量计算规则和招标文件编制的，主要包括降水措施、施工道路等措施项目。

第二步：编制总价措施项目清单。

总价措施项目根据拟建工程的实际情况和工程量清单计算规范的要求进行编制，例如地下设施建筑物的临时保护措施、周边沿线建（构）筑物的检测、保护及加固措施等措施项目。

第三步：根据上述工程量清单计算规范和本工程实际情况，编制“清单表–3　措施项目清单”。

清单表–3

措施项目清单

工程名称：　　　　　　　　　　　　　　　　　　　　　　　标段：

序号	项目编码	项目名称	项目特征	计量单位	工程量	备注
1		单价措施项目				
2		总价措施项目				

第四步：计算措施项目工程量，填入“清单表–3　措施项目清单”。单价措施项目的单位根据《电力建设工程工程量清单计算规范　输电线路工程》（DL/T 5205—2021）编制，总价措施项目以“项”为单位。

（4）编制“清单表–4　其他项目清单”。

第一步：确定暂列金额数额。暂列金额实际上是一笔业主方的备用金，用于招标时对尚未确定或不可预见项目的储备金额。施工过程中业主有权依据工程进度的实际需要，用于施工或提供物资、设备以及技术服务等内容的开支，也可以作为供意外用途的开支。

暂列金额由招标人进行估算编制，可以仅列总额，也可以分项给出暂列金额。

清单表–4.1

暂列金额明细表

工程名称：　　　　　　　　　　　　　　　　　　　　　　　　　　　　标段：

序号	项目名称	计量单位	暂列金额	备注
合 计				

第二步：确定材料、工程设备暂估单价。材料、工程设备暂估价是指招标时不能确定价格而由招标人在招标文件中暂时估定的货物金额。对必然发生但在发包时不能合理确定价格设置暂估价，是顺利实施项目的有效制度设计。

招标人可按以下条件界定暂估价的范围：①价值高、使用量大材料设备；②市场价格波动大的材料设备；③特殊性质要求、品牌要求的材料设备。价格可查询工程造价信息、参考已完施工工程材料设备价格、联系生产厂家或经销商进行询价等方式确定。

清单表–4.2

材料、工程设备暂估单价表

工程名称：　　　　　　　　　　　　　　　　　　　　　　　　　　金额单位：元

序号	材料、工程设备名称	规格、型号	计量单位	单 价（元）	备注

第三步：编制专业工程暂估价、施工总承包服务项目。若有专业工程、施工总承包服务项目则填写清单表格。

清单表–4.3

专业工程暂估价表

工程名称：

序号	项目名称	主要工程内容	计量单位	工程量	金额（元）	备注

第四步：确定计日工。计日工适用于零星工作，一般是指合同约定之外或者因变更产生的、工程量清单中没有相应项目的额外工作。注意在暂估计日工数量时，根据工程大小情况确定合理的暂估数量，竣工结算时，按实际签证确定数量调整，全费用综合单价不变。

清单表–4.4

计日工表

工程名称：

序号	项目名称	计量单位	工程量	备注
一	人工			
二	材料			
三	施工机械			

第五步：以上内容汇入“清单表–4　其他项目清单”。

清单表–4

其他项目清单

工程名称：　　　　　　　　　　　　　　　　　　　　　　　　　　　标段：

序号	项目名称	计量单位	金额	备注
1	暂列金额			明细详见清单表–4.1
2	暂估价			
2.1	材料、工程设备暂估单价		—	明细详见清单表–4.2
2.2	专业工程暂估价			明细详见清单表–4.3
3	计日工			明细详见清单表–4.4
4	施工总承包服务项目			明细详见清单表–4.5
5	合同中约定的其他项目			

（5）编制“清单表–5　投标人采购材料及设备表”。对投标人采购的设备以及有品牌要求的材料，此表中列出。如有暂估价的，需在备注栏中说明。若招标人对投标人采购的材料设备无要求的，可以不填写本表。

清单表–5

投标人采购材料及设备表

工程名称：

序号	材料（设备）名称	型号规格	计量单位	数量	备注

（6）编制“清单表–6　招标人采购材料及设备表”。此表中列出对招标人采购的材料明细，便于进行全费用综合单价组价；招标人采购的设备无需要列出明细清单，总价可以在备注栏中列出。

清单表–6

招标人采购材料及设备表

工程名称：

序号	材料（设备）名称	型号规格	计量单位	数量	单价（元）	交货地点及方式	备注
一	招标人采购材料						
	主材						
1	CPVC 管	内径 150	m	22 500	24.86		
2	CPVC 管	内径 175	m	22 500	36.16		
3	MPP 管	内径 175	m	2100	180.8		
4	七孔管		m	2500	32.77		

2. 招标工程清单表格

清单封-1

××110kV陆上电缆输电线路建筑工程

招 标 工 程 量 清 单

招 标 人：______（盖章）______

编 制 人：（造价专业人员签字或盖章）

20××年××月××日

工程名称：××110kV 陆上电缆输电线路建筑工程

标段名称：________________

招 标 工 程 量 清 单

编制人：（造价专业人员签字或盖章）

复核人：（注册造价工程师签字或盖章）

审定人：（注册造价工程师签字或盖章）

编制单位：（盖章）

企业法定代表人或其授权人：（签字或盖章）

招标人：（签字或盖章）

企业法定代表人或其授权人：（签字或盖章）

编制时间：20××年××月××日

清单封–3

填 表 须 知

1 招标工程量清单应由具有编制能力的招标人或受其委托具有相应资质的工程造价咨询人编制和复核。

2 招标人提供的工程量清单的任何内容不应删除或涂改。

3 招标工程量清单格式的填写应符合下列规定：

1） 招标工程量清单中所有要求签字、盖章的地方，应由规定的单位和人员签字、盖章。

2） 总说明应按项目属性相应填写。

3） 其他说明应按工程实际要求填写。

4） 分部分项工程量清单按序号、项目编码、项目名称、项目特征、计量单位、工程量、备注等内容填写。

5） 措施项目清单按序号、项目名称等内容填写。

6） 其他项目清单按序号、项目名称等内容填写。

7） 投标人采购材料及设备材料表按序号、材料设备名称、型号规格、计量单位、数量等内容填写。

8） 招标人采购材料及设备表按序号、材料设备、型号规格、计量单位、数量交货地点及方式等内容填写。

4 如有需要说明其他事项可增加条款。

清单表–1

总说明

工程名称：

<table>
<tr><td rowspan="3">工程概况</td><td>工程名称</td><td>××110kV 陆上电缆输电线路建筑工程</td><td>建设性质</td><td>新建</td></tr>
<tr><td>设计单位</td><td>××电力设计院</td><td>建设地点</td><td>××</td></tr>
<tr><td colspan="4">新建 2×10-1 孔排管 2500m（其中 CPVC150 管 9 孔，CPVC175 管 9 孔，1 孔为七孔管），新建 12m×2.5m×1.9m 直线工井 20 座，新建 14m×2.5m×1.9m 转角工井 2 座，新建 14m×2.5m×1.9m 三通工井 1 座，新建 14m×2.5m×1.9m 四通工井 1 座，新建 21 孔非开挖 100m。</td></tr>
<tr><td>其他说明</td><td colspan="4">1．工程量清单编制依据：工程施工图、《电力建设工程工程量清单计价规范》（DL/T 5745—2021）、《电力建设工程工程量清单计算规范　输电线路工程》（DL/T 5205—2021）。
2．招标人材料设备表数量中已包含损耗，材料单价为含税价。
3．招标人采购材料和设备施工现场车板交货，投标人综合考虑卸车保管费。
4．工程质量：工程施工质量达到质量评级合格标准。
5．施工特殊要求：承包方需负责施工现场的防火、防盗、防疫病及安全保卫等措施。
6．文明施工要求：承包人需负责协调施工场地交通、维护环境卫生和控制施工噪声等方面的工作。</td></tr>
</table>

清单表–2

分部分项工程量清单

工程名称：　　　　　　　　　　　　　　　　　　　　　　　　　　　　　　标段：

序号	项目编码	项目名称	项目特征	计量单位	工程量	备注
	3B	电缆输电线路建筑工程				
1	3BAA	土石方工程				
1.1	3BAAAA	土石方开挖及回填				
	3BAAAASA0101	土石方开挖及回填	1．地质类别：普通土 2．开挖深度步距：4m 以内 3．挖方类别：机械挖方	m^3	9752.5	
1.2	3BAABA	开挖路面				
	3BAABASA0201	开挖路面	1．路面类型：混凝土路面 2．路面厚度：250mm 3．路面结构型式：素混凝土 4．开挖方式：机械开挖	m^2	156	
2	3BAB	构筑物				
2.2	3BABBA	工作井				
	3BABBASH0201	混凝土检查井	1．检查井名称及尺寸：直线工井（12×2.5×1.9） 2．垫层类型、基础类型、盖板类型及厚度： 垫层：素混凝土 C10，0.1m； 盖板：铸铁 3．混凝土强度等级及特殊要求：商品混凝土 C25 4．防渗、防水要求：结构防水	座	20	
	3BABBASH0202	混凝土检查井	1．检查井名称及尺寸：转角工井（12×2.5×1.9） 2．垫层类型、基础类型、盖板类型及厚度： 垫层： 素混凝土 C10，0.1m； 盖板：铸铁 3．混凝土强度等级及特殊要求：商品混凝土 C25 4．防渗、防水要求：结构防水	座	2	
	3BABBASH0203	混凝土检查井	1．检查井名称及尺寸：转角工井（14×2.5×1.9） 2．垫层类型、基础类型、盖板类型及厚度： 垫层： 素混凝土 C10，0.1m； 盖板：铸铁 3．混凝土强度等级及特殊要求：商品混凝土 C25 4．防渗、防水要求：结构防水	座	1	

续表

序号	项目编码	项目名称	项目特征	计量单位	工程量	备注
	3BABBASD0101	钢筋	1. 部位：工井 2. 材质、规格：普通圆钢	t	25.404	
	3BABBASD0201	预埋铁件	1. 材质、规格、部位：工井 2. 防腐形式及要求：无	t	2.588	
2.3	3BABCA	电缆埋管				
	3BABCASE0101	排管敷设	1. 材质：CPVC 2. 规格：内径 150mm	m	22 500	
	3BABCASE0102	排管敷设	1. 材质：CPVC 2. 规格：内径 175mm	m	22 500	
	3BABCASE0103	排管敷设	1. 材质：CPVC 2. 规格：七孔管	m	2500	
	3BABCASE0201	水平导向钻进	1. 土质类别：普通土 2. 管材材质及规格：MPP 管，内径 175 3. 孔数：20	m	100	
	3BABCASC0101	混凝土浇筑	1. 浇筑部位：排管 2. 断面尺寸：35m×0.56m，2×10 孔 3. 混凝土强度等级：商品混凝土 C25 4. 特殊要求：混凝土量及工作量已包含预制垫块	m^3	2173.138	
	3BABCASC0201	垫层	1. 垫层部位及类型：排管 2. 垫层尺寸、厚度、材质：0.1m 厚，素混凝土 3. 混凝土强度等级：C10 4. 特殊要求：无	m^3	587.5	
	3BABCASD0101	钢筋	1. 部位：排管 2. 材质、规格：普通圆钢，综合	t	130.266	
3	3BAC	辅助工程				
3.6	3BACFA	地基处理				
	3BACFASJ0301	余方外运及处置	1. 余方品种：普通土 2. 运距：自行考虑	m^3	11 496	
	3BACFASJ0302	余方外运及处置	1. 余方品种：非开挖泥浆 2. 运距：自行考虑	m^3	157	

清单表–3

措施项目清单

工程名称：　　　　　　　　　　　　　　　　　　　　标段：

序号	项目编码	项目名称	项目特征	计量单位	工程量	备注
		建筑措施项目				
1		总价措施项目				
一	YLXM	招标人已列项目				

续表

序号	项目编码	项目名称	项目特征	计量单位	工程量	备注
		安装措施项目				
1		单价措施项目				
		招标人已列项目				
2		总价措施项目				
一	YLXM	招标人已列项目				

清单表–4

其他项目清单

工程名称：　　　　　　　　　　　　　　　　　　　　　　标段：

序号	项目名称	计量单位	金额	备注
1	暂列金额			明细详见清单表–4.1
2	暂估价			
2.1	材料、工程设备暂估单价			明细详见清单表–4.2
2.2	专业工程暂估价			明细详见清单表–4.3
3	计日工			明细详见清单表–4.4
4	施工总承包服务费计价			明细详见清单表–4.5
5	其他			
5.1	拆除工程项目清单			
5.2	招标人供应设备、材料卸车保管费			
5.2.1	设备卸车保管费			
5.2.2	材料卸车保管费			
合计				

注：合同中约定的其他项目可包含招标人采购设备材料的二次转运及卸车保管费、建设场地征用及清理项费。

清单表–4.1

暂列金额明细表

工程名称：　　　　　　　　　　　　　　　　　　　　　　标段：

序号	项目名称	计量单位	暂列金额	备注
1	暂列金额			
合计				

注：本表由招标人填写，也可只列暂列金额总额，由投标人将上述暂列金额计入清单表–4 中。

清单表–4.2

材料、工程设备暂估单价表

工程名称：　　　　　　　　　　　　　　　　　　　　　　　　　　　　　　金额单位：元

序号	材料、工程设备名称	规格、型号	计量单位	单价（元）	备注

注：此表由招标人填写，编制最高投标限价和投标报价时，需将上述材料暂估价计入全费用综合单价。

清单表–4.3

专业工程暂估价表

工程名称：

序号	项目名称	主要工程内容	计量单位	工程量	金额（元）	备注
1	暂估价					
1.1	专业工程暂估价					

注：此表由招标人填写，由投标人将上述专业工程暂估价计入清单表–4 中。

清单表–4.4

计日工表

工程名称：

序号	项目名称	计量单位	工程量	备注
一	人工			
1	技工	工日		
2	普工	工日		
二	材料			
三	施工机械			

注：此表项目名称、工程量由招标人填写。编制最高投标限价时，单价由招标人按有关计价规定确定；投标时，单价由投标人自主报价。

清单表–4.5

施工总承包服务项目表

工程名称：

序号	项目名称	主要服务内容	金额（元）	备注
一	招标人发包专业工程			

注：此表由招标人按工程实际情况填写，表中“金额”填写专业工程的发包费用。

清单表–5

投标人采购材料及设备表

工程名称：

序号	材料（设备）名称	型号规格	计量单位	数量	备注

注 1： 此表由招标人填写，对投标人采购的设备以及有品牌要求的材料，在此表中列出。如有暂估价的，招标人需在此备注栏中说明。

注 2： 若招标人对投标采购的材料设备无要求的，可以不填写本表。

清单表–6

招标人采购材料及设备表

工程名称：

序号	材料（设备）名称	型号规格	计量单位	数量	单价（元）	交货地点及方式	备注
一	招标人采购材料						
	主材						
1	CPVC 管	内径 150	m	22 500	24.86		不含损耗
2	CPVC 管	内径 175	m	22 500	36.16		不含损耗
3	MPP 管	内径 175	m	2100	180.8		不含损耗
4	七孔管		m	2500	32.77		不含损耗

注 1： 招标人采购的设备无需列出明细清单，总价可以在备注栏中列出。

注 2： 本表未计列的材料均由投标人采购。

（三）最高投标限价编制

1. 编制步骤

（1）根据工程量清单及招标文件，编制“最高投标限价表–1　最高投标限价编制说明”。

（2）全费用综合单价的组成。

第一步：确定编制原则。人工、材料、机械单价参照《电力建设工程预算定额（2018 年版）　第五册　电缆输电线路工程》。措施费、企业管理费和利润参照《电网工程建设预算编制与计算规定（2018 年版）》，冬雨季施工增加费按直接工程费的 0.62%计取，夜间施工增加费按直接工程费的 0.1%计取，施工工具用具使用费按人工费的 0.56%计取，施工机构迁移费按直接工程费的 0.35%计取，临时设施费按直接工程费的 1.7%计取，安全文明施工费按直接工程费的 2.93%计取。企业管理费按直接工程费的 7.75%计取，利润按直接费与间接费之和的 5%计取。规费按直接工程费×0.18×缴费费率计算，本案例按 27.72%计算，住房公积金费率按 7%计取。增值税税率按 9%计取。

第二步：编制工程量清单全费用综合单价人、材、机计价表。计算全费用综合单价人工、材料、机械。按《电力建设工程工程量清单计价规范》（DL/T 5745—2021）规定格式，编制“最高投标限价表–4.2　工程量清单全费用综合单价人、材、机计价表”。

第三步：编制工程量清单全费用综合单价分析表。按《电力建设工程工程量清单计价规范》（DL/T 5745—2021）规定格式，编制“最高投标限价表–4.1　工程量清单全费用综合单价分析表”。

最高投标限价表–4

分部分项工程量清单计价表

工程名称：　　　　　　　　　　　　　　　　　　　　　　　　　　　　金额单位：元

<table>
<tr><th rowspan="4">序号</th><th rowspan="4">项目编码</th><th rowspan="4">项目名称</th><th rowspan="4">项目特征</th><th rowspan="4">计量单位</th><th rowspan="4">工程量</th><th colspan="6">全费用综合单价</th><th colspan="6">合价</th></tr>
<tr><th rowspan="3">单价</th><th colspan="5">其中</th><th rowspan="3">合计</th><th colspan="5">其中</th></tr>
<tr><th rowspan="2">人工费</th><th rowspan="2">材机费</th><th colspan="2">主要材料费</th><th rowspan="2">安全文明施工费、临时设施费</th><th rowspan="2">人工费</th><th rowspan="2">材机费</th><th colspan="2">主要材料费</th><th rowspan="2">安全文明施工费、临时设施费</th></tr>
<tr><th>材料费</th><th>其中：暂估价</th><th>材料费</th><th>其中：暂估价</th></tr>
<tr><td></td><td>3B</td><td>电缆输电线路建筑工程</td><td></td><td></td><td></td><td></td><td></td><td></td><td></td><td></td><td></td><td></td><td></td><td></td><td></td><td></td><td></td></tr>
<tr><td>1</td><td>3BAA</td><td>土石方工程</td><td></td><td></td><td></td><td></td><td></td><td></td><td></td><td></td><td></td><td></td><td></td><td></td><td></td><td></td><td></td></tr>
<tr><td>1.1</td><td>3BAAAA</td><td>土石方开挖及回填</td><td></td><td></td><td></td><td></td><td></td><td></td><td></td><td></td><td></td><td>221 483</td><td>44 768</td><td>113 943</td><td></td><td></td><td></td></tr>
<tr><td></td><td>3BAAAASA0101</td><td>土石方开挖及回填</td><td>1．地质类别：普通土
2．开挖深度步距：4m 以内
3．挖方类别：机械挖方</td><td>m^3</td><td>9752.5</td><td>22.71</td><td>4.59</td><td>11.68</td><td></td><td></td><td></td><td>221 483</td><td>44 768</td><td>113 943</td><td></td><td></td><td></td></tr>
</table>

最高投标限价表–4.1

工程量清单全费用综合单价分析表

工程名称：　　　　　　　　　　　　　　　　　　　　　　　　　　　　金额单位：元

<table>
<tr><th rowspan="3">序号</th><th rowspan="3">项目编码</th><th rowspan="3">项目名称</th><th rowspan="3">计量单位</th><th colspan="13">全费用综合单价组成</th><th rowspan="3">全费用综合单价</th></tr>
<tr><th rowspan="2">人工费</th><th rowspan="2">材机费</th><th colspan="2">主要材料费</th><th colspan="3">措施费</th><th rowspan="2">企业管理费</th><th rowspan="2">规费</th><th rowspan="2">利润</th><th rowspan="2">编制基准期价差</th><th rowspan="2">增值税</th></tr>
<tr><th>材料费</th><th>其中：暂估价</th><th>措施费</th><th>其中：安全文明施工费</th><th>其中：临时设施费</th></tr>
<tr><td></td><td>3B</td><td>电缆输电线路建筑工程</td><td></td><td></td><td></td><td></td><td></td><td></td><td></td><td></td><td></td><td></td><td></td><td></td><td></td><td></td><td></td></tr>
<tr><td>1</td><td>3BAA</td><td>土石方工程</td><td></td><td></td><td></td><td></td><td></td><td></td><td></td><td></td><td></td><td></td><td></td><td></td><td></td><td></td><td></td></tr>
<tr><td>1.1</td><td>3BAAAA</td><td>土石方开挖及回填</td><td></td><td></td><td></td><td></td><td></td><td></td><td></td><td></td><td></td><td></td><td></td><td></td><td></td><td></td><td></td></tr>
<tr><td></td><td>3BAAAASA0101</td><td>土石方开挖及回填</td><td>m^3</td><td>4.59</td><td>11.68</td><td></td><td></td><td>1.02</td><td>0.48</td><td>0.28</td><td>1.26</td><td>1.02</td><td>0.98</td><td>0.29</td><td>1.88</td><td></td><td>22.71</td></tr>
</table>

注 1：材机费=消耗性材料+机械费。

注 2：措施费：按费率计取。

注 3：在安装工程中计列入施工企业配合调试费。

编制最高投标限价时，可参考自身企业的实际水平进行测算。

经测算，完成 1m^3 土石方开挖及回填，所需人工费为 4.59 元，材机费为 11.68 元，直接费为 16.27，措施费为 16.27×（0.62%+0.1%+0.56%+1.7%+0.35%+2.93%）= 1.02 元，企业管理费为 16.27×7.75%=1.26 元，规费为 16.27×0.18×（27.72%+7%）=1.02 元，利润为（16.27+1.02+1.26+1.02）×5%=0.98，本工程编制期价差按市场价计算得 0.29 元，增值税为（16.27+1.02+1.26+1.02+0.98+0.29）×9%=1.88 元，合计为（16.27+ 1.02+1.26+1.02+0.98+0.29+1.88）=22.71 元。

（3）编制分部分项工程量清单计价表。按《电力建设工程工程量清单计价规范》（DL/T 5745—2021）规定格式，编制“最高投标限价表–4　分部分项工程量清单计价表”。

最高投标限价表–4

分部分项工程量清单计价表

工程名称：　　　　　　　　　　　　　　　　　　　　金额单位：元

序号	项目编码	项目名称	项目特征	计量单位	工程量	全费用综合单价						合价					
						单价	其中					合计	其中				
							人工费	材机费	主要材料费		安全文明施工费、临时设施费		人工费	材机费	主要材料费		安全文明施工费、临时设施费
									材料费	其中：暂估价					材料费	其中：暂估价	
	3B	电缆输电线路建筑工程										235 784	47 662	121 428			7829
1	3BAA	土石方工程										235 784	47 662	121 428			7829
1.1	3BAAAA	土石方开挖及回填										221 483	44 768	113 943			7348
	3BAAAASA0101	土石方开挖及回填	1．地质类别：普通土 2．开挖深度步距：4m 以内 3．挖方类别：机械挖方	m^3	9752.5	22.71	4.59	11.68			0.75	221 483	44 768	113 943			7348

（4）编制分部分项工程费用汇总表。按《电力建设工程工程量清单计价规范》（DL/T 5745—2021）规定格式，编制“最高投标限价表–3　分部分项工程费用汇总表”。

最高投标限价表–3

分部分项工程费用汇总表

工程名称：　　　　　　　　　　　　　　　　　　　　　　　　　金额单位：元

序号	项目或费用名称	金额				备注
		合计	其中：人工费	其中：暂估价材料费	其中：安全文明施工费、临时设施费	
	电缆输电线路建筑工程	11 048 319	1 335 592		372 792	
1	土石方工程	235 784	47 662		7829	
1.1	土石方开挖及回填	221 483	44 768		7348	
1.2	开挖路面	14 301	2894		481	
1.3	修复路面					
2	构筑物	9 792 950	1 032 683		331 244	
2.1	电缆沟、浅槽					
2.2	工作井	1 703 463	229 033		43 963	
2.3	电缆埋管	8 089 487	803 650		287 282	
2.4	隧道					
2.5	隧道工作井					
2.6	栈桥					
2.7	基础					
3	辅助工程	1 019 586	255 247		33 719	
3.1	通风					
3.2	照明					
3.3	排水					
3.4	消防					
3.5	围护					
3.6	地基处理	1 019 586	255 247		33 719	
4	措施项目					
4.1	措施项目					
合计		11 048 319	1 335 592		372 792	

（5）编制措施项目清单计价表。按《电力建设工程工程量清单计价规范》（DL/T 5745—2021）规定格式，编制“最高投标限价表–7　措施项目清单计价表”。

（6）编制其他项目清单计价表。按《电力建设工程工程量清单计价规范》（DL/T 5745—2021）规定格式，编制“最高投标限价表–8　其他项目清单计价表”。

最高投标限价表–7

措施项目清单计价表

工程名称：　　　　　　　　　　　　　　　　　　　　　　　　　　　　　　　　金额单位：元

序号	项目名称	项目特征	计量单位	工程量	单价				合价				备注
					全费用综合单价	其中			合计	其中			
						人工费	材料费	机械费		人工费	材料费	机械费	
	建筑措施项目												
1	总价措施项目												
	招标人已列项目												
	安装措施项目												
1	总价措施项目												
	招标人已列项目												

注：本表适用于以全费用综合单价形式计价的措施项目；若需要人、材、机组成表及全费用综合单价分析表，可以参照最高投标限价表 4.2、最高投标限价表 4.2；投标人增列措施项目仅在投标报价时采用。

最高投标限价表–8.1

暂列金额明细表

工程名称：　　　　　　　　　　　　　　　　　　　　　　　　　　　　　　　　金额单位：元

序号	项目名称	计量单位	暂列金额	备注
1	招标人已列项目			
1.1	暂列金额			
合计				

注：此表按招标文件内容填写并计入最高投标限价表–8 中。

最高投标限价表–8.4

计日工表

工程名称：　　　　　　　　　　　　　　　　　　　　　　　　　　　　　　　　金额单位：元

编号	项目名称	计量单位	工程量	全费用综合单价	合价	备注
一	人工					
人工小计						
合计						

注：此表项目名称、数量按招标文件内容填写。编制最高投标限价时，单价按电力行业有关计价规定确定；投标时，单价由投标人自主报价，汇总计入最高投标限价表–8 其他项目清单计价表。

最高投标限价表–8

其他项目清单计价表

工程名称：　　　　　　　　　　　　　　　　　　　　　　　　　　　　　金额单位：元

序号	项目名称	计量单位	金额	备注
一	招标人已列项目			
1	暂列金额			明细详见最高投标限价表–8.1
2	暂估价			
2.1	材料、工程设备暂估单价			明细详见最高投标限价表–8.2
2.2	专业工程暂估价			明细详见最高投标限价表–8.3
3	计日工			明细详见最高投标限价表–8.4
4	施工总承包服务费计价			明细详见最高投标限价表–8.5
5	其他	元	41 579	
5.1	拆除工程项目清单			
5.2	招标人供应设备、材料卸车保管费	元	41 579	
5.2.1	设备卸车保管费			
5.2.2	材料卸车保管费	元	41 579	
小计			41 579	
合计			41 579	

注 1：投标人增列项目费仅在投标报价时采用。

注 2：材料、工程设备暂估单价不填写金额，不计入小计、合计。

（7）编制工程项目最高投标限价汇总表。按《电力建设工程工程量清单计价规范》（DL/T 5745—2021）规定格式，编制“最高投标限价表–2　工程项目最高投标限价汇总表”。

最高投标限价表–2

工程项目最高投标限价汇总表

工程名称：

序号	项目或费用名称	金额（元）	备注
1	分部分项工程费	11 048 319	
1.1	建筑工程	11 048 319	
1.1.1	其中：暂估价材料费		
1.1.2	其中：安全文明施工费、临时设施费	372 792	
1.2	安装工程		
1.2.1	其中：暂估价材料费		
1.2.2	其中：安全文明施工费、临时设施费		
2	投标人采购设备费		
3	措施项目费		
4	其他项目费	41 579	
4.1	其中：计日工		
4.2	其中：专业工程暂估价		
4.3	其中：暂列金额		
5	最高投标限价	11 089 899	

2. 最高投标限价表格

最高投标限价封–1.1

××110kV陆上电缆输电线路建筑工程

最 高 投 标 限 价

招标人：________________________
（单位盖章）

法定代表人
或其授权人：________________________
（签字或盖章）

工程造价
咨询人：________________________
（单位资质专用章）

法定代表人
或其授权人：________________________
（签字或盖章）

编制人：________________________
（签字、盖专用章）

复核人：________________________
（签字、盖执业专用章）

编制时间：20××年××月××日

复核时间：20××年××月××日

填 表 须 知

1 最高投标限价应由具有编制能力的招标人或受其委托具有相应资质的工程造价咨询人编制和复核。

2 工程量清单计价格式中的任何内容不应删除或涂改。

3 工程量清单计价格式中列明的所有需要填报的单价和合价，招标人均应填报。

4 金额（价格）以人民币“元”为单位，单价保留小数点后两位，合价取整数。

5 工程量清单计价格式的填写应符合下列规定：

1） 工程量清单计价格式中所有要求签字、盖章的地方，应由规定的单位和人员签字、盖章。编制人是指电力工程造价专业的人员。

2） 工程项目最高投标限价/投标报价表的分部分项工程费、投标人采购设备费、措施项目费、其他项目费应按相应工程项目费用汇总表中合计栏的金额填写。

3） 编制说明应包括：工程概况、编制依据以及其他需要说明的问题。

4） 分部分项工程量清单计价表的序号、项目编码、项目名称、项目特征、计量单位、工程量应按分部分项工程量清单中的相应内容填写，全费用综合单价应按本规范的要求计算，填入表格。

5） 投标人采购材料计价表应按招标人提供的投标人采购材料及设备表进行填写，所填写的单价应与工程量清单计价表中采用的相应材料单价一致。

6） 措施项目清单计价表招标人应按招标文件已列的措施项目填写。

7） 计日工计价表中人工、材料、机械名称、计量单位和相应数量应按计日工表中相应的内容填写，工程竣工后，计日工工作费应按实际完成的工程量所需费用结算。

8） 如有需要说明的其他事项可增加条款。

最高投标限价表-1

最高投标限价编制说明

工程名称：

一、工程概况

新建 2×10-1 孔排管 2500m（其中 CPVC150 管 9 孔，CPVC175 管 9 孔，1 孔为七孔管），新建 12m×2.5m×1.9m 直线工井 20 座，新建 14m×2.5m×1.9m 转角工井 2 座，新建 14m×2.5m×1.9m 三通工井 1 座，新建 14m×2.5m×1.9m 四通工井 1 座，新建 21 孔非开挖 100m。

二、编制依据

1.《电力建设工程工程量清单计价规范》（DL/T 5745—2021）、《电力建设工程工程量清单计算规范　输电线路工程》（DL/T 5205—2021）。

2．现行电力行业取费标准［即《电力建设预算编制与计算规定（2018 年版）》］及配套定额。

3．本工程施工设计图纸。

4．本工程招标文件及招标工程量清单。

5．××工程造价信息及市场价格信息。

6．其他的相关资料。

三、其他说明

最高投标限价表–2

工程项目最高投标限价汇总表

工程名称：

序号	项目或费用名称	金额（元）	备注
1	分部分项工程费	11 048 319	
1.1	建筑工程	11 048 319	
1.1.1	其中：暂估价材料费		
1.1.2	其中：安全文明施工费、临时设施费	372 792	
1.2	安装工程		
1.2.1	其中：暂估价材料费		
1.2.2	其中：安全文明施工费、临时设施费		
2	投标人采购设备费		
3	措施项目费		
4	其他项目费	41 579	
4.1	其中：计日工		
4.2	其中：专业工程暂估价		
4.3	其中：暂列金额		
5	最高投标限价	11 089 899	

最高投标限价表–3

分部分项工程费用汇总表

工程名称：　　　　　　　　　　　　　　　　　　　　　　金额单位：元

序号	项目或费用名称	金额				备注
		合计	其中：人工费	其中：暂估价材料费	其中：安全文明施工费、临时设施费	
	电缆输电线路建筑工程	11 048 319	1 335 592		372 792	
1	土石方工程	235 784	47 662		7829	
1.1	土石方开挖及回填	221 483	44 768		7348	
1.2	开挖路面	14 301	2894		481	
1.3	修复路面					
2	构筑物	9 792 950	1 032 683		331 244	
2.1	电缆沟、浅槽					
2.2	工作井	1 703 463	229 033		43 963	
2.3	电缆埋管	8 089 487	803 650		287 282	
2.4	隧道					
2.5	隧道工作井					
2.6	栈桥					
2.7	基础					
3	辅助工程	1 019 586	255 247		33 719	
3.1	通风					
3.2	照明					
3.3	排水					
3.4	消防					
3.5	围护					
3.6	地基处理	1 019 586	255 247		33 719	
4	措施项目					
4.1	措施项目					
合计		11 048 319	1 335 592		372 792	

最高投标限价表-4

分部分项工程量清单计价表

工程名称：　　　　　　　　　　　　　　　　　　　　　　　　　　　　　　　金额单位：元

序号	项目编码	项目名称	项目特征	计量单位	工程量	全费用综合单价						合价					
						单价	其中					合计	其中				
							人工费	材机费	主要材料费		安全文明施工费、临时设施费		人工费	材机费	主要材料费		安全文明施工费、临时设施费
									材料费	其中：暂估价					材料费	其中：暂估价	
	3B	电缆输电线路建筑工程										11 048 319	1 335 592	3 321 607	3 613 882		372 792
1	3BAA	土石方工程										235 784	47 662	121 428			7829
1.1	3BAAAA	土石方开挖及回填										221 483	44 768	113 943			7348
	3BAAAASA0101	土石方开挖及回填	1．地质类别：普通土 2．开挖深度步距：4m 以内 3．挖方类别：机械挖方	m^3	9752.5	22.71	4.59	11.68			0.75	221 483	44 768	113 943			7348
1.2	3BAABA	开挖路面										14 301	2894	7485			481
	3BAABASA0201	开挖路面	1．路面类型：混凝土路面 2．路面厚度：250mm 3．路面结构型式：素混凝土 4．开挖方式：机械开挖	m^2	156	91.67	18.55	47.98			3.08	14 301	2894	7485			481

续表

序号	项目编码	项目名称	项目特征	计量单位	工程量	全费用综合单价						合价					
						单价	其中					合计	其中				
							人工费	材机费	主要材料费		安全文明施工费、临时设施费		人工费	材机费	主要材料费		安全文明施工费、临时设施费
									材料费	其中：暂估价					材料费	其中：暂估价	
2	3BAB	构筑物										9 792 950	1 032 683	2 727 161	3 613 882		331 244
2.2	3BABBA	工作井										1 703 463	229 033	278 626	441 859		43 963
	3BABBASH0201	混凝土检查井	1．检查井名称及尺寸：直线工井（12×2.5×1.9） 2．垫层类型、基础类型、盖板类型及厚度： 垫层：素混凝土C10，0.1m； 盖板：铸铁 3．混凝土强度等级及特殊要求：商品混凝土C25 4．防渗、防水要求：结构防水	座	20	63 013.48	9075.32	11 378.94	13 375.02		1566.3	1 260 270	181 506	227 579	267 500		31 326
	3BABBASH0202	混凝土检查井	1．检查井名称及尺寸：转角工井（12×2.5×1.9） 2．垫层类型、基础类型、盖板类型及厚度：	座	2	75 208.05	11 320.94	13 588.61	15 149.7		1854.74	150 416	22 642	27 177	30 299		3709

续表

序号	项目编码	项目名称	项目特征	计量单位	工程量	全费用综合单价						合价					
						单价	其中					合计	其中				
							人工费	材机费	主要材料费		安全文明施工费、临时设施费		人工费	材机费	主要材料费		安全文明施工费、临时设施费
									材料费	其中：暂估价					材料费	其中：暂估价	
	3BABBASH0202	混凝土检查井	垫层：素混凝土C10，0.1m； 盖板：铸铁 3．混凝土强度等级及特殊要求：商品混凝土C25 4．防渗、防水要求：结构防水	座	2	75 208.05	11 320.94	13 588.61	15 149.7		1854.74	150 416	22 642	27 177	30 299		3709
	3BABBASH0203	混凝土检查井	1．检查井名称及尺寸：转角工井（14×2.5×1.9） 2．垫层类型、基础类型、盖板类型及厚度： 垫层：素混凝土C10，0.1m； 盖板：铸铁 3．混凝土强度等级及特殊要求：商品混凝土C25 4．防渗、防水要求：结构防水	座	1	90 070.49	12 809.65	14 639.63	18 536.39		2129.14	90 070	12 810	14 640	18 536		2129
	3BABBASD0101	钢筋	1．部位：工井 2．材质、规格：普通圆钢	t	25.404	7130.36	409.47	330.61	4425.5		239.17	181 140	10 402	8399	112 425		6076

续表

序号	项目编码	项目名称	项目特征	计量单位	工程量	全费用综合单价						合价					
						单价	其中					合计	其中				
							人工费	材机费	主要材料费		安全文明施工费、临时设施费		人工费	材机费	主要材料费		安全文明施工费、临时设施费
									材料费	其中：暂估价					材料费	其中：暂估价	
	3BABBASD0201	预埋铁件	1．材质、规格、部位：工井 2．防腐形式及要求：无	t	2.588	8333.4	646.55	321.16	5060.88		279.12	21 567	1673	831	13 098		722
2.3	3BABCA	电缆埋管										8 089 487	803 650	2 448 535	3 172 023		287 282
	3BABCASE0101	排管敷设	1．材质：CPVC 2．规格：内径150mm	m	22 500	21.27	6.24	4.1	26.1		1.55	478 507	140 450	92 183	587 318		34 835
	3BABCASE0102	排管敷设	1．材质：CPVC 2．规格：内径175mm	m	22 500	24.33	6.26	4.12	37.97		2.04	547 384	140 756	92 750	854 280		45 814
	3BABCASE0103	排管敷设	1．材质：CPVC 2．规格：七孔管	m	2500	23.37	6.24	4.1	34.41		1.89	58 429	15 606	10 243	86 021		4721
	3BABCASE0201	水平导向钻进	1．土质类别：普通土 2．管材材质及规格：MPP管，内径175 3．孔数：20	m	100	34 385.85	2552.21	21 405.35	4014.23		1274.87	3 438 585	255 221	2 140 535	401 423		127 487
	3BABCASC0101	混凝土浇筑	1．浇筑部位：排管 2．断面尺寸：35m×0.56m，2×10孔 3．混凝土强度等级：商品混凝土C25 4．特殊要求：混凝土量及工作量已包含预制垫块	m^3	2173.138	946.96	61.04	25.11	250.13		15.57	2 057 884	132 654	54 559	543 559		33 835

续表

序号	项目编码	项目名称	项目特征	计量单位	工程量	全费用综合单价						合价					
						单价	其中					合计	其中				
							人工费	材机费	主要材料费		安全文明施工费、临时设施费		人工费	材机费	主要材料费		安全文明施工费、临时设施费
									材料费	其中：暂估价					材料费	其中：暂估价	
	3BABCASC0201	垫层	1．垫层部位及类型：排管 2．垫层尺寸、厚度、材质：0.1m 厚，素混凝土 3．混凝土强度等级：C10 4．特殊要求：无	m^3	587.5	986.99	111.7	25.87	209.24		16.06	579 855	65 624	15 199	122 930		9434
	3BABCASD0101	钢筋	1．部位：排管 2．材质、规格：普通圆钢，综合	t	130.266	7130.36	409.47	330.61	4425.5		239.17	928 843	53 340	43 067	576 492		31 155
3	3BAC	辅助工程										1 019 586	255 247	473 019			33 719
3.6	3BACFA	地基处理										1 019 586	255 247	473 019			33 719
	3BACFASJ0301	余方外运及处置	1．余方品种：普通土 2．运距：自行考虑	m^3	11 496	87.5	21.9	40.59			2.89	1 005 849	251 808	466 646			33 264
	3BACFASJ0302	余方外运及处置	1．余方品种：非开挖泥浆 2．运距：自行考虑	m^3	157	87.5	21.9	40.59			2.89	13 737	3439	6373			454

最高投标限价表–4.1

工程量清单全费用综合单价分析表

工程名称：　　　　　　　　　　　　　　　　　　　　　　　　　　　　金额单位：元

序号	项目编码	项目名称	计量单位	全费用综合单价组成												全费用综合单价
				人工费	材机费	主要材料费		措施费			企业管理费	规费	利润	编制基准期价差	增值税	
						材料费	其中：暂估价	措施费	其中：安全文明施工费	其中：临时设施费						
	3B	电缆输电线路建筑工程														
1	3BAA	土石方工程														
1.1	3BAAAA	土石方开挖及回填														
	3BAAAASA0101	土石方开挖及回填	m^3	4.59	11.68			1.02	0.48	0.28	1.26	1.02	0.98	0.29	1.88	22.71
1.2	3BAABA	开挖路面														
	3BAABASA0201	开挖路面	m^2	18.55	47.98			4.16	1.95	1.13	5.16	4.16	4	0.09	7.57	91.67
2	3BAB	构筑物														
2.2	3BABBA	工作井														
	3BABBASH0201	混凝土检查井	座	9075.32	11 378.94	13 375.02		2117.71	991.2	575.1	2621.77	2114.19	2034.15	15 093.42	5202.95	63 013.48
	3BABBASH0202	混凝土检查井	座	11 320.94	13 588.61	15 149.7		2507.71	1173.74	681.01	3104.59	2503.54	2408.75	18 414.36	6209.84	75 208.05
	3BABBASH0203	混凝土检查井	座	12 809.65	14 639.63	18 536.39		2878.7	1347.38	781.76	3563.89	2873.92	2765.11	24 566.2	7437.01	90 070.49
	3BABBASD0101	钢筋	t	409.47	330.61	4425.5		323.37	151.35	87.81	400.33	322.83	310.61	18.9	588.75	7130.36
	3BABBASD0201	预埋铁件	t	646.55	321.16	5060.88		377.39	176.64	102.49	467.22	376.76	362.5	32.86	688.08	8333.4
2.3	3BABCA	电缆埋管														
	3BABCASE0101	排管敷设	m	6.24	4.1	26.1		2.09	0.98	0.57	2.59	2.09	2.01	0.39	1.76	21.27
	3BABCASE0102	排管敷设	m	6.26	4.12	37.97		2.75	1.29	0.75	3.41	2.75	2.64	0.39	2.01	24.33
	3BABCASE0103	排管敷设	m	6.24	4.1	34.41		2.55	1.2	0.69	3.16	2.55	2.45	0.39	1.93	23.37
	3BABCASE0201	水平导向钻进	m	2552.21	21 405.35	4014.23		1723.69	806.78	468.09	2133.96	1720.83	1655.67	137.51	2839.2	34 385.85
	3BABCASC0101	混凝土浇筑	m^3	61.04	25.11	250.13		21.05	9.85	5.72	26.06	21.02	20.22	444.15	78.19	946.96
	3BABCASC0201	垫层	m^3	111.7	25.87	209.24		21.71	10.16	5.9	26.88	21.67	20.85	467.56	81.49	986.99

续表

序号	项目编码	项目名称	计量单位	全费用综合单价组成													全费用综合单价
				人工费	材机费	主要材料费		措施费			企业管理费	规费	利润	编制基准期价差	增值税		
						材料费	其中：暂估价	措施费	其中：安全文明施工费	其中：临时设施费							
	3BABCASD0101	钢筋	t	409.47	330.61	4425.5		323.37	151.35	87.81	400.33	322.83	310.61	18.9	588.75		7130.36
3	3BAC	辅助工程															
3.6	3BACFA	地基处理															
	3BACFASJ0301	余方外运及处置	m^3	21.9	40.59			3.91	1.83	1.06	4.84	3.91	3.76	1.36	7.22		87.5
	3BACFASJ0302	余方外运及处置	m^3	21.9	40.59			3.91	1.83	1.06	4.84	3.91	3.76	1.36	7.22		87.5

注 1：材机费=消耗性材料+机械费。
注 2：措施费：按费率计取。
注 3：在安装工程中计列入施工企业配合调试费。

最高投标限价表–4.2

工程量清单全费用综合单价人、材、机计价表

工程名称：　　　　　　　　　　　　　　　　　　　　　　　　　　　　金额单位：元

序号	项目编码（编制依据）	项目名称	计量单位	工程量（数量）	单价				合价			
					人工费	材机费	主要材料费		人工费	材机费	主要材料费	
							材料费	其中：暂估价			材料费	其中：暂估价
	3B	电缆输电线路建筑工程							1 335 592	3 321 607	3 613 882	
1	3BAA	土石方工程							47 662	121 428		
1.1	3BAAAA	土石方开挖及回填							44 768	113 943		
	3BAAAASA0101	土石方开挖及回填	m^3	9752.5								
	YL1-22	电缆沟、槽、坑机械挖方及回填　机械开挖　土方	m^3	12 646.25	3.54	9.01			44 768	113 943		
	综合单价人、材、机				4.59	11.68			44 768	113 943		

续表

序号	项目编码（编制依据）	项目名称	计量单位	工程量（数量）	单价				合价			
					人工费	材机费	主要材料费		人工费	材机费	主要材料费	
							材料费	其中：暂估价			材料费	其中：暂估价
1.2	3BAABA	开挖路面							2894	7485		
	3BAABASA0201	开挖路面	m^2	156								
	YL1-25	破路面　混凝土路面　厚度　250mm以内	m^2	156	18.55	47.98			2894	7485		
	综合单价人、材、机				18.55	47.98			2894	7485		
2	3BAB	构筑物							1 032 683	2 727 161	3 613 882	
2.2	3BABBA	工作井							229 033	278 626	441 859	
	3BABBASH0201	混凝土检查井	座	20								
	调 YL1-47 R×0.75 J×0.3	工井浇制　直线	m^3	583.512	228.75	136.37			133 478	79 572		
	YL1-35	基坑支撑搭拆　直线工井长度 15m 以内	m	612	65.35	238.8			39 994	146 146		
	YL1-41	垫层　素混凝土	m^3	71.92	111.7	25.87			8033	1861		
	SP1004	商品混凝土	m^3	583.512			250.13				145 952	
	SP1001	商品混凝土	m^3	71.92			209.24				15 049	
		井盖	套	40			2662.5				106 500	
	YX1-97	汽车运输　金具、绝缘子、零星钢材　装卸	t	0.021	12.61	33.41			0	1		
	YX1-98	汽车运输　金具、绝缘子、零星钢材　运输	t·km	0.107	0.51	1.02			0	0		
	综合单价人、材、机				9075.32	11 378.94	13 375.02		181 506	227 579	267 500	
	3BABBASH0202	混凝土检查井	座	2								
	调 YL1-48 R×0.75 J×0.3	工井浇制　转弯	m^3	71.571	240.14	145.82			17 187	10 436		
	YL1-35	基坑支撑搭拆　直线工井长度 15m 以内	m	69.2	65.35	238.8			4522	16 525		

续表

序号	项目编码（编制依据）	项目名称	计量单位	工程量（数量）	单价				合价			
					人工费	材机费	主要材料费		人工费	材机费	主要材料费	
							材料费	其中：暂估价			材料费	其中：暂估价
	YL1-41	垫层 素混凝土	m^3	8.352	111.7	25.87			933	216		
	SP1004	商品混凝土	m^3	71.571			250.13				17 902	
	SP1001	商品混凝土	m^3	8.352			209.24				1748	
		井盖	套	4			2662.5				10 650	
	YX1-97	汽车运输 金具、绝缘子、零星钢材 装卸	t	0.002	12.61	33.41			0	0		
	YX1-98	汽车运输 金具、绝缘子、零星钢材 运输	t·km	0.011	0.51	1.02			0	0		
综合单价人、材、机					11 320.94	13 588.61	15 149.7		22 642	27 177	30 299	
	3BABBASH0203	混凝土检查井	座	1								
	调 YL1-48 R×0.75 J×0.3	工井浇制 转弯	m^3	40.437	240.14	145.82			9710	5896		
	YL1-35	基坑支撑搭拆 直线工井长度 15m 以内	m	35	65.35	238.8			2287	8358		
	YL1-37	基坑支撑搭拆 凸口	个	1	40.92	151.19			41	151		
	调 YL1-49 R×0.75 J×0.3	工井浇制 凸口	个	1	186.04	98.57			186	99		
	YL1-41	垫层 素混凝土	m^3	5.238	111.7	25.87			585	136		
	SP1004	商品混凝土	m^3	48.437			250.13				12 115	
	SP1001	商品混凝土	m^3	5.238			209.24				1096	
		井盖	套	2			2662.5				5325	
	YX1-97	汽车运输 金具、绝缘子、零星钢材 装卸	t	0.001	12.61	33.41			0	0		
	YX1-98	汽车运输 金具、绝缘子、零星钢材 运输	t·km	0.005	0.51	1.02			0	0		
综合单价人、材、机					12 809.65	14 639.63	18 536.39		12 810	14 640	18 536	

续表

序号	项目编码（编制依据）	项目名称	计量单位	工程量（数量）	单价				合价			
					人工费	材机费	主要材料费		人工费	材机费	主要材料费	
							材料费	其中：暂估价			材料费	其中：暂估价
	3BABBASD0101	钢筋	t	25.404								
	YL1-55	一般钢筋制作、安装	t	25.404	393.4	289.79			9994	7362		
	H09010101	普通圆钢	t	25.404			4425.5				112 425	
	YX1-97	汽车运输　金具、绝缘子、零星钢材　装卸	t	26.928	12.61	33.41			340	900		
	YX1-98	汽车运输　金具、绝缘子、零星钢材　运输	t·km	134.641	0.51	1.02			69	137		
	综合单价人、材、机				409.47	330.61	4425.5		10 402	8399	112 425	
	3BABBASD0201	预埋铁件	t	2.588								
	YL1-56	预埋铁件制作、安装	t	2.588	630.41	280.15			1632	725		
	H07010101	预埋铁件	t	2.588			5060.88				13 098	
	YX1-97	汽车运输　金具、绝缘子、零星钢材　装卸	t	2.756	12.61	33.41			35	92		
	YX1-98	汽车运输　金具、绝缘子、零星钢材　运输	t·km	13.781	0.51	1.02			7	14		
	综合单价人、材、机				646.55	321.16	5060.88		1673	831	13 098	
2.3	3BABCA	电缆埋管							803 650	2 448 535	3 172 023	
	3BABCASE0101	排管敷设	m	22 500								
	YL1-54	排管浇制　电缆管敷设	m	22 500	6.12	3.87			137 700	87 075		
	S01020103	CPVC 管	m	22 500			26.1				587 318	
	YX1-107	汽车运输　其他建筑安装材料　装卸	t	236.25	9.59	17.87			2266	4222		
	YX1-108	汽车运输　其他建筑安装材料　运输	t·km	1181.25	0.41	0.75			484	886		
	综合单价人、材、机				6.24	4.1	26.1		140 450	92 183	587 318	

续表

序号	项目编码（编制依据）	项目名称	计量单位	工程量（数量）	单价				合价			
					人工费	材机费	主要材料费		人工费	材机费	主要材料费	
							材料费	其中：暂估价			材料费	其中：暂估价
	3BABCASE0102	排管敷设	m	22 500								
	YL1-54	排管浇制　电缆管敷设	m	22 500	6.12	3.87			137 700	87 075		
	S01020103	CPVC 管	m	22 500			37.97				854 280	
	YX1-107	汽车运输　其他建筑安装材料　装卸	t	262.5	9.59	17.87			2517	4691		
	YX1-108	汽车运输　其他建筑安装材料　运输	t·km	1312.5	0.41	0.75			538	984		
	综合单价人、材、机				6.26	4.12	37.97		140 756	92 750	854 280	
	3BABCASE0103	排管敷设	m	2500								
	YL1-54	排管浇制　电缆管敷设	m	2500	6.12	3.87			15 300	9675		
	S01020103	七孔管	m	2500			34.41				86 021	
	YX1-107	汽车运输　其他建筑安装材料　装卸	t	26.25	9.59	17.87			252	469		
	YX1-108	汽车运输　其他建筑安装材料　运输	t·km	131.25	0.41	0.75			54	98		
	综合单价人、材、机				6.24	4.1	34.41		15 606	10 243	86 021	
	3BABCASE0201	水平导向钻进	m	100								
	YL1-68	非开挖水平导向钻进　多管　ϕ1000 以内	m	2000	124.64	1064.75			249 280	2 129 500		
	S01020103	MPP 管	m	2000			189.84				379 680	
	N01020101	膨润土	t	14.13			1429.45				20 198	
	C21010101	水	t	376.8			4.1				1545	
	YX1-107	汽车运输　其他建筑安装材料　装卸	t	510.41	9.59	17.87			4895	9121		
	YX1-108	汽车运输　其他建筑安装材料　运输	t·km	2552.048	0.41	0.75			1046	1914		
	综合单价人、材、机				2552.21	21 405.35	4014.23		255 221	2 140 535	401 423	
	3BABCASC0101	混凝土浇筑	m^3	2173.138								
	调 YL1-51 R×0.75 J×0.3	排管浇制　双层	m^3	2173.138	61.04	25.11			132 654	54 559		
	SP1004	商品混凝土	m^3	2173.138			250.13				543 559	
	综合单价人、材、机				61.04	25.11	250.13		132 654	54 559	543 559	

续表

序号	项目编码（编制依据）	项目名称	计量单位	工程量（数量）	单价				合价			
					人工费	材机费	主要材料费		人工费	材机费	主要材料费	
							材料费	其中：暂估价			材料费	其中：暂估价
	3BABCASC0201	垫层	m^3	587.5								
	YL1-41	垫层　素混凝土	m^3	587.5	111.7	25.87			65 624	15 199		
	SP1001	商品混凝土	m^3	587.5			209.24				122 930	
	综合单价人、材、机				111.7	25.87	209.24		65 624	15 199	122 930	
	3BABCASD0101	钢筋	t	130.266								
	YL1-55	一般钢筋制作、安装	t	130.266	393.4	289.79			51 247	37 750		
	H09010101	普通圆钢	t	130.266			4425.5				576 492	
	YX1-97	汽车运输　金具、绝缘子、零星钢材　装卸	t	138.082	12.61	33.41			1741	4613		
	YX1-98	汽车运输　金具、绝缘子、零星钢材　运输	t·km	690.41	0.51	1.02			352	704		
	综合单价人、材、机				409.47	330.61	4425.5		53 340	43 067	576 492	
3	3BAC	辅助工程							255 247	473 019		
3.6	3BACFA	地基处理							255 247	473 019		
	3BACFASJ0301	余方外运及处置	m^3	11 496								
	YX1-107	汽车运输　其他建筑安装材料　装卸	t	18 393.6	9.59	17.87			176 395	328 694		
	YX1-108	汽车运输　其他建筑安装材料　运输	t·km	183 936	0.41	0.75			75 414	137 952		
	综合单价人、材、机				21.9	40.59			251 808	466 646		
	3BACFASJ0302	余方外运及处置	m^3	157								
	YX1-107	汽车运输　其他建筑安装材料　装卸	t	251.2	9.59	17.87			2409	4489		
	YX1-108	汽车运输　其他建筑安装材料　运输	t·km	2512	0.41	0.75			1030	1884		
	综合单价人、材、机				21.9	40.59			3439	6373		

注 1：如不使用行业建设主管部门发布的计价依据，可不填编制依据。

注 2：招标文件提供了暂估单价的材料，按暂估的单价填入表内单价栏的“暂估价”栏。

注 3：材机费=消耗性材料+机械费。

最高投标限价表–5

投标人采购材料计价表

工程名称：　　　　　　　　　　　　　　　　　　　　　　　　　　　　金额单位：元

序号	材料名称	型号规格	计量单位	数量	单价	合价	备注
一	建筑						
	井盖		套	48.99	2500	122 475	
C21010101	水		t	376.8	4.1	1545	
H07010101	预埋铁件	综合	t	2.756	4752	13 098	
H09010101	普通圆钢	综合	t	165.01	4175	688 918	
N01020101	膨润土		t	16.25	1243	20 198	
SP1001	商品混凝土	C10	m^3	683.105	660	450 849	
SP1004	商品混凝土	C25	m^3	2919.808	680	1 985 469	
小计						3 282 552	
合计						3 282 552	

注 1：招标文件提供了暂估单价的材料，按暂估的单价填入表内单价栏中。
注 2：招标人对投标人采购材料有品牌要求的，以及合同约定可调价的材料。

最高投标限价表–6

投标人采购设备计价表

工程名称：　　　　　　　　　　　　　　　　　　　　　　　　　　　　金额单位：元

序号	设备名称	型号规格	计量单位	数量	单价	合价	备注
一	建筑						
	设备						
合计							

注：招标文件提供了暂估单价的设备，按暂估的单价填入表内单价栏中。

最高投标限价表–7

措施项目清单计价表

工程名称：　　　　　　　　　　　　　　　　　　　　　　　　　　　　金额单位：元

序号	项目名称	项目特征	计量单位	工程量	单价				合价				备注
					全费用综合单价	其中			合计	其中			
						人工费	材料费	机械费		人工费	材料费	机械费	
	建筑措施项目												
1	总价措施项目												
一	招标人已列项目												
	安装措施项目												
1	总价措施项目												
一	招标人已列项目												

注：本表适用于以全费用综合单价形式计价的措施项目；若需要人、材、机组成表及全费用综合单价分析表，可以参照最高投标限价 4.1、最高投标限价 4.2；投标人增列措施项目仅在投标报价时采用。

最高投标限价表–8

其他项目清单计价表

工程名称： 金额单位：元

序号	项目名称	计量单位	金额	备注
一	招标人已列项目			
1	暂列金额			明细详见最高投标限价表–8.1
2	暂估价			
2.1	材料、工程设备暂估单价			明细详见最高投标限价表–8.2
2.2	专业工程暂估价			明细详见最高投标限价表–8.3
3	计日工			明细详见最高投标限价表–8.4
4	施工总承包服务费计价			明细详见最高投标限价表–8.5
5	其他		41 579	
5.1	拆除工程项目清单			
5.2	招标人供应设备、材料卸车保管费		41 579	
5.2.1	设备卸车保管费			
5.2.2	材料卸车保管费		41 579	
小计			41 579	
合计			41 579	

注 1：投标人增列项目费仅在投标报价时采用。
注 2：材料、工程设备暂估单价不填写金额，不计入小计、合计。

最高投标限价表–8.1

暂列金额明细表

工程名称： 金额单位：元

序号	项目名称	计量单位	暂列金额	备注
1	招标人已列项目			
1.1	暂列金额			
合计				

注：此表按招标文件内容填写并计入最高投标限价表–8 中。

最高投标限价表–8.2

材料、工程设备暂估单价表

工程名称： 金额单位：元

序号	材料、工程设备名称、规格、型号	计量单位	单价	备注

最高投标限价表–8.3

专业工程暂估价表

工程名称：　　　　　　　　　　　　　　　　　　　　　　　　　　　　　　金额单位：元

序号	工程名称	工程内容	金额	备注
1	招标人已列项目			
1.1	暂估价			
1.1.1	专业工程暂估价			

注：此表按招标文件内容填写并计入最高投标限价表–8 中。

最高投标限价表–8.4

计日工表

工程名称：　　　　　　　　　　　　　　　　　　　　　　　　　　　　　　金额单位：元

编号	项目名称	计量单位	工程量	全费用综合单价	合价	备注
一	人工					
1	输电技术工	工日				
2	输电普通工	工日				
人工小计						
合计						

注：此表项目名称、数量按招标文件内容填写。编制最高投标限价时，单价按电力行业有关计价规定确定；投标时，单价由投标人自主报价，汇总计入最高投标限价–8 其他项目清单计价表。

最高投标限价表–8.5

施工总承包服务费计价表

工程名称：　　　　　　　　　　　　　　　　　　　　　　　　　　　　　　金额单位：元

序号	项目名称	取费基数	服务内容	费率（%）	金额	备注
1	招标人已列项目					
1.1	施工总承包服务费计价					

注：此表的取费基数、服务内容按招标文件内容规定填写。

最高投标限价表–9

招标人采购材料表

工程名称： 金额单位：元

序号	材料名称	型号规格	计量单位	数量	单价	备注
一	建筑					
	主材					
S01020103	MPP 管	内径 175	m	2100	180.8	
S01020103	七孔管		m	2625	32.77	
S01020103	CPVC 管	内径 175	m	23 625	36.16	
S01020103	CPVC 管	内径 150	m	23 625	24.86	
小计						
合计						

注：招标人采购材料费按招标文件内容填写。

最高投标限价表–10

主要工日价格表

工程名称： 金额单位：元

序号	工种	单位	数量	单价
一	建筑			
9101106	建筑普通工	工日	5806.5802	74.333
9101107	建筑技术工	工日	6726.9158	104.066
9101110	输电普通工	工日	3443.2868	74.333
9101111	输电技术工	工日	262.648	118.933

最高投标限价表–11

主要机械台班价格表

工程名称： 金额单位：元

序号	机械设备名称	单位	数量	单价
一	建筑			
J01-01-002	履带式推土机 功率 90kW	台班	2.5293	885.17
J01-01-034	履带式单斗液压挖掘机 斗容量 0.6m^3	台班	151.755	639.68
J02-01-013	振动沉拔桩机 激振力 400kN	台班	6.5048	1047.6
J03-01-033	汽车式起重机 起重量 5t	台班	52.2826	563.94

续表

序号	机械设备名称	单位	数量	单价
J03-01-036	汽车式起重机　起重量　16t	台班	94.8422	880.4
J04-01-008	载重汽车　25t	台班	161.4	887.26
J04-01-020	平板拖车组　10t	台班	3.7939	707.68
J04-01-032	机动翻斗车　1t	台班	57.5303	184.28
J05-01-010	电动单筒慢速卷扬机　50kN	台班	20.7041	189.71
J06-01-021	滚筒式混凝土搅拌机（电动式）出料容量 250L	台班	77.7327	178.74
J06-01-022	滚筒式混凝土搅拌机（电动式）出料容量 400L	台班	57.5303	199.98
J06-01-028	灰浆搅拌机　拌筒容量　400L	台班	147.6	157.31
J06-01-052	混凝土振捣器（插入式）	台班	138.5876	13.67
J06-01-053	混凝土振捣器（平台式）	台班	115.6761	19.39
J08-01-003	钢筋切断机　直径　ϕ40	台班	14.0103	43.62
J08-01-006	钢筋弯曲机　直径　ϕ40	台班	26.6196	27.12
J09-01-002	电动单级离心清水泵　出口直径　ϕ100	台班	147.6	63.78
J10-01-001	交流弧焊机　容量　21kVA	台班	452.9051	64.59
J10-01-002	交流弧焊机　容量　30kVA	台班	78.0658	86.36
J10-01-009	对焊机　容量　75kVA	台班	17.1237	121.61
J11-01-020	电动空气压缩机　排气量　10m^3/min	台班	10.1868	403.59
J13-01-079	输电专用载重汽车　4t	台班	281.7002	314.67
J13-01-080	输电专用载重汽车　5t	台班	1472.2076	339.64
J13-01-082	输电专用载重汽车　8t	台班	85.5	476.01
J15-02-001	泥浆制作循环设备	台班	147.6	1189.83
J24-01-005	水平定向钻机　大型	台班	148.8	2724.35
J24-01-006	泥浆泵　出口直径　ϕ200	台班	147.6	567.49
J24-01-007	SH 系列塑料管道热熔对接机　SHY-250	台班	199.8	272.42
J24-01-008	履带式单斗液压挖掘机　斗容量　0.2m^3	台班	161.4	589.1
J24-01-009	导向仪	台班	46.8	155.04
J99-01-099	其他机械费	元	23 146.4	1

注：仅计列招标文件约定可调价范围的施工机械；可不计列按调整的施工机械。

（四）竣工结算编制

1. 编制步骤

（1）根据招标文件规定，施工图量差（即施工图工程量与招标工程量之差）调整：以“招标工程量及报价明细表”中给定的数量作为计算工程量差的依据，施工图工程量与招标工程量之间的量差结算时予以调整，经建设单位、监理、施工单位三方确认，实际计算工程量进入结算。

（2）按合同约定调整人工、材料、机械价格。

2. 竣工结算部分表单

结算计价封–1

××110kV 陆上电缆输电线路建筑工程

竣工结算总价

签约合同价（小写）11 089 899 元　　大写　壹仟壹佰零捌万玖仟捌佰玖拾玖元

竣工结算（小写）11 059 737 元　　大写　壹仟壹佰零伍万玖仟柒佰叁拾柒元

发包人：＿＿＿＿＿＿＿＿
（单位盖章）

法定代表人
或其授权人：＿＿＿＿＿＿＿＿
（签字或盖章）

承包人：＿＿＿＿＿＿＿＿
（单位盖章）

法定代表人
或其授权人：＿＿＿＿＿＿＿＿
（签字或盖章）

工程造价
咨询人：＿＿＿＿＿＿＿＿
（单位资质专用章）

法定代表人
或其授权人：＿＿＿＿＿＿＿＿
（签字或盖章）

编制人：＿＿＿＿＿＿＿＿
（签字、盖执业专用章）

复核人：＿＿＿＿＿＿＿＿
（签字、盖执业专用章）

编制时间：20××年××月××日　　核对时间：20××年××月××日

填 表 须 知

1 竣工结算总价表应由承包人或受其委托的电力工程造价咨询人编制，并应由发包人或受其委托的电力工程造价咨询人核对。

2 工程量清单计价格式中的任何内容不应删除或涂改。

3 工程量清单计价格式中列明的所有需要填报的单价和合价，承包人均应填报；未填报的单价和合价，视为此项费用已包含在工程量清单的其他单价和合价中。

4 金额（价格）以人民币“元”为单位，单价保留小数点后两位，合价取整数。

5 工程量清单计价格式的填写应符合下列规定：

1） 工程量清单计价格式中所有要求签字、盖章的地方，应由规定的单位和人员签字、盖章。编制人是指电力工程造价专业的人员。

2） 工程项目竣工结算总价表的分部分项工程费、承包人采购设备费、措施项目费、其他项目费应按相应工程项目费用汇总表中合计栏的金额填写。

3） 工程量清单竣工结算编制说明应包括：工程概况、编制依据以及其他需要说明的问题。

4） 当分部分项工程量清单表计价表中结算全费用综合单价与投标全费用综合单价不同时，需提供相应项目的工程量清单全费用综合单价分析表和工程量清单全费用综合单价人、材、机计价表。按结算计价表–5.3 格式填写分部分项工程量清单结算对比表。

5） 发包人采购材料计价表应按发包人提供的发包人采购材料表进行计算填写，承包人采购材料计价表、承包人采购设备计价表应按实际采购的材料、设备数量及单价进行填写。

6） 措施项目清单计价表承包人可根据经批准的施工组织设计应增加采取的措施增加项目。

7） 计日工计价表中人工、材料、机械名称、计量单位和相应数量应按实际完成的工程量所需费用结算。

8） 如有需要说明的其他事项可增加条款。

结算计价表–1

竣工结算编制说明

工程名称：

1．编制依据

1.1 《电力建设工程工程量清单计价规范》（DL/T 5745—2021）。

1.2 《电力建设工程工程量清单计算规范　输电线路工程》（DL/T 5205—2021）。

1.3 业主提供的招标工程量清单及合同综合单价。

1.4 竣工图纸及设计变更单。

1.5 新增综合单价依据合同按投标时的原则编制。

1.6 人工、材料、机械整超过电力工程造价与定额管理总站发布的调整系数或市场价格的部分，按合同约定调整。

结算计价表–2

工程项目竣工结算汇总表

工程名称：

序号	项目或费用名称	金额（元）	备注
1	分部分项工程费	11 018 157	
1.1	建筑工程	11 018 157	
1.1.1	其中：暂估价材料费		
1.1.2	其中：安全文明施工费、临时设施费	371 781	
1.2	安装工程		
1.2.1	其中：暂估价材料费		
1.2.2	其中：安全文明施工费、临时设施费		
2	投标人采购设备费		
3	措施项目费		
	其中：施工过程增列措施项目费		
4	其他项目费	41 579	
	其中：施工过程增列其他项目费		
竣工结算价合计=1+2+3+4		11 059 737	

结算计价表–3

分部分项工程费用汇总表

工程名称：　　　　　　　　　　　　　　　　　　　　　　　　　　　金额单位：元

序号	项目或费用名称	金额				备注
		合计	其中：人工费	其中：暂估价材料费	其中：安全文明施工费、临时设施费	
	电缆输电线路建筑工程	11 018 157	1 332 740		371 781	
1	土石方工程	228 054	46 098		7571	
1.1	土石方开挖及回填	217 053	43 872		7201	
1.2	开挖路面	11 001	2226		370	
1.3	修复路面					
2	构筑物	9 770 518	1 031 395		330 492	
2.1	电缆沟、浅槽					
2.2	工作井	1 703 463	229 033		43 963	
2.3	电缆埋管	8 067 055	802 361		286 529	
2.4	隧道					
2.5	隧道工作井					
2.6	栈桥					
2.7	基础					
3	辅助工程	1 019 586	255 247		33 719	
3.1	通风					
3.2	照明					
3.3	排水					
3.4	消防					
3.5	围护					
3.6	地基处理	1 019 586	255 247		33 719	
4	措施项目					
4.1	措施项目					
合计		1 1018 157	1 332 740		371 781	

结算计价表–4

分部分项工程清单结算汇总对比表

工程名称：　　　　　　　　　　　　　　　　　　　　　　　　　　　　　　　金额单位：元

序号	项目编码	项目名称	计量单位	合同工程量	结算工程量	量差	合同全费用综合单价	结算全费用综合单价	合同合价	结算合价
	3B	电缆输电线路建筑工程							11 048 319	11 018 157
1	3BAA	土石方工程							235 784	228 054
1.1	3BAAAA	土石方开挖及回填							221 483	217 053
	3BAAAASA0101	土石方开挖及回填	m^3	9752.50	9557.45	−195.05	22.71	22.71	221 483	217 053
1.2	3BAABA	开挖路面				0			14 301	11 001
	3BAABASA0201	开挖路面	m^2	156	120	−36	91.67	91.67	14 301	11 001
2	3BAB	构筑物				0			9 792 950	9 770 518
2.2	3BABBA	工作井				0			1 703 463	1 703 463
	3BABBASH0201	混凝土检查井	座	20	20	0	63 013.48	63 013.48	1 260 270	1 260 270
	3BABBASH0202	混凝土检查井	座	2	2	0	75 208.05	75 208.05	150 416	150 416
	3BABBASH0203	混凝土检查井	座	1	1	0	90 070.49	90 070.49	90 070	90 070
	3BABBASD0101	钢筋	t	25.404	25.404	0	7130.36	7130.36	181 140	181 140
	3BABBASD0201	预埋铁件	t	2.588	2.588	0	8333.4	8333.4	21 567	21 567
2.3	3BABCA	电缆埋管				0			8 089 487	8 067 055
	3BABCASE0101	排管敷设	m	22 500	22 500	0	21.27	21.27	478 507	478 507
	3BABCASE0102	排管敷设	m	22 500	22 500	0	24.33	24.33	547 384	547 384
	3BABCASE0103	排管敷设	m	2500	2500	0	23.37	23.37	58 429	58 429
	3BABCASE0201	水平导向钻进	m	100	100	0	34 385.85	34 385.85	3 438 585	3 438 585
	3BABCASC0101	混凝土浇筑	m^3	2173.138	2173.138	0	946.96	946.96	2 057 884	2 057 884
	3BABCASC0201	垫层	m^3	587.5	587.5	0	986.99	986.99	579 855	579 855
	3BABCASD0101	钢筋	t	130.266	127.12	−3.146	7130.36	7130.36	928 843	906 411
3	3BAC	辅助工程				0			1 019 586	1 019 586
3.6	3BACFA	地基处理				0			1 019 586	1 019 586
	3BACFASJ0301	余方外运及处置	m^3	11 496	11 496	0	87.5	87.5	1 005 849	1 005 849
	3BACFASJ0302	余方外运及处置	m^3	157	157	0	87.5	87.5	13 737	13 737

结算计价表–4.1

分部分项工程量清单计价表

工程名称：　　　　　　　　　　　　　　　　金额单位：元

序号	项目编码	项目名称	项目特征	计量单位	工程量	全费用综合单价						合价					
						单价	其中					合计	其中				
							人工费	材机费	主要材料费		安全文明施工费、临时设施费		人工费	材机费	主要材料费		安全文明施工费、临时设施费
									材料费	其中：暂估价					材料费	其中：暂估价	
	3B	电缆输电线路建筑工程										11 018 157	1 332 740	3 316 561	3 599 960		371 781
1	3BAA	土石方工程										228 054	46 098	117 421			7571
1.1	3BAAAA	土石方开挖及回填										217 053	43 872	111 664			7201
	3BAAAASA0101	土石方开挖及回填	1．地质类别：普通土 2．开挖深度步距：4m 以内 3．挖方类别：机械挖方	m^3	9557.45	22.71	4.59	11.68			0.75	217 053	43 872	111 664			7201
1.2	3BAABA	开挖路面										11 001	2226	5758			370
	3BAABASA0201	开挖路面	1．路面类型：混凝土路面 2．路面厚度：250mm 3．路面结构型式：素混凝土 4．开挖方式：机械开挖	m^2	120	91.67	18.55	47.98			3.08	11 001	2226	5758			370
2	3BAB	构筑物										9 770 518	1 031 395	2 726 121	3 599 960		330 492
2.2	3BABBA	工作井										1 703 463	229 033	278 626	441 859		43 963

续表

序号	项目编码	项目名称	项目特征	计量单位	工程量	全费用综合单价						合价					
						单价	其中					合计	其中				
							人工费	材机费	主要材料费		安全文明施工费、临时设施费		人工费	材机费	主要材料费		安全文明施工费、临时设施费
									材料费	其中：暂估价					材料费	其中：暂估价	
	3BABBASH0201	混凝土检查井	1．检查井名称及尺寸：直线工井（12×2.5×1.9） 2．垫层类型、基础类型、盖板类型及厚度： 垫层：素混凝土 C10，0.1m； 盖板：铸铁 3．混凝土强度等级及特殊要求：商品混凝土 C25 4．防渗、防水要求：结构防水	座	20	63 013.48	9075.32	11 378.94	13 375.02		1566.3	1 260 270	181 506	227 579	267 500		31 326
	3BABBASH0202	混凝土检查井	1．检查井名称及尺寸：转角工井（12×2.5×1.9） 2．垫层类型、基础类型、盖板类型及厚度： 垫层：素混凝土 C10，0.1m； 盖板：铸铁 3．混凝土强度等级及特殊要求：商品混凝土 C25 4．防渗、防水要求：结构防水	座	2	75 208.05	11 320.94	13 588.61	15 149.7		1854.74	150 416	22 642	27 177	30 299		3709
	3BABBASH0203	混凝土检查井	1．检查井名称及尺寸：转角工井（14×2.5×1.9） 2．垫层类型、基础类型、盖板类型及厚度： 垫层：素混凝土 C10，0.1m；盖板：铸铁	座	1	90 070.49	12 809.65	14 639.63	18 536.39		2129.14	90 070	12 810	14 640	18 536		2129

续表

序号	项目编码	项目名称	项目特征	计量单位	工程量	全费用综合单价						合价					
						单价	其中					合计	其中				
							人工费	材机费	主要材料费		安全文明施工费、临时设施费		人工费	材机费	主要材料费		安全文明施工费、临时设施费
									材料费	其中：暂估价					材料费	其中：暂估价	
	3BABBASH0203	混凝土检查井	3．混凝土强度等级及特殊要求：商品混凝土 C25 4．防渗、防水要求：结构防水	座	1	90 070.49	12 809.65	14 639.63	18 536.39		2129.14	90 070	12 810	14 640	18 536		2129
	3BABBASD0101	钢筋	1．部位：工井 2．材质、规格：普通圆钢	t	25.404	7130.36	409.47	330.61	4425.5		239.17	181 140	10 402	8399	112 425		6076
	3BABBASD0201	预埋铁件	1．材质、规格、部位：工井 2．防腐形式及要求：无	t	2.588	8333.4	646.55	321.16	5060.88		279.12	21 567	1673	831	13 098		722
2.3	3BABCA	电缆埋管										8 067 055	802 361	2 447 495	3 158 100		286 529
	3BABCASE0101	排管敷设	1．材质：CPVC 2．规格：内径 150mm	m	22 500	21.27	6.24	4.1	26.1		1.55	478 507	140 450	92 183	587 318		34 835
	3BABCASE0102	排管敷设	1．材质：CPVC 2．规格：内径 175mm	m	22 500	24.33	6.26	4.12	37.97		2.04	547 384	140 756	92 750	854 280		45 814
	3BABCASE0103	排管敷设	1．材质：CPVC 2．规格：七孔管	m	2500	23.37	6.24	4.1	34.41		1.89	58 429	15 606	10 243	86 021		4721
	3BABCASE0201	水平导向钻进	1．土质类别：普通土 2．管材材质及规格：MPP管，内径 175 3．孔数：20	m	100	34 385.85	2552.21	21 405.35	4014.23		1274.87	3 438 585	255 221	2 140 535	401 423		127 487

续表

序号	项目编码	项目名称	项目特征	计量单位	工程量	全费用综合单价						合价					
						单价	其中					合计	其中				
							人工费	材机费	主要材料费		安全文明施工费、临时设施费		人工费	材机费	主要材料费		安全文明施工费、临时设施费
									材料费	其中：暂估价					材料费	其中：暂估价	
	3BABCASC0101	混凝土浇筑	1. 浇筑部位：排管 2. 断面尺寸：2.35m×0.56m，2×10 孔 3. 混凝土强度等级：商品混凝土 C25 4. 特殊要求：混凝土量及工作量已包含预制垫块	m^3	2173.138	946.96	61.04	25.11	250.13		15.57	2 057 884	132 654	54 559	543 559		33 835
	3BABCASC0201	垫层	1. 垫层部位及类型：排管 2. 垫层尺寸、厚度、材质：0.1m 厚，素混凝土 3. 混凝土强度等级：C10 4. 特殊要求：无	m^3	587.5	986.99	111.7	25.87	209.24		16.06	579 855	65 624	15 199	122 930		9434
	3BABCASD0101	钢筋	1. 部位：排管 2. 材质、规格：普通圆钢，综合	t	127.12	7130.36	409.47	330.61	4425.5		239.17	906 411	52 052	42 027	562 570		30 403
3	3BAC	辅助工程										1 019 586	255 247	473 019			33 719
3.6	3BACFA	地基处理										1 019 586	255 247	473 019			33 719
	3BACFASJ0301	余方外运及处置	1. 余方品种：普通土 2. 运距：自行考虑	m^3	11 496	87.5	21.9	40.59			2.89	1 005 849	251 808	466 646			33 264
	3BACFASJ0302	余方外运及处置	1. 余方品种：非开挖泥浆 2. 运距：自行考虑	m^3	157	87.5	21.9	40.59			2.89	13 737	3439	6373			454

结算计价表–4.2

工程量清单全费用综合单价分析表

工程名称：　　　　　　　　　　　　　　　　　　　　　　　　金额单位：元

序号	项目编码	项目名称	计量单位	全费用综合单价组成												全费用综合单价
				人工费	材机费	主要材料费		措施费			企业管理费	规费	利润	编制基准期价差	增值税	
						材料费	其中：暂估价	措施费	其中：安全文明施工费	其中：临时设施费						
	3B	电缆输电线路建筑工程														
1	3BAA	土石方工程														
1.1	3BAAAA	土石方开挖及回填														
	3BAAAASA0101	土石方开挖及回填	m^3	4.59	11.68			1.02	0.48	0.28	1.26	1.02	0.98	0.29	1.88	22.71
1.2	3BAABA	开挖路面														
	3BAABASA0201	开挖路面	m^2	18.55	47.98			4.16	1.95	1.13	5.16	4.16	4	0.09	7.57	91.67
2	3BAB	构筑物														
2.2	3BABBA	工作井														
	3BABBASH0201	混凝土检查井	座	9075.32	11 378.94	13 375.02		2117.71	991.2	575.1	2621.77	2114.19	2034.15	15 093.42	5202.95	63 013.48
	3BABBASH0202	混凝土检查井	座	11 320.94	13 588.61	15 149.7		2507.71	1173.74	681.01	3104.59	2503.54	2408.75	18 414.36	6209.84	75 208.05
	3BABBASH0203	混凝土检查井	座	12 809.65	14 639.63	18 536.39		2878.7	1347.38	781.76	3563.89	2873.92	2765.11	24 566.2	7437.01	90 070.49
	3BABBASD0101	钢筋	t	409.47	330.61	4425.5		323.37	151.35	87.81	400.33	322.83	310.61	18.9	588.75	7130.36
	3BABBASD0201	预埋铁件	t	646.55	321.16	5060.88		377.39	176.64	102.49	467.22	376.76	362.5	32.86	688.08	8333.4
2.3	3BABCA	电缆埋管														
	3BABCASE0101	排管敷设	m	6.24	4.1	26.1		2.09	0.98	0.57	2.59	2.09	2.01	0.39	1.76	21.27
	3BABCASE0102	排管敷设	m	6.26	4.12	37.97		2.75	1.29	0.75	3.41	2.75	2.64	0.39	2.01	24.33
	3BABCASE0103	排管敷设	m	6.24	4.1	34.41		2.55	1.2	0.69	3.16	2.55	2.45	0.39	1.93	23.37
	3BABCASE0201	水平导向钻进	m	2552.21	21 405.35	4014.23		1723.69	806.78	468.09	2133.96	1720.83	1655.67	137.51	2839.2	34 385.85
	3BABCASC0101	混凝土浇筑	m^3	61.04	25.11	250.13		21.05	9.85	5.72	26.06	21.02	20.22	444.15	78.19	946.96
	3BABCASC0201	垫层	m^3	111.7	25.87	209.24		21.71	10.16	5.9	26.88	21.67	20.85	467.56	81.49	986.99
	3BABCASD0101	钢筋	t	409.47	330.61	4425.5		323.37	151.35	87.81	400.33	322.83	310.61	18.9	588.75	7130.36
3	3BAC	辅助工程														
3.6	3BACFA	地基处理														
	3BACFASJ0301	余方外运及处置	m^3	21.9	40.59			3.91	1.83	1.06	4.84	3.91	3.76	1.36	7.22	87.5
	3BACFASJ0302	余方外运及处置	m^3	21.9	40.59			3.91	1.83	1.06	4.84	3.91	3.76	1.36	7.22	87.5

注 1： 材机费=消耗性材料+机械费。

注 2： 措施费：按费率计取。

结算计价表–4.3

工程量清单全费用综合单价人、材、机计价表

工程名称：　　　　　　　　　　　　　　　　　　　　　　　　　　　　金额单位：元

序号	项目编码（编制依据）	项目名称	计量单位	工程量（数量）	单价				合价			
					人工费	材机费	主要材料费		人工费	材机费	主要材料费	
							材料费	其中：暂估价			材料费	其中：暂估价
	3B	电缆输电线路建筑工程							1 332 740	3 316 561	3 599 960	
1	3BAA	土石方工程							46 098	117 421		
1.1	3BAAAA	土石方开挖及回填							43 872	111 664		
	3BAAAASA0101	土石方开挖及回填	m^3	9557.45								
	YL1-22	电缆沟、槽、坑机械挖方及回填　机械开挖　土方	m^3	12 393.325	3.54	9.01			43 872	111 664		
	综合单价人、材、机				4.59	11.68			43 872	111 664		
1.2	3BAABA	开挖路面							2226	5758		
	3BAABASA0201	开挖路面	m^2	120								
	YL1-25	破路面　混凝土路面　厚度　250mm 以内	m^2	120	18.55	47.98			2226	5758		
	综合单价人、材、机				18.55	47.98			2226	5758		
2	3BAB	构筑物							1 031 395	2 726 121	3 599 960	
2.2	3BABBA	工作井							229 033	278 626	441 859	
	3BABBASH0201	混凝土检查井	座	20								
	调 YL1-47 R×0.75 J×0.3	工井浇制　直线	m^3	583.512	228.75	136.37			133 478	79 572		
	YL1-35	基坑支撑搭拆　直线工井长度 15m 以内	m	612	65.35	238.8			39 994	146 146		
	YL1-41	垫层　素混凝土	m^3	71.92	111.7	25.87			8033	1861		
	SP1004	商品混凝土	m^3	583.512			250.13				145 952	
	SP1001	商品混凝土	m^3	71.92			209.24				15 049	

续表

序号	项目编码（编制依据）	项目名称	计量单位	工程量（数量）	单价				合价			
					人工费	材机费	主要材料费		人工费	材机费	主要材料费	
							材料费	其中：暂估价			材料费	其中：暂估价
		井盖	套	40			2662.5				106 500	
	YX1-97	汽车运输　金具、绝缘子、零星钢材　装卸	t	0.021	12.61	33.41			0	1		
	YX1-98	汽车运输　金具、绝缘子、零星钢材　运输	t·km	0.107	0.51	1.02			0	0		
	综合单价人、材、机				9075.32	11 378.94	13 375.02		181 506	227 579	267 500	
	3BABBASH0202	混凝土检查井	座	2								
	调 YL1-48 R×0.75 J×0.3	工井浇制 转弯	m^3	71.571	240.14	145.82			17 187	10 436		
	YL1-35	基坑支撑搭拆　直线工井长度 15m 以内	m	69.2	65.35	238.8			4522	16 525		
	YL1-41	垫层 素混凝土	m^3	8.352	111.7	25.87			933	216		
	SP1004	商品混凝土	m^3	71.571			250.13				17 902	
	SP1001	商品混凝土	m^3	8.352			209.24				1748	
		井盖	套	4			2662.5				10 650	
	YX1-97	汽车运输　金具、绝缘子、零星钢材　装卸	t	0.002	12.61	33.41			0	0		
	YX1-98	汽车运输　金具、绝缘子、零星钢材　运输	t·km	0.011	0.51	1.02			0	0		
	综合单价人、材、机				11 320.94	13 588.61	15 149.7		22 642	27 177	30 299	
	3BABBASH0203	混凝土检查井	座	1								
	调 YL1-48 R×0.75 J×0.3	工井浇制　转弯	m^3	40.437	240.14	145.82			9710	5896		
	YL1-35	基坑支撑搭拆　直线工井长度 15m 以内	m	35	65.35	238.8			2287	8358		
	YL1-37	基坑支撑搭拆　凸口	个	1	40.92	151.19			41	151		
	调 YL1-49 R×0.75 J×0.3	工井浇制　凸口	个	1	186.04	98.57			186	99		
	YL1-41	垫层　素混凝土	m^3	5.238	111.7	25.87			585	136		

续表

序号	项目编码（编制依据）	项目名称	计量单位	工程量（数量）	单价				合价			
					人工费	材机费	主要材料费		人工费	材机费	主要材料费	
							材料费	其中：暂估价			材料费	其中：暂估价
	SP1004	商品混凝土	m^3	48.437			250.13				12 115	
	SP1001	商品混凝土	m^3	5.238			209.24				1096	
		井盖	套	2			2662.5				5325	
	YX1-97	汽车运输　金具、绝缘子、零星钢材　装卸	t	0.001	12.61	33.41			0	0		
	YX1-98	汽车运输　金具、绝缘子、零星钢材　运输	t·km	0.005	0.51	1.02			0	0		
	综合单价人、材、机				12 809.65	14 639.63	18 536.39		12 810	14 640	18 536	
	3BABBASD0101	钢筋	t	25.404								
	YL1-55	一般钢筋制作、安装	t	25.404	393.4	289.79			9994	7362		
	H09010101	普通圆钢	t	25.404			4425.5				112 425	
	YX1-97	汽车运输　金具、绝缘子、零星钢材　装卸	t	26.928	12.61	33.41			340	900		
	YX1-98	汽车运输　金具、绝缘子、零星钢材　运输	t·km	134.641	0.51	1.02			69	137		
	综合单价人、材、机				409.47	330.61	4425.5		10 402	8399	112 425	
	3BABBASD0201	预埋铁件	t	2.588								
	YL1-56	预埋铁件制作、安装	t	2.588	630.41	280.15			1632	725		
	H07010101	预埋铁件	t	2.588			5060.88				13 098	
	YX1-97	汽车运输　金具、绝缘子、零星钢材　装卸	t	2.756	12.61	33.41			35	92		
	YX1-98	汽车运输　金具、绝缘子、零星钢材　运输	t·km	13.781	0.51	1.02			7	14		
	综合单价人、材、机				646.55	321.16	5060.88		1673	831	13 098	
2.3	3BABCA	电缆埋管							802 361	2 447 495	3 158 100	
	3BABCASE0101	排管敷设	m	22 500								
	YL1-54	排管浇制　电缆管敷设	m	22 500	6.12	3.87			137 700	87 075		
	S01020103	CPVC 管	m	22 500			26.1				587 318	
	YX1-107	汽车运输　其他建筑安装材料　装卸	t	236.25	9.59	17.87			2266	4222		
	YX1-108	汽车运输　其他建筑安装材料　运输	t·km	1181.25	0.41	0.75			484	886		
	综合单价人、材、机				6.24	4.1	26.1		140 450	92 183	587 318	

续表

序号	项目编码（编制依据）	项目名称	计量单位	工程量（数量）	单价				合价			
					人工费	材机费	主要材料费		人工费	材机费	主要材料费	
							材料费	其中：暂估价			材料费	其中：暂估价
	3BABCASE0102	排管敷设	m	22 500								
	YL1-54	排管浇制　电缆管敷设	m	22 500	6.12	3.87			137 700	87 075		
	S01020103	CPVC 管	m	22 500			37.97				854 280	
	YX1-107	汽车运输　其他建筑安装材料　装卸	t	262.5	9.59	17.87			2517	4691		
	YX1-108	汽车运输　其他建筑安装材料　运输	t·km	1312.5	0.41	0.75			538	984		
	综合单价人、材、机				6.26	4.12	37.97		140 756	92 750	854 280	
	3BABCASE0103	排管敷设	m	2500								
	YL1-54	排管浇制　电缆管敷设	m	2500	6.12	3.87			15 300	9675		
	S01020103	七孔管	m	2500			34.41				86 021	
	YX1-107	汽车运输　其他建筑安装材料　装卸	t	26.25	9.59	17.87			252	469		
	YX1-108	汽车运输　其他建筑安装材料　运输	t·km	131.25	0.41	0.75			54	98		
	综合单价人、材、机				6.24	4.1	34.41		15 606	10 243	86 021	
	3BABCASE0201	水平导向钻进	m	100								
	YL1-68	非开挖水平导向钻进　多管　ϕ1000 以内	m	2000	124.64	1064.75			249 280	2 129 500		
	S01020103	MPP 管	m	2000			189.84				379 680	
	N01020101	膨润土	t	14.13			1429.45				20 198	
	C21010101	水	t	376.8			4.1				1545	
	YX1-107	汽车运输　其他建筑安装材料　装卸	t	510.41	9.59	17.87			4895	9121		
	YX1-108	汽车运输　其他建筑安装材料　运输	t·km	2552.048	0.41	0.75			1046	1914		
	综合单价人、材、机				2552.21	21 405.35	4014.23		255 221	2 140 535	401 423	
	3BABCASC0101	混凝土浇筑	m^3	2173.138								
	调 YL1-51 R×0.75 J×0.3	排管浇制　双层	m^3	2173.138	61.04	25.11			132 654	54 559		
	SP1004	商品混凝土	m^3	2173.138			250.13				543 559	
	综合单价人、材、机				61.04	25.11	250.13		132 654	54 559	543 559	

续表

序号	项目编码（编制依据）	项目名称	计量单位	工程量（数量）	单价				合价			
					人工费	材机费	主要材料费		人工费	材机费	主要材料费	
							材料费	其中：暂估价			材料费	其中：暂估价
	3BABCASC0201	垫层	m^3	587.5								
	YL1-41	垫层　素混凝土	m^3	587.5	111.7	25.87			65 624	15 199		
	SP1001	商品混凝土	m^3	587.5			209.24				122 930	
	综合单价人、材、机				111.7	25.87	209.24		65 624	15 199	122 930	
	3BABCASD0101	钢筋	t	127.12								
	YL1-55	一般钢筋制作、安装	t	127.12	393.4	289.79			50 009	36 838		
	H09010101	普通圆钢	t	127.12			4425.5				562 570	
	YX1-97	汽车运输　金具、绝缘子、零星钢材　装卸	t	134.747	12.61	33.41			1699	4502		
	YX1-98	汽车运输　金具、绝缘子、零星钢材　运输	t·km	673.736	0.51	1.02			344	687		
	综合单价人、材、机				409.47	330.61	4425.5		52 052	42 027	562 570	
3	3BAC	辅助工程							255 247	473 019		
3.6	3BACFA	地基处理							255 247	473 019		
	3BACFASJ0301	余方外运及处置	m^3	11 496								
	YX1-107	汽车运输　其他建筑安装材料　装卸	t	18 393.6	9.59	17.87			176 395	328 694		
	YX1-108	汽车运输　其他建筑安装材料　运输	t·km	183 936	0.41	0.75			75 414	137 952		
	综合单价人、材、机				21.9	40.59			251 808	466 646		
	3BACFASJ0302	余方外运及处置	m^3	157								
	YX1-107	汽车运输　其他建筑安装材料　装卸	t	251.2	9.59	17.87			2409	4489		
	YX1-108	汽车运输　其他建筑安装材料　运输	t·km	2512	0.41	0.75			1030	1884		
	综合单价人、材、机				21.9	40.59			3439	6373		

注 1： 如不使用行业建设主管部门发布的计价依据，可不填编制依据。

注 2： 施工合同中属暂估单价的材料，仍按暂估单价填入表内；发、承包双方最终确认的材料单价，按价差合计填入其他费用表“暂估材料单价确认及价差计价”栏。

注 3： 材机费=消耗性材料+机械费。

结算计价表–5

承包人采购材料计价表

工程名称：　　　　　　　　　　　　　　　　　　　　　　　　　　　　金额单位：元

序号	材料名称	型号规格	计量单位	数量	合同单价	合价	备注
一	建筑						
	井盖		套	48.99	2500	122 475	
C21010101	水		t	376.8	4.1	1545	
H07010101	预埋铁件	综合	t	2.756	4752	13 098	
H09010101	普通圆钢	综合	t	161.675	4175	674 995	
N01020101	膨润土		t	16.25	1243	20 198	
SP1001	商品混凝土	C10	m^3	683.105	660	450 849	
SP1004	商品混凝土	C25	m^3	2919.808	680	1 985 469	
小计						3 268 629	
合计						3 268 629	

注：施工合同中属暂估单价的材料，按发、承包双方最终确认的单价填入表内。

结算计价表–6

承包人采购设备计价表

工程名称：　　　　　　　　　　　　　　　　　　　　　　　　　　　　金额单位：元

序号	设备名称	型号规格	计量单位	数量	合同单价	结算单价	风险范围	价差	合价	备注

注：施工合同中属暂估单价的工程设备，按发、承包双方最终确认的单价填入表内。

结算计价表–7

措施项目清单计价表

工程名称：　　　　　　　　　　　　　　　　　　　　　　　　　　　　金额单位：元

序号	项目名称	项目特征	计量单位	工程量	单价				合价				备注
					全费用综合单价	其中			合计	其中			
						人工费	材料费	机械费		人工费	材料费	机械费	
1	单项措施项目												
2	总价措施项目												
3	施工过程措施项目												

注：本表适用于以全费用综合单价形式计价的措施项目，若需要人、材、机组成表及全费用综合单价表，可以参照结算计价表–4.1、结算计价表–4.2。

结算计价表–8

其他项目清单计价表

工程名称： 金额单位：元

序号	项目名称	计量单位	金额	备注
一	施工合同已列项目			
1	确认价			
1.1	暂估材料单价确认及价差计价			
1.2	专业工程结算价			
2	计日工			
3	施工总承包服务费计价			
4	索赔与现场签证计价汇总			
5	其他	元	41 579	
5.1	招标人供应设备、材料卸车保管费	元	41 579	
5.2.1	设备卸车保管费			
5.2.2	材料卸车保管费	元	41 579	
小计			41 579	
二	施工过程增列项目			
小计				
合计			41 579	

结算计价表–8.1

暂估材料单价确认及价差计价表

工程名称： 金额单位：元

序号	材料名称、规格、型号	计量单位	数量	暂估价	确认价	价差	备注
1							
1.1							
合计							

注：暂估材料按发、承包双方最终确认的单价填入此表，产生的价差合计填入结算计价表–8。

结算计价表–8.2

专业工程结算价表

工程名称： 金额单位：元

序号	工程名称	工程内容	金额	备注
1	招标人已列项目			
1.1	确认价			
合计				

注：此表由承包人按施工合同中属暂估价的专业工程内容及施工过程中按中标价或发包人、承包人与分包人最终确认结算价填入表中。

结算计价表–8.3

计日工表

工程名称：　　　　　　　　　　　　　　　　　　　　　　　　　　　　　　　　　　　金额单位：元

编号	项目名称	计量单位	确定数量	全费用综合单价	合价	备注
一	人工					
1	输电普通工	工日	150	300	45 000	
2	输电技术工	工日	80	500	40 000	
人工小计					95 000	
二	材料					
材料小计						
三	施工机械					
施工机械小计						
合计					95 000	

注：此表项目名称、数量由承包人按发包人实际签证确认的事项计列，单价按照施工合同约定的价格确定并计算合价。

结算计价表–8.4

施工总承包服务费计价表

工程名称：　　　　　　　　　　　　　　　　　　　　　　　　　　　　　　　　　　　金额单位：元

序号	项目名称	取费基数	服务内容	费率（%）	金额	备注
1	发包人发包专业工程					

注：此表取费基数、服务内容由承包人依据合同约定金额计算，如发生调整的，以发、承包双方确认调整的金额计算。

结算计价表–8.5

索赔与现场签证计价汇总表

工程名称：　　　　　　　　　　　　　　　　　　　　　　　　　　　　　　　　　　　金额单位：元

序号	项目名称	计量单位	数量	单价	合价	索赔及签证依据

注：索赔费用应该依据发承包双方确认的索赔事项和金额计算，签证及索赔依据是指经双方认可的签证单和索赔依据的编号，合计费用汇总到结算计价表–8。

结算计价表-8.6

人工、材料（设备）、机械台班价格调整计价表

工程名称：　　　　　　　　　　　　　　　　　　　　　　　　　　　　　　金额单位：元

序号	材料名称	单位	数量	基准价	结算单价	风险范围	价差	合价	备注
一	人工								
	建筑普通工	工日	5780.4141	74.333	74.333		0	429 675.5213	
	建筑技术工	工日	6717.031	104.066	104.066		0	699 014.548	
	输电普通工	工日	3442.6555	74.333	74.333		0	255 902.9113	
	输电技术工	工日	262.591	118.933	118.933		0	31 230.7354	
小计								1 415 823.716	
二	材料（设备）								
C01030101	薄钢板　1.0 以下	kg	10 921.1506	3.879	3.879		0	42 363.143 18	
C10040102	石灰粉	kg	18	0.157	0.157		0	2.826	
C12010100	电焊条　J422　综合	kg	1264.5845	4.96	4.96		0	6272.339 12	
C13011102	膨胀螺栓　M8	套	56 430	0.556	0.556		0	31 375.08	
C13050101	圆钉	kg	510.6874	5.601	5.601		0	2860.360 127	
C14010100	镀锌铁丝	kg	685.2352	4.427	4.427		0	3033.536 23	
C15010311	镀锌管接头　DN200	个	4275	16.921	16.921		0	72 337.275	
C16039203	回扩器　DN450（水平定向钻机）	只	27.2	183.171	183.171		0	4982.2512	
C16039204	回扩器　DN550（水平定向钻机）	只	27.2	218.06	218.06		0	5931.232	
C19090101	黏结剂　通用	kg	536.75	10.825	10.825		0	5810.318 75	
C19110301	石油液化气	m^3	342	3.173	3.173		0	1085.166	
C22010401	通用钢模板	kg	3233.1909	4.726	4.726		0	15 280.060 19	
C22010432	木模板	m^3	14.4643	1621.771	1621.771		0	23 457.782 28	
C22010441	钢模板附件	kg	1125.1042	4.989	4.989		0	5613.144 854	
C22010601	钢板桩	kg	10 671.0042	6.352	6.352		0	67 782.218 68	
C22030304	冲击钻头　ϕ16	支	427.5	13.483	13.483		0	5763.9825	
C22030501	钢锯条　各种规格	根	1068.75	1.308	1.308		0	1397.925	
C22040711	草袋	个	6378.5916	1.57	1.57		0	10 014.388 81	
C33010111	回扩器　DN800	只	33.8	4253.94	4253.94		0	143 783.172	
C33010112	回扩器　DN900	只	33.8	10 250	10 250		0	346 450	
C33010113	回扩器　DN1000	只	33.8	12 900	12 900		0	436 020	
C33010118	导向钻头	只	27.2	3000	3000		0	81 600	
C33010119	清孔器　500mm	只	63.6	311.79	311.79		0	19 829.844	
C99010102	其他材料费	元	26 661.3971	1	1		0	26 661.3971	
	井盖	套	48.99	2500	2500			122 475	
C21010101	水	t	376.8	4.1	4.1			1544.88	
H07010101	预埋铁件	t	2.756	4752	4752			13 096.512	

续表

序号	材料名称	单位	数量	基准价	结算单价	风险范围	价差	合价	备注
H09010101	普通圆钢	t	161.675	4175	4175			674 993.125	
N01020101	膨润土	t	16.25	1243	1243			20 198.75	
SP1001	商品混凝土	m^3	683.105	660	660			450 849.3	
SP1004	商品混凝土	m^3	2919.808	680	680			1 985 469.44	
小计								4 628 334.45	
三	机械台班								
J01-01-002	履带式推土机　功率　90kW	台班	2.4787	885.17	885.17			2194.070 879	
J01-01-034	履带式单斗液压挖掘机　斗容量　0.6m^3	台班	148.7199	639.68	639.68			95 133.145 63	
J02-01-013	振动沉拔桩机　激振力　400kN	台班	6.5048	1047.6	1047.6			6814.428 48	
J03-01-033	汽车式起重机　起重量　5t	台班	52.2826	563.94	563.94			29 484.249 44	
J03-01-036	汽车式起重机　起重量　16t	台班	94.8422	880.4	880.4			83 499.072 88	
J04-01-008	载重汽车　25t	台班	161.4	887.26	887.26			143 203.764	
J04-01-020	平板拖车组　10t	台班	3.718	707.68	707.68			2631.154 24	
J04-01-032	机动翻斗车　1t	台班	57.5303	184.28	184.28			10 601.683 68	
J05-01-010	电动单筒慢速卷扬机　50kN	台班	20.2857	189.71	189.71			3848.400 147	
J06-01-021	滚筒式混凝土搅拌机（电动式）出料容量 250L	台班	77.7327	178.74	178.74			13 893.9428	
J06-01-022	滚筒式混凝土搅拌机（电动式）出料容量 400L	台班	57.5303	199.98	199.98			11 504.909 39	
J06-01-028	灰浆搅拌机　拌筒容量　400L	台班	147.6	157.31	157.31			23 218.956	
J06-01-052	混凝土振捣器（插入式）	台班	138.5876	13.67	13.67			1894.492 492	
J06-01-053	混凝土振捣器（平台式）	台班	115.6761	19.39	19.39			2242.959 579	
J08-01-003	钢筋切断机　直径　$\phi 40$	台班	13.7272	43.62	43.62			598.780 464	
J08-01-006	钢筋弯曲机　直径　$\phi 40$	台班	26.0816	27.12	27.12			707.332 992	
J09-01-002	电动单级离心清水泵　出口直径　$\phi 100$	台班	147.6	63.78	63.78			9413.928	
J10-01-001	交流弧焊机　容量　21kVA	台班	443.9076	64.59	64.59			28 671.991 88	
J10-01-002	交流弧焊机　容量　30kVA	台班	78.0658	86.36	86.36			6741.762 488	
J10-01-009	对焊机　容量　75kVA	台班	16.7776	121.61	121.61			2040.323 936	
J11-01-020	电动空气压缩机　排气量　10m^3/min	台班	7.836	403.59	403.59			3162.531 24	
J13-01-079	输电专用载重汽车　4t	台班	278.5749	314.67	314.67			87 659.163 78	
J13-01-080	输电专用载重汽车　5t	台班	1471.9005	339.64	339.64			499 916.2858	
J13-01-082	输电专用载重汽车　8t	台班	85.5	476.01	476.01			40 698.855	
J15-02-001	泥浆制作循环设备	台班	147.6	1189.83	1189.83			175 618.908	
J24-01-005	水平定向钻机　大型	台班	148.8	2724.35	2724.35			405 383.28	
J24-01-006	泥浆泵　出口直径　$\phi 200$	台班	147.6	567.49	567.49			83 761.524	
J24-01-007	SH 系列塑料管道热熔对接机 SHY-250	台班	199.8	272.42	272.42			54 429.516	

续表

序号	材料名称	单位	数量	基准价	结算单价	风险范围	价差	合价	备注
J24-01-008	履带式单斗液压挖掘机　斗容量　$0.2m^3$	台班	161.4	589.1	589.1			95 080.74	
J24-01-009	导向仪	台班	46.8	155.04	155.04			7255.872	
J99-01-099	其他机械费	元	23 146.4	1	1			23 146.4	
小计								1 954 452.425	
合计								7 998 610.591	

结算计价表–9

发包人采购材料表

工程名称：　　　　　　　　　　　　　　　　　　　　　　　　　　金额单位：元

序号	材料名称	型号规格	计量单位	数量	单价	备注
一	建筑					
	主材					
S01020103	MPP 管	内径 175	m	2100	180.8	
S01020103	七孔管		m	2500	32.77	
S01020103	CPVC 管	内径 175	m	22 500	36.16	
S01020103	CPVC 管	内径 150	m	22 500	24.86	
小计						
合计						

注：发包人采购材料按施工实际发生填写。

结算计价表–10

主要工日价格表

工程名称：　　　　　　　　　　　　　　　　　　　　　　　　　　金额单位：元

序号	工种	单位	数量	单价
一	建筑			
9101106	建筑普通工	工日	5780.4141	74.333
9101107	建筑技术工	工日	6717.031	104.066
9101110	输电普通工	工日	3442.6555	74.333
9101111	输电技术工	工日	262.591	118.933

结算计价表–11

主要机械台班价格表

工程名称：　　　　　　　　　　　　　　　　　　　　　　　　　　金额单位：元

序号	机械设备名称	单位	数量	单价
一	建筑			
J01-01-002	履带式推土机　功率　90kW	台班	2.4787	885.17

续表

序号	机械设备名称	单位	数量	单价
J01-01-034	履带式单斗液压挖掘机　斗容量　$0.6m^3$	台班	148.7199	639.68
J02-01-013	振动沉拔桩机　激振力　400kN	台班	6.5048	1047.6
J03-01-033	汽车式起重机　起重量　5t	台班	52.2826	563.94
J03-01-036	汽车式起重机　起重量　16t	台班	94.8422	880.4
J04-01-008	载重汽车　25t	台班	161.4	887.26
J04-01-020	平板拖车组　10t	台班	3.718	707.68
J04-01-032	机动翻斗车　1t	台班	57.5303	184.28
J05-01-010	电动单筒慢速卷扬机　50kN	台班	20.2857	189.71
J06-01-021	滚筒式混凝土搅拌机（电动式）出料容量 250L	台班	77.7327	178.74
J06-01-022	滚筒式混凝土搅拌机（电动式）出料容量 400L	台班	57.5303	199.98
J06-01-028	灰浆搅拌机　拌筒容量　400L	台班	147.6	157.31
J06-01-052	混凝土振捣器（插入式）	台班	138.5876	13.67
J06-01-053	混凝土振捣器（平台式）	台班	115.6761	19.39
J08-01-003	钢筋切断机　直径　ϕ40	台班	13.7272	43.62
J08-01-006	钢筋弯曲机　直径　ϕ40	台班	26.0816	27.12
J09-01-002	电动单级离心清水泵　出口直径　ϕ100	台班	147.6	63.78
J10-01-001	交流弧焊机　容量　21kVA	台班	443.9076	64.59
J10-01-002	交流弧焊机　容量　30kVA	台班	78.0658	86.36
J10-01-009	对焊机　容量　75kVA	台班	16.7776	121.61
J11-01-020	电动空气压缩机　排气量　$10m^3$/min	台班	7.836	403.59
J13-01-079	输电专用载重汽车　4t	台班	278.5749	314.67
J13-01-080	输电专用载重汽车　5t	台班	1471.9005	339.64
J13-01-082	输电专用载重汽车　8t	台班	85.5	476.01
J15-02-001	泥浆制作循环设备	台班	147.6	1189.83
J24-01-005	水平定向钻机　大型	台班	148.8	2724.35
J24-01-006	泥浆泵　出口直径　ϕ200	台班	147.6	567.49
J24-01-007	SH 系列塑料管道热熔对接机　SHY-250	台班	199.8	272.42
J24-01-008	履带式单斗液压挖掘机　斗容量　$0.2m^3$	台班	161.4	589.1
J24-01-009	导向仪	台班	46.8	155.04
J99-01-099	其他机械费	元	23 146.4	1

三、陆上电缆输电线路安装工程

（一）工程概况

1. 工程规模

××110kV 陆上电缆输电线路安装工程新建Ⅰ路 ZC-YJLW03-64/110kV-1X800^2 电缆路径长度 2.52km（敷设长度 2.66km×3 相×1 回）；新建Ⅱ路 ZC-YJLW03-64/110kV-1X800^2 电缆路径长度 2.51km（敷设长度 2.64km×3 相×1 回）；隧道内敷设，安装 110/800 型 GIS 终端 6 只，110/800 型空气终端 6 只，110/800 型绝缘接头 12 套。

安装交叉互联箱 4 只，安装于电缆临近两档支架之间的接地箱支架上，且接地引线与电力隧道内接地装置可靠连接。敷设 10kV 交叉互联电缆 120m，10kV 接地电缆 120m。

安装氧化锌避雷器 6 只。

工程位于Ⅱ类非特殊地区。具体工程量详见设备器材表。

2. 招标阶段

本工程采用施工图设计阶段的计算规范进行招标，根据施工设计图纸编制招标工程量清单。

3. 其他相关规定

本部分内容为虚拟项目，可能与实际工程不一致，在编制相应内容时应据实计列。

应建设单位要求，本工程暂列金额为 10 万元，输电普通工 15 个工日，输电技术工 10 个工日，所有电缆、GIS 终端、空气终端、绝缘接头、氧化锌避雷器、交叉互联箱、交叉互联电缆、接地电缆、固定金具、防火隔板、防火弹为招标人采购，其他设备材料为投标人采购。

设备器材表　　第（　）页　共（　）页

××110kV 陆上电缆输电线路安装工程　　设计阶段　　施工图________　　图号____________

电缆综合部分　　第____卷　　第___册　　卷册名称________

序号	名称	型号及规格	单位	数量	备注
1	电缆	ZC-YJLW03-64/110kV-1×800mm^2	m	15 900	2650×3×2
2	GIS 终端	110/800	只	6	
3	空气终端	110/800，爬距不小于 3503mm	只	6	
4	氧化锌避雷器	HY10WZ-108/281S，爬距不小于 3503mm	只	6	
5	护层保护器	残压小于等于 7kV	只	6	
6	绝缘接头	110/800	套	12	
7	交叉互联箱	三相式	只	4	
8	交叉互联电缆	ZC-10kV-150/150mm^2	m	120	
9	接地电缆	ZC-10kV-1×150mm^2	m	120	
10	接头托架	型钢组合　L=3150	套	12	40kg/套
11	交叉互联箱支架	角钢组合　L=1050	套	4	12.06kg/套
12	电缆引上支架	型钢组合　H=4500	套	2	160kg/套
13	电缆过渡支架	角钢组合　H=450	套	70	10kg/套
14	电缆护凳	角钢组合　H=750	套	60	18kg/套
15	固定金具	铝合金产品　R54-110	套	960	
16	电缆抱箍	铝合金产品　R54-110	套	168	
17	尼龙绳	ϕ6	m	10 900	
18	橡胶垫	−5×70	m	3800	
19	角钢	56×5	m	150	加长支架用
20	防火堵料	SWF-1　无机阻火堵料	kg	1000	
21	接地扁铁	−5×50	m	200	
22	阻水法兰	定型产品，ϕ200/100	套	12	
23	防火弹		只	12	
24	防火板	10×1200×900mm	块	2	
25	防火隔板	−5×450×2000	块	2408	含连接件
26	绝缘信号抽取箱	ISS-82 型	只	6	
27	CPVC 管	ϕ200×2800	根	6	
28	耐张线夹	NY-800/55	只	12	
29	球头挂环	Q-7 型	只	6	

续表

序号	名称	型号及规格	单位	数量	备注
30	挂板	Z-7 型	只	6	
31	钢芯铝绞线	JL/G1A-800/55	m	65	
32	安普线夹	配 JL/G1A-800/55 导线	只	6	
33	铜铝过渡线夹	SSYG-800/55B	只	6	
34	设备线夹	SY-800/55	只	6	

（二）招标工程量清单

1. 编制步骤

（1）根据工程概况，编制“清单表–1　总说明”。

（2）编制“清单表–2　分部分项工程量清单”。

第一步：识图。交叉互联箱支架图见图 5–4，相关材料表见表 5–15。

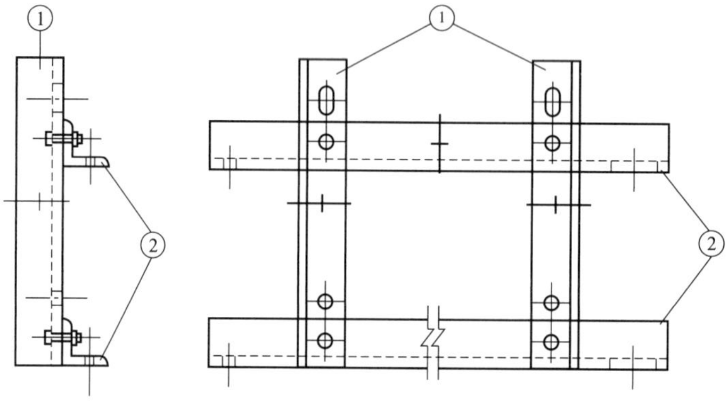

图 5–4　交叉互联箱支架图

表 5–15　相关材料表

序号	名称	规格	单位	数量	备注
①	角钢	∠50×5×550	根	2	正、反各一块与②固定
②	角钢	∠50×5×1050	根	2	
③	防盗螺栓	M10×30	套	8	用于①与②之间、②与支架间的固定
④	防盗螺栓	M12×40	套	4	将箱体固定于①上

第二步：找出《电力建设工程工程量清单计算规范　输电线路工程》（DL/T 5205—2021）附录中对应的清单项。

电缆附件

项目编码	项目名称	项目特征	计量单位	工程量计算规则	工作内容
SA05	电缆钢支架	1. 规格、尺寸 2. 材质 3. 防腐类别	t	按设计图示数量，以重量计算	1. 材料运输、装卸 2. 制作、安装 3. 刷漆 4. 工器（机）具移运 5. 清理现场

第三步：根据工程施工图和《电力建设工程工程量清单计算规范　输电线路工程》（DL/T 5205—2021）

附录中列出的分部分项清单项目，编制“清单表–2　分部分项工程量清单”。

清单表–2

分部分项工程量清单

工程名称：　　　　　　　　　　　　　　　　　　　　　　　　　　　　　　　标段：

序号	项目编码	项目名称	项目特征	计量单位	工程量	备注

第四步：计算分部分项清单工程量。

交叉互联箱支架重量=（0.55+1.05）×2×3.77×4/1000=0.048（t）。

第五步：将工程量填入“清单表–2　分部分项工程量清单”内。

清单表–2

分部分项工程量清单

工程名称：　　　　　　　　　　　　　　　　　　　　　　　　　　　　　　　标段：

序号	项目编码	项目名称	项目特征	计量单位	工程量	备注
1	3CAABASA0501	电缆钢支架	1．规格、尺寸：L=1050 2．材质：型钢组合 3．防腐形式及要求：热浸锌防腐	t	0.048	

（3）编制“清单表–3　措施项目清单”。

第一步：找出《电力建设工程工程量清单计算规范　输电线路工程》（DL/T 5205—2021）附录中对应的清单项。

单价措施项目是指能够计算工程量的措施项目，是招标人根据拟建工程图纸、工程量计算规则和招标文件编制的，主要包括电缆加热、电缆GIS头辅助工作（电缆穿仓）、空调机、去湿机安装与拆除、特殊工作棚、临时支架（终端塔平台）搭、拆等措施项目。

第二步：编制总价措施项目清单。

总价措施项目根据拟建工程的实际情况和工程量清单计算规范的要求进行编制，例如地下设施建筑物的临时保护措施、周边沿线建（构）筑物的检测、保护及加固措施等内容。

第三步：根据上述工程量清单计算规范和本工程实际情况，编制“清单表–3　措施项目清单”。

清单表–3

措施项目清单

工程名称：　　　　　　　　　　　　　　　　　　　　　　　　　　　　　　　标段：

序号	项目编码	项目名称	项目特征	计量单位	工程量	备注
1		单价措施项目				
2		总价措施项目				

第四步：计算措施项目工程量，填入“清单表–3　措施项目清单”。单价措施项目的单位根据《电力建设工程工程量清单计算规范　输电线路工程》（DL/T 5205—2021）编制，总价措施项目以“项”为单位。

清单表–3

措施项目清单

工程名称：　　　　　　　　　　　　　　　　　　　　　　　　　　　　　　　　　　　　标段：

序号	项目编码	项目名称	项目特征	计量单位	工程量	备注
1		单价措施项目				
	3CAHAASH0501	临时支架（终端塔平台）搭、拆	1．支架材质：钢管 2．搭设高度：10m 以内	处	1	
2		总价措施项目				

（4）编制“清单表–4　其他项目清单”。

第一步：确定暂列金额数额。暂列金额实际上是一笔业主方的备用金，用于招标时对尚未确定或不可预见项目的储备金额。施工过程中业主有权依据工程进度的实际需要，用于施工或提供物资、设备以及技术服务等内容的开支，也可以作为供意外用途的开支。

暂列金额由招标人进行估算编制，可以仅列总额，也可以分项给出暂列金额。一般可以按分部分项工程量清单费的 10%～15%为参考，但由于工程条件，技术水平、物价水平存在差异，还需根据工程实际情况进一步确定。

清单表–4.1

暂列金额明细表

工程名称：　　　　　　　　　　　　　　　　　　　　　　　　　　　　　　　　　　　　标段：

序号	项目名称	计量单位	暂列金额	备注
1	暂列金额	元	100 000	
合计			100 000	

第二步：确定材料、工程设备暂估单价。材料、工程设备暂估价是指招标时不能确定价格而由招标人在招标文件中暂时估定的货物金额。对必然发生但在发包时不能合理确定价格设置暂估价，是顺利实施项目的有效制度设计。

招标人可按以下条件界定暂估价的范围：①价值高、使用量大材料设备；②市场价格波动大的材料设备；③特殊性质要求、品牌要求的材料设备。价格可查询工程造价信息、参考已完施工工程材料设备价格、联系生产厂家或经销商进行询价等方式确定。

清单表–4.2

材料、工程设备暂估单价表

工程名称：　　　　　　　　　　　　　　　　　　　　　　　　　　　　　　　　　　金额单位：元

序号	材料、工程设备名称	规格、型号	计量单位	单价（元）	备注

第三步：编制专业工程暂估价、施工总承包服务项目。若有专业工程、施工总承包服务项目则填写清

单表格。

清单表–4.3

专业工程暂估价表

工程名称：

序号	项目名称	主要工程内容	计量单位	工程量	金额（元）	备注

第四步：确定计日工。计日工适用于零星工作，一般是指合同约定之外或者因变更产生的、工程量清单中没有相应项目的额外工作。注意在暂估计日工数量时，根据工程大小情况确定合理的暂估数量，竣工结算时，按实际签证确定数量调整，全费用综合单价不变。本工程暂估输电技术工 10 工日，输电普通工 15 工日。

清单表–4.4

计日工表

工程名称：

序号	项目名称	计量单位	工程量	备注
一	人工			
	输电技术工	工日	10	
	输电普通工	工日	15	
二	材料			
三	施工机械			

第五步：以上内容汇入“清单表–4　其他项目清单”。

清单表–4

其他项目清单

工程名称：　　　　　　　　　　　　　　　　标段：

序号	项目名称	计量单位	金额	备注
1	暂列金额	元	100 000	明细详见清单表–4.1
2	暂估价			
2.1	材料、工程设备暂估单价		—	明细详见清单表–4.2
2.2	专业工程暂估价			明细详见清单表–4.3
3	计日工			明细详见清单表–4.4
4	施工总承包服务项目			明细详见清单表–4.5
5	合同中约定的其他项目			

（5）编制“清单表–5　投标人采购材料及设备表”。对投标人采购的设备以及有品牌要求的材料，此表中列出。如有暂估价的，需在备注栏中说明。若招标人对投标人采购的材料设备无要求的，可以不填写本表。

清单表–5

投标人采购材料及设备表

工程名称：

序号	材料（设备）名称	型号规格	计量单位	数量	备注

（6）编制“清单表–6　招标人采购材料及设备表”。此表中列出对招标人采购的材料明细，便于进行全费用综合单价组价；招标人采购的设备无需要列出明细清单，总价可以在备注栏中列出。

清单表–6

招标人采购材料及设备表

工程名称：

序号	材料（设备）名称	型号规格	计量单位	数量	单价（元）	交货地点及方式	备注
一	招标人采购材料						
	主材						
1	测温光纤	2芯多模	km	6.2	14 486	施工现场车板交货	
2	防火弹		个	12	763	施工现场车板交货	
3	防火隔板（含型钢连接件）	10mm厚　高阻燃低烟无毒	m^2	2167.2	421	施工现场车板交货	
4	固定金具	R=54	套	960	124	施工现场车板交货	
5	交叉互联电缆	ZC-10kV-150/150mm^2	m	120	339	施工现场车板交货	
6	接地电缆	10kV-1×150	m	120	145	施工现场车板交货	
二	招标人采购设备						
	设备						
1	避雷器	HY10WZ-108/281S	只	6	3749.06	施工现场车板交货	
2	电缆	ZC-YJLW03-64/110kV-1×800mm^2	m	15 900	740.75	施工现场车板交货	
3	GIS终端	110/800	只	6	15 306.4	施工现场车板交货	
4	交叉互联箱		套	4	6000	施工现场车板交货	
5	绝缘接头		只	12	16 716.2	施工现场车板交货	
6	空气终端	110/800	只	6	15 306.4	施工现场车板交货	

2. 招标工程量清单表格

清单封–1

××110kV 陆上电缆输电线路安装工程

招 标 工 程 量 清 单

招 标 人：（盖章）

编 制 人：（造价专业人员签字或盖章）

20××年××月××日

清单封–2

工程名称：×× 110kV 陆上电缆输电线路安装工程

标段名称：

招 标 工 程 量 清 单

编制人：（造价专业人员签字或盖章）

复核人：（注册造价工程师签字或盖章）

审定人：（签字或盖章）

编制单位：（盖章）

企业法定代表人或其授权人：（签字或盖章）

招标人：（签字或盖章）

企业法定代表人或其授权人：（签字或盖章）

编制时间：20××年××月××日

填 表 须 知

1 招标工程量清单应由具有编制能力的招标人或受其委托具有相应资质的工程造价咨询人编制和复核。

2 招标人提供的工程量清单的任何内容不应删除或涂改。

3 招标工程量清单格式的填写应符合下列规定：

1）招标工程量清单中所有要求签字、盖章的地方，应由规定的单位和人员签字、盖章。

2）总说明应按项目属性相应填写。

3）其他说明应按工程实际要求填写。

4）分部分项工程量清单按序号、项目编码、项目名称、项目特征、计量单位、工程量、备注等内容填写。

5）措施项目清单按序号、项目名称等内容填写。

6）其他项目清单按序号、项目名称等内容填写。

7）投标人采购材料及设备材料表按序号、材料设备名称、型号规格、计量单位、数量等内容填写。

8）招标人采购材料及设备表按序号、材料设备、型号规格、计量单位、数量交货地点及方式等内容填写。

4 如有需要说明其他事项可增加条款。

清单表-1

总说明

工程名称：

<table>
<tr><td rowspan="3">工程概况</td><td>工程名称</td><td>××110kV 陆上电缆输电线路安装工程</td><td>建设性质</td><td>新建</td></tr>
<tr><td>设计单位</td><td>××电力设计院</td><td>建设地点</td><td>××</td></tr>
<tr><td colspan="4">本工程隧道内敷设 ZC-YJLW03-64/110kV-1×800mm^2 电缆 15 900m，安装 110/800 型 GIS 终端 6 只，110/800 型空气终端 6 只，110/800 型绝缘接头 12 套，氧化锌避雷器 6 只，交叉互联箱 4 只，敷设 10kV 交叉互联电缆 120m，10kV 接地电缆 120m</td></tr>
<tr><td>其他说明</td><td colspan="4">1．工程量清单编制依据：工程施工图、《电力建设工程工程量清单计价规范》（DL/T 5745—2021）、《电力建设工程工程量清单计算规范　输电线路工程》（DL/T 5205—2021）。
2．招标人材料设备表数量中不包含损耗，材料单价为含税价。
3．招标人采购材料和设备施工现场车板交货，投标人综合考虑卸车保管费。
4．工程质量：工程施工质量达到质量评级合格标准。
5．施工特殊要求：承包方需负责施工现场的防火、防盗、防疫病及安全保卫等措施。
6．文明施工要求：承包人需负责协调施工场地交通、维护环境卫生和控制施工噪声等方面的工作。</td></tr>
</table>

清单表–2

安装分部分项工程量清单

工程名称：　　　　　　　　　　　　　　　　　　　　　　　　　　　　　标段：

序号	项目编码	项目名称	项目特征	计量单位	工程量	备注
	3C	电缆输电线路安装工程				
1	3CAA	电缆桥、支架制作安装				
1.2	3CAABA	电缆支架				
	3CAABASA0501	电缆钢支架	1. 规格、尺寸：L=3150 2. 材质：型钢组合 3. 防腐类别：热浸锌防腐	t	0.48	
	3CAABASA0502	电缆钢支架	1. 规格、尺寸：L=1050 2. 材质：角钢组合 3. 防腐形式及要求：热浸锌防腐	t	0.048	
	3CAABASA0503	电缆钢支架	1. 规格、尺寸：H=4500mm 2. 材质：型钢组合 3. 防腐形式及要求：热浸锌防腐	t	0.32	
	3CAABASA0504	电缆钢支架	1. 规格、尺寸：H=750mm 2. 材质：角钢组合 3. 防腐形式及要求：热浸锌防腐	t	1.08	
	3CAABASA0505	电缆钢支架	1. 规格、尺寸：H=450mm 2. 材质：角钢组合 3. 防腐形式及要求：热浸锌防腐	t	0.7	
	3CAABASA0506	电缆钢支架	1. 规格、尺寸：–56×5 2. 材质：角钢 3. 防腐形式及要求：热浸锌防腐	t	0.638	
2	3CAB	电缆敷设				
2.4	3CABDA	电缆隧道敷设				
	3CABDASB0501	隧道内敷设	1. 电压等级：110kV 2. 型号、规格：ZC-YJLW03-64/110kV-1×800mm^2 3. 电缆封堵：阻水法兰 4. 固定方式、间距及材质：抱箍、尼龙绳、固定金具等固定 5. 垫板材质、规格：无	m	15 900	
3	3CAC	电缆附件				
3.1	3CACAA	终端制作、安装				
	3CACAASC0101	电缆终端	1. 电压等级：110kV 2. 绝缘类型：GIS 气体 3. 材质：GIS 终端 4. 规格：110/800	套/三相	2	
	3CACAASC0102	电缆终端	1. 电压等级：110kV 2. 绝缘类型：空气 3. 材质：空气终端 4. 规格：110/800	套/三相	2	
3.2	3CACBA	中间接头制作、安装				
	3CACBASC0201	中间接头	1. 电压等级：110kV 2. 绝缘类型：交联聚乙烯绝缘 3. 材质：绝缘接头 4. 规格：110/800	套/三相	4	

续表

序号	项目编码	项目名称	项目特征	计量单位	工程量	备注
3.3	3CACCA	接地装置安装				
	3CACCASC0301	接地装置	1．接地装置名称：交叉互联箱 2．材质：复合 3．规格：三相式	套/三相	4	
	3CACCASC0302	接地装置	1．接地装置名称：单相护层保护器 2．规格：残压小于等于 7kV	套	6	
	3CACCASC0401	接地电缆敷设	1．电压等级：10kV 2．型号、规格：ZC-10kV-150/150mm^2	m	120	
	3CACCASC0402	接地电缆敷设	1．电压等级：10kV 2．型号、规格：ZC-10kV-1×150mm^2	m	120	
	3CACCASC0601	接地体敷设	1．材质：接地扁铁 2．规格：−5×50	m	200	
3.4	3CACDA	设备安装及试验				
	3CACDASC0701	避雷器	1．电压等级：110kV 2．型号、规格：HY10WZ-108/281S 3．试验项目：交接试验	组/三相	2	
4	3CAD	电缆防火及防护				
4.1	3CADAA	防火及防护				
	3CADAASD0101	电缆防护	1．部位：变电站引上孔封堵 2．形式：防火板 3．材质及厚度：普通防火板 10mm 4．规格：10×1200×900mm	m^2	2.16	
	3CADAASD0102	电缆防护	1．部位：隧道电缆支架 2．形式：防火板 3．材质及厚度：高阻燃低烟无毒模塑料　5mm 4．规格：−5×450×2000	m^2	2167.2	
	3CADAASD0103	电缆防护	1．部位：变电站引上孔封堵 2．形式：防火堵料 3．材质及厚度：SWF-1 无机阻火堵料	t	1	
	3CADAASD0105	电缆防护	1．部位：电缆中间接头 2．形式：防火弹	个	12	
	3CADAASD0201	电缆保护管	1．名称：电缆保护管 2．材质：CPVC 3．规格：ϕ200×2800 4．管径：200 5．敷设方式：上塔	m	16.8	
5	3CAE	调试及试验				
5.1	3CAEAA	电缆试验				
	3CAEAASE0101	电缆护层试验	1．电压等级：110kV 2．试验项目：摇测、耐压试验、交叉互联系统试验 3．型号、规格：ZC-YJLW03-64/110kV-1×800mm^2	互联段/三相	2	
	3CAEAASE0201	电缆耐压试验	1．电压等级：110kV 2．试验项目：交流耐压试验 3．型号、规格：ZC-YJLW03-64/110kV-1×800mm^2 4．单回线路长度：2.52km	回路	2	

续表

序号	项目编码	项目名称	项目特征	计量单位	工程量	备注
	3CAEAASE0301	电缆参数试验	1. 电压等级：110kV 2. 试验项目：参数测量 3. 型号、规格：ZC-YJLW03-64/110kV-1×800mm^2	回路	2	
	3CAEAASE0501	电缆局部放电试验	1. 电压等级：110kV 2. 试验项目：高频分布式局部放电试验 3. 型号、规格：110/800	只	24	
	3CAEAASE0601	输电线路试运	1. 电压等级：110kV 2. 线路长度：2.52km 3. 回路数：双回	回路	2	

清单表–3

措施项目清单

工程名称：　　　　　　　　　　　　　　　　　　　　　　　　标段：

序号	项目编码	项目名称	项目特征	计量单位	工程量	备注
		建筑措施项目				
1		总价措施项目				
一	YLXM	招标人已列项目				
		安装措施项目				
1		单价措施项目				
		招标人已列项目				
	3CAHAASH0501	临时支架（终端塔平台）搭、拆	1. 支架材质：钢管 2. 搭设高度：10m 以内	处	1	
2		总价措施项目				
一	YLXM	招标人已列项目				

清单表–4

其他项目清单

工程名称：　　　　　　　　　　　　　　　　　　　　　　　　标段：

序号	项目名称	计量单位	金额	备注
1	暂列金额	元	100 000	明细详见清单表–4.1
2	暂估价			
2.1	材料、工程设备暂估单价			明细详见清单表–4.2
2.2	专业工程暂估价			明细详见清单表–4.3
3	计日工			明细详见清单表–4.4
4	施工总承包服务费计价			明细详见清单表–4.5
5	其他			
5.1	拆除工程项目清单			
5.2	招标人供应设备、材料卸车保管费			
5.2.1	设备卸车保管费			
5.2.2	材料卸车保管费			
合计			100 000	

注　合同中约定的其他项目可包含招标人采购设备材料的二次转运及卸车保管费、建设场地征用及清理项费。

清单表–4.1

暂列金额明细表

工程名称：　　　　　　　　　　　　　　　　　　　　　　　　　　　　标段：

序号	项目名称	计量单位	暂列金额	备注
1	暂列金额		100 000	
合计			100 000	

注：本表由招标人填写，也可只列暂列金额总额，由投标人将上述暂列金额计入清单表–4 中。

清单表–4.2

材料、工程设备暂估单价表

工程名称：　　　　　　　　　　　　　　　　　　　　　　　　　　　　金额单位：元

序号	材料、工程设备名称	规格、型号	计量单位	单价（元）	备注

注：本表由招标人填写，编制最高投标限价和投标报价时，需将上述材料暂估价计入全费用综合单价。

清单表–4.3

专业工程暂估价表

工程名称：

序号	项目名称	主要工程内容	计量单位	工程量	金额（元）	备注
1	暂估价					
1.1	专业工程暂估价					

注：此表由招标人填写，由投标人将上述专业工程暂估价计入清单表–4 中。

清单表–4.4

计日工表

工程名称：

序号	项目名称	计量单位	工程量	备注
一	人工			
1	输电技术工	工日	10	
2	输电普通工	工日	15	
二	材料			
三	施工机械			

注：此表项目名称、工程量由招标人填写。编制最高投标限价时，单价由招标人按有关计价规定确定；投标时，单价由投标人自主报价。

清单表–4.5

施工总承包服务项目表

工程名称：

序号	项目名称	主要服务内容	金额（元）	备注
一	招标人发包专业工程			

注：此表由招标人按工程实际情况，表中“金额”填写专业工程的发包费用。

清单表–5

投标人采购材料及设备表

工程名称：

序号	材料（设备）名称	型号规格	计量单位	数量	备注

注 1：此表由招标人填写，对投标人采购的设备以及有品牌要求的材料，在此表中列出。如有暂估价的，招标人需在备注栏中说明。

注 2：若招标人对投标人采购的材料设备无要求时，可以不填写本表。

清单表–6

招标人采购材料及设备表

工程名称：

序号	材料（设备）名称	型号规格	计量单位	数量	单价（元）	交货地点及方式	备注
一	招标人采购材料						
	主材						
1	防火弹		个	12	763.00	施工现场车板交货	
2	防火隔板（含型钢连接件）	10mm 厚　高阻燃低烟无毒	m^2	2167.20	421.00	施工现场车板交货	
3	固定金具	R=54	套	960	124.00	施工现场车板交货	
4	交叉互联电缆	ZC-10kV-150/150mm^2	m	120.00	339.00	施工现场车板交货	
5	接地电缆	10kV-1×150	m	120.00	145.00	施工现场车板交货	
二	招标人采购设备						
	设备						
1	避雷器	HY10WZ-108/281S	只	6	3749.06	施工现场车板交货	
2	电缆	ZC-YJLW03-64/110kV-1×800mm^2	m	15 900.00	740.75	施工现场车板交货	
3	GIS 终端	110/800	只	6	15 306.40	施工现场车板交货	
4	交叉互联箱		套	4	6000.00	施工现场车板交货	

续表

序号	材料（设备）名称	型号规格	计量单位	数量	单价（元）	交货地点及方式	备注
5	绝缘接头		只	12	16 716.20	施工现场车板交货	
6	空气终端	110/800	只	6	15 306.40	施工现场车板交货	

注 1：招标人采购的设备无需列出明细清单，总价可以在备注栏中列出。

注 2：本表未计列的材料均由投标人采购。

（三）最高投标限价编制

1. 编制步骤

（1）根据工程量清单及招标文件，编制“最高投标限价表–1　最高投标限价编制说明”。

（2）全费用综合单价的组成。

第一步：确定编制原则。

人工、材料、机械单价参照《电力建设工程预算定额（2018 年版）　第五册　电缆输电线路工程》。措施费、企业管理费和利润参照《电网工程建设预算编制与计算规定（2018 年版）》，冬雨季施工增加费按人工费的 3.53%计取，夜间施工增加费按定额直接费的 0.61%计取，施工工具用具使用费按人工费的 3.72%计取，施工机构迁移费按人工费的 1.64%计取，临时设施费按定额直接费的 13.33%计取，安全文明施工费按直接工程费的 3.25%计取。企业管理费按人工费的 38.25%计取，利润按直接费与间接费之和的 5%计取。规费按人工费×1.07×缴费费率计算，其中养老保险费费率按 16%计取，失业保险费费率按 1%计取，医疗保险费费率按 10%计取，生育保险费费率按 0.8%计取，工伤保险费费率按 0.5%计取，住房公积金费率按 12%计取。增值税税率按 9%计取。

第二步：编制工程量清单全费用综合单价人、材、机计价表。

计算全费用综合单价人工、材料、机械。按《电力建设工程工程量清单计价规范》（DL/T 5745—2021）规定格式，编制“最高投标限价表–4.2　工程量清单全费用综合单价人、材、机计价表”。

第三步：编制工程量清单全费用综合单价分析表。

按《电力建设工程工程量清单计价规范》（DL/T 5745—2021）规定格式，编制“最高投标限价表–4.1　工程量清单全费用综合单价分析表”。

编制最高投标限价时，可参考相应的电力建设工程定额，本案例中的中间接头可参考电力建设工程预算定额电缆册 YL3-12 定额子目。

经查 YL3-12 定额中的人工费 2887.43 元，填入上表人工费中，查定额中材料费 680.91 元、机械 1391.93 元，小计 2072.84 元，填入上表材机费中。

措施费、企业管理费、规费、利润、编制基准价差、增值税按照《电网工程建设预算编制与计算规定（2018 年版）》基数确定单价。本案例位于Ⅱ类非特殊地区，经查措施费中冬雨季施工增加费按人工费的 3.53%计取，夜间施工增加费按定额直接费的 0.61%计取，施工工具用具使用费按人工费的 3.72%计取，施工机构迁移费按人工费的 1.64%计取，临时设施费按定额直接费的 13.33%计取，安全文明施工费按直接工程费的 3.25%计取，措施费小计=2887.43×（3.53+1.64）%+（2887.43+2072.84）×（0.61+13.33+3.25）%=1109.36 元，填入上表措施费中，安全文明施工费=（2887.43+2072.84）×3.25%=161.21 元，填入上表其中：安全文明施工费中，临时设施费=（2887.43+2072.84）×13.33%=661.20 元，填入上表其中：临时设施费中，企业管理费按人工费的 38.25%计取，企业管理费=2887.43×38.25%=1104.44 元，填入上表企业管理费中，规费中社会保险费为 28.3%、公积金为 12%，规费=2887.43×1.07×（28.3%+12%）=1245.09 元，填入上表规费中，利润输电线路为 5%，利润=（直接费+间接费）×利润率=（2887.43+2072.84+1109.36+1104.44+1245.09）×5%=420.96 元，编制基准价差调整：执行电力工程造价与定额管理总站文件定额〔2021〕3 号文其中人工调整系数为：安装工程 6.54%、人工费调整=2887.43×6.54%=188.84 元，材机调整系数为：安装工程 0.85%、材机调整=2072.84×0.85%=17.62 元，编制基准价差=188.84+17.62=206.46 元，填入上表编制基准价差中。

最高投标限价表–4.2

工程量清单全费用综合单价人、材、机计价表

工程名称：　　　　　　　　　　　　　　　　　　　　　　　　　　金额单位：元

序号	项目编码（编制依据）	项目名称	计量单位	工程量（数量）	单价				合价			
					人工费	材机费	主要材料费		人工费	材机费	主要材料费	
							材料费	其中：暂估价			材料费	其中：暂估价
	3C	电缆输电线路安装工程										
3	3CAC	电缆附件							31 663	35 035	74 727	
3.2	3CACBA	中间接头制作、安装							11 550	8291		
	3CACBASC0201	中间接头	套/三相	4								
	YL3-12	110kV 交联聚乙烯绝缘电缆接头制作安装　直线、绝缘接头　800mm^{2}以内	套/三相	4	2887.43	2072.84			11 550	8291		
	综合单价人、材、机				2887.43	2072.84			11 550	8291		

最高投标限价表–4.1

工程量清单全费用综合单价分析表

工程名称：　　　　　　　　　　　　　　　　　　　　　　　　　　金额单位：元

序号	项目编码	项目名称	计量单位	全费用综合单价组成													全费用综合单价
				人工费	材机费	主要材料费		措施费			企业管理费	规费	利润	编制基准期价差	增值税		
						材料费	其中：暂估价	措施费	其中：安全文明施工费	其中:临时设施费							
	3C	电缆输电线路安装工程															
3	3CAC	电缆附件															
3.2	3CACBA	中间接头制作、安装															
	3CACBASC0201	中间接头	套/三相	2887.43	2072.84			1109.36	161.21	661.2	1104.44	1245.09	420.96	206.46	814.19		9860.77

增值税按照 9%计取，增值税=（直接费+间接费+利润+编制基准价差）×9%=（2887.43+2072.84+ 1109.36+1104.44+1245.09+420.96+206.46）×9%=814.19 元，

填入最高投标限价表–4.1　增值税中，全费用综合单价=直接费+间接费+利润+编制基准价差+增值税=2887.43+2072.84+1109.36+1104.44+1245.09+420.96+206.46+814.19=9860.77 元，填入最高投标限价表–4.1　全费用综合单价，这样就完成整个全费用综合单价计算步骤。

（3）编制分部分项工程量清单计价表。按《电力建设工程工程量清单计价规范》（DL/T 5745—2021）规定格式，编制“最高投标限价表–4　分部分项工程量清单计价表”。

（4）编制分部分项工程费用汇总表。按《电力建设工程工程量清单计价规范》（DL/T 5745—2021）规定格式，编制“最高投标限价表–3　分部分项工程费用汇总表”。

（5）编制措施项目清单计价表。按《电力建设工程工程量清单计价规范》（DL/T 5745—2021）规定格式，编制“最高投标限价表–7　措施项目清单计价表”。

最高投标限价表–4

分部分项工程量清单计价表

工程名称：　　　　　　　　　　　　　　　　　　　　　　　　　　　　金额单位：元

序号	项目编码	项目名称	项目特征	计量单位	工程量	全费用综合单价						合价					
						单价	其中					合计	其中				
							人工费	材机费	主要材料费		安全文明施工费、临时设施费		人工费	材机费	主要材料费		安全文明施工费、临时设施费
									材料费	其中：暂估价					材料费	其中：暂估价	
	3C	电缆输电线路安装工程										149 133.93	31 663	35 035	74 727.47		13 270
3	3CAC	电缆附件										149 133.93	31 663	35 035	74 727.47		13 270
3.2	3CACBA	中间接头制作、安装										39 443.08	11 550	8291			3290
	3CACBASC0201	中间接头	1．电压等级：110kV 2．绝缘类型：交联聚乙烯绝缘 3．材质：绝缘接头 4．规格：110/800	套/三相	4	9860.77	2887.43	2072.84			822.41	39 443.08	11 550	8291			3290

最高投标限价表-3

分部分项工程费用汇总表

工程名称：　　　　　　　　　　　　　　　　　　　　　　　　　　　　　　金额单位：元

序号	项目或费用名称	金额				备注
		合计	其中：人工费	其中：暂估价材料费	其中：安全文明施工费、临时设施费	
	电缆输电线路安装工程	39 443	11 550		3290	
1	电缆桥、支架制作安装					
1.1	电缆桥架					
1.2	电缆支架					
2	电缆敷设					
2.1	直埋敷设					
2.2	电缆沟、浅槽敷设					
2.3	埋管内敷设					
2.4	电缆隧道敷设					
2.5	桥架敷设					
2.6	栈桥敷设					
3	电缆附件	39 443	11 550		3290	
3.1	终端制作、安装					
3.2	中间接头制作、安装	39 443	11 550		3290	
3.3	接地装置安装					
3.4	设备安装及试验					
4	电缆防火及防护					
4.1	防火及防护					
5	调试及试验					
5.1	电缆试验					
6	电缆监测（控）系统					
6.1	在线监测					
6.2	安保监控					
7	辅助工程					
7.1	辅助工程					
合计		39 443	11 550		3290	

最高投标限价表-7

措施项目清单计价表

工程名称：　　　　　　　　　　　　　　　　　　　　　　　　　　　　金额单位：元

序号	项目名称	项目特征	计量单位	工程量	单价				合价				备注
					全费用综合单价	其中			合计	其中			
						人工费	材料费	机械费		人工费	材料费	机械费	
	安装措施项目												
1	单价措施项目												
	招标人已列项目								12 677	1110	8249	672	
3CAHAASH0501	临时支架（终端塔平台）搭、拆	1．支架材质：钢管 2．搭设高度：10m 以内	处	1	12 676.87	1109.99	8249.38	672.4	12 677	1110	8249	672	
2	总价措施项目												
一	招标人已列项目												
	小计								12 677				
	合计								12 677				

（6）编制其他项目清单计价表。按《电力建设工程工程量清单计价规范》（DL/T 5745—2021）规定格式，编制“最高投标限价表-8　其他项目清单计价表”。

最高投标限价表-8.1

暂列金额明细表

工程名称：　　　　　　　　　　　　　　　　　　　　　　　　　　　　金额单位：元

序号	项目名称	计量单位	暂列金额	备注
1	招标人已列项目			
1.1	暂列金额	元	100 000	
合计			100 000	

最高投标限价表-8.4

计日工表

工程名称：　　　　　　　　　　　　　　　　　　　　　　　　　　　　金额单位：元

编号	项目名称	计量单位	工程量	全费用综合单价	合价	备注
1	人工					
9101111	输电技术工	工日	10	280	2800	
9101110	输电普通工	工日	15	150	2250	
人工小计					5050	
合计					5050	

最高投标限价表–8

其他项目清单计价表

工程名称：　　　　　　　　　　　　　　　　　　　　　　　　　　　　　　　　　　金额单位：元

序号	项目名称	计量单位	金额	备注
一	招标人已列项目			
1	暂列金额		100 000	明细详见最高投标限价表–8.1
2	暂估价			
2.1	材料、工程设备暂估单价			明细详见最高投标限价表–8.2
2.2	专业工程暂估价			明细详见最高投标限价表–8.3
3	计日工		5505	明细详见最高投标限价表–8.4
4	施工总承包服务费计价			明细详见最高投标限价表–8.5
5	其他			
5.1	拆除工程项目清单			
5.2	招标人供应设备、材料卸车保管费			
5.2.1	设备卸车保管费			
5.2.2	材料卸车保管费			
小计			105 505	
合计			105 505	

（7）编制工程项目最高投标限价汇总表。按《电力建设工程工程量清单计价规范》（DL/T 5745—2021）规定格式，编制“最高投标限价表–2　工程项目最高投标限价汇总表”。

最高投标限价表–2

工程项目最高投标限价汇总表

工程名称：

序号	项目或费用名称	金额（元）	备注
1	分部分项工程费	39 443	
1.1	建筑工程		
1.1.1	其中：暂估价材料费		
1.1.2	其中：安全文明施工费、临时设施费		
1.2	安装工程	39 443	
1.2.1	其中：暂估价材料费		
1.2.2	其中：安全文明施工费、临时设施费	3290	
2	投标人采购设备费		
3	措施项目费	94 822	
4	其他项目费	105 505	
4.1	其中：计日工	5505	
4.2	其中：专业工程暂估价		
4.3	其中：暂列金额	100 000	
5	最高投标限价	239 770	

2. 最高投标限价表格

最高投标限价封-1.1

××110kV陆上电缆输电线路安装工程

最 高 投 标 限 价

招标人：______________________
（单位盖章）

法定代表人
或其授权人：______________________
（签字或盖章）

工程造价
咨询人：______________________
（单位资质专用章）

法定代表人
或其授权人：______________________
（签字或盖章）

编制人：______________________
（签字、盖专用章）

复核人：______________________
（签字、盖执业专用章）

编制时间：20××年××月××日

复核时间：20××年××月××日

填 表 须 知

1 最高投标限价应由具有编制能力的招标人或受其委托的工程造价咨询人编制和复核。

2 工程量清单计价格式中的任何内容不应删除或涂改。

3 工程量清单计价格式中列明的所有需要填报的单价和合价，招标人均应填报。

4 金额（价格）以人民币“元”为单位，单价保留小数点后两位，合价取整数。

5 工程量清单计价格式的填写应符合下列规定：

1） 工程量清单计价格式中所有要求签字、盖章的地方，应由规定的单位和人员签字、盖章。编制人是指电力工程造价专业的人员。

2） 工程项目最高投标限价/投标报价表的分部分项工程费、投标人采购设备费、措施项目费、其他项目费应按相应工程项目费用汇总表中合计栏的金额填写。

3） 编制说明应包括：工程概况、编制依据以及其他需要说明的问题。

4） 分部分项工程量清单计价表的序号、项目编码、项目名称、项目特征、计量单位、工程量应按分部分项工程量清单中的相应内容填写，全费用综合单价应按本规范的要求计算，填入表格。

5） 投标人采购材料计价表应按招标人提供的投标人采购材料及设备表进行填写，所填写的单价应与工程量清单计价表中采用的相应材料单价一致。

6） 措施项目清单计价表招标人应按招标文件已列的措施项目填写。

7） 计日工计价表中人工、材料、机械名称、计量单位和相应数量应按计日工表中相应的内容填写，工程竣工后，计日工工作费应按实际完成的工程量所需费用结算。

8） 如有需要说明的其他事项可增加条款。

最高投标限价表-1

最高投标限价编制说明

工程名称：

一、工程概况

本工程隧道内敷设 ZC-YJLW03-64/110kV-1X800mm^2 电缆 15 900m，安装 110/800 型 GIS 终端 6 只，110/800 型空气终端 6 只，110/800 型绝缘接头 12 套，氧化锌避雷器 6 只，交叉互联箱 4 只，敷设 10kV 交叉互联电缆 120m，10kV 接地电缆 120m。

二、编制依据

1.《电力建设工程工程量清单计价规范》（DL/T 5745—2021）、《电力建设工程工程量清单计算规范　输电线路工程》（DL/T 5205—2021）。

2. 现行电力行业取费标准［即《电网工程建设预算编制与计算规定（2018 年版）》］及配套定额。

3. 本工程施工设计图纸。

4. 本工程招标文件及招标工程量清单。

5. ××工程造价信息及市场价格信息。

6. 其他的相关资料。

三、其他说明

本工程汽车运输运距 5km。

最高投标限价表–2

工程项目最高投标限价汇总表

工程名称：

序号	项目或费用名称	金额（元）	备注
1	分部分项工程费	1 767 163	
1.1	建筑工程		
1.1.1	其中：暂估价材料费		
1.1.2	其中：安全文明施工费、临时设施费		
1.2	安装工程	1 767 163	
1.2.1	其中：暂估价材料费		
1.2.2	其中：安全文明施工费、临时设施费	181 303	
2	投标人采购设备费	5273	
3	措施项目费	94 822	
4	其他项目费	205 896	
4.1	其中：计日工	5505	
4.2	其中：专业工程暂估价		
4.3	其中：暂列金额	100 000	
最高投标限价　合计=1+2+3+4		2 073 153	

最高投标限价表–3

分部分项工程费用汇总表

工程名称：　　　　　　　　　　　　　　　　　　　　　　　　　　金额单位：元

序号	项目或费用名称	金额				备注
		合计	其中：人工费	其中：暂估价材料费	其中：安全文明施工费、临时设施费	
	电缆输电线路安装工程	1 767 163	312 853		181 303	
1	电缆桥、支架制作安装	47 787	5378		2183	
1.1	电缆桥架					
1.2	电缆支架	47 787	5378		2183	
2	电缆敷设	639 978	120 451		51 380	
2.1	直埋敷设					
2.2	电缆沟、浅槽敷设					
2.3	埋管内敷设					
2.4	电缆隧道敷设	639 978	120 451		51 380	
2.5	桥架敷设					
2.6	栈桥敷设					
3	电缆附件	149 134	31 663		13 270	
3.1	终端制作、安装	54 323	12 148		5036	
3.2	中间接头制作、安装	39 443	11 550		3290	
3.3	接地装置安装	25 757	5442		3336	
3.4	设备安装及试验	29 611	2523		1608	
4	电缆防火及防护	420 227	120 043		56 601	
4.1	防火及防护	420 227	120 043		56 601	
5	调试及试验	479 895	28 782		55 047	
5.1	电缆试验	479 895	28 782		55 047	
6	电缆监测（控）系统	30 142	6536		2822	
6.1	在线监测	30 142	6536		2822	
6.2	安保监控					
7	辅助工程					
7.1	辅助工程					
合计		1 767 163	312 853		181 303	

最高投标限价表-4

分部分项工程量清单计价表

工程名称： 金额单位：元

序号	项目编码	项目名称	项目特征	计量单位	工程量	全费用综合单价						合价					
						单价	其中					合计	其中				
							人工费	材机费	主要材料费		安全文明施工费、临时设施费		人工费	材机费	主要材料费		安全文明施工费、临时设施费
									材料费	其中：暂估价					材料费	其中：暂估价	
	3C	电缆输电线路安装工程										1 612 553.43	291 068	470 980	1 236 207.3		162 748
1	3CAA	电缆桥、支架制作安装										47 786.58	5378	5207	13 161.44		2183
1.2	3CAABA	电缆支架										47 786.58	5378	5207	13 161.44		2183
	3CAABASA0501	电缆钢支架	1. 规格、尺寸：L=3150 2. 材质：型钢组合 3. 防腐类别：热浸锌防腐	t	0.48	14 659.25	1646.21	1593.33	5456.9		714.46	7036.44	790	765	2619.31		343
	3CAABASA0502	电缆钢支架	1. 规格、尺寸：L=1050 2. 材质：角钢组合 3. 防腐形式及要求：热浸锌防腐	t	0.048	14 642.36	1646.77	1594.77	3782.16		660.37	702.83	79	77	181.54		32
	3CAABASA0503	电缆钢支架	1. 规格、尺寸：H=4500mm 2. 材质：型钢组合 3. 防腐形式及要求：热浸锌防腐	t	0.32	14 507.29	1646.23	1593.4	3797.9		660.56	4642.33	527	510	1215.33		211
	3CAABASA0504	电缆钢支架	1. 规格、尺寸：H=750mm 2. 材质：角钢组合 3. 防腐形式及要求：热浸锌防腐	t	1.08	14 642.27	1646.76	1594.74	3782.16		660.36	15 813.65	1778	1722	4084.73		713
	3CAABASA0505	电缆钢支架	1. 规格、尺寸：H=450mm 2. 材质：角钢组合 3. 防腐形式及要求：热浸锌防腐	t	0.7	14 642.21	1646.75	1594.71	3782.16		660.35	10 249.55	1153	1116	2647.51		462

续表

序号	项目编码	项目名称	项目特征	计量单位	工程量	全费用综合单价						合价					
						单价	其中					合计	其中				
							人工费	材机费	主要材料费		安全文明施工费、临时设施费		人工费	材机费	主要材料费		安全文明施工费、临时设施费
									材料费	其中：暂估价					材料费	其中：暂估价	
	3CAABASA0506	电缆钢支架	1．规格、尺寸：−56×5 2．材质：角钢 3．防腐形式及要求：热浸锌防腐	t	0.638	14 642.27	1646.76	1594.74	3782.16		660.36	9341.77	1051	1017	2413.02		421
2	3CAB	电缆敷设										552 341.99	107 290	119 459	218 924.94		44 596
2.4	3CABDA	电缆隧道敷设										552 341.99	107 290	119 459	218 924.94		44 596
	3CABDASB0501	隧道内敷设	1．电压等级：110kV 2．型号、规格：ZC-YJLW03-64/110kV-1×800mm^2 3．电缆封堵：阻水法兰 4．固定方式、间距及材质：抱箍、尼龙绳、固定金具等固定 5．垫板材质、规格：无	m	15 900	34.74	6.75	7.51	13.77		2.8	552 341.99	107 290	119 459	218 924.94		44 596
3	3CAC	电缆附件										149 133.93	31 663	35 035	74 727.47		13 270
3.1	3CACAA	终端制作、安装										54 322.66	12 148	18 226			5036
	3CACAASC0101	电缆终端	1．电压等级：110kV 2．绝缘类型：GIS 气体 3．材质：GIS 终端 4．规格：110/800	套/三相	2	13 261.29	2947.01	4482.91			1231.88	26 522.58	5894	8966			2464
	3CACAASC0102	电缆终端	1．电压等级：110kV 2．绝缘类型：空气 3．材质：空气终端 4．规格：110/800	套/三相	2	13 900.04	3126.79	4630.33			1286.13	27 800.09	6254	9261			2572

续表

序号	项目编码	项目名称	项目特征	计量单位	工程量	全费用综合单价						合价					
						单价	其中					合计	其中				
							人工费	材机费	主要材料费		安全文明施工费、临时设施费		人工费	材机费	主要材料费		安全文明施工费、临时设施费
									材料费	其中：暂估价					材料费	其中：暂估价	
3.2	3CACBA	中间接头制作、安装										39 443.08	11 550	8291			3290
	3CACBASC0201	中间接头	1．电压等级：110kV 2．绝缘类型：交联聚乙烯绝缘 3．材质：绝缘接头 4．规格：110/800	套/三相	4	9860.77	2887.43	2072.84			822.41	39 443.08	11 550	8291			3290
3.3	3CACCA	接地装置安装										25 756.96	5442	4281	59 732.66		3336
	3CACCASC0301	接地装置	1．接地装置名称：交叉互联箱 2．材质：复合 3．规格：三相式	套/三相	4	1817.75	390.4	639.02			170.68	7270.99	1562	2556			683
	3CACCASC0302	接地装置	1．接地装置名称：单相护层保护器 2．规格：残压小于等于7kV	套	6	226.62	13.94	142.56			25.95	1359.74	84	855			156
	3CACCASC0401	接地电缆敷设	1．电压等级：10kV 2．型号、规格：ZC-10kV-150/150mm^2	m	120	32.77	0.96	2.17	339		10.27	3932.56	115	260	40 680		1232
	3CACCASC0402	接地电缆敷设	1．电压等级：10kV 2．型号、规格：ZC-10kV-1×150mm^2	m	120	17.03	0.96	2.17	145		4.69	2043.47	115	260	17 400		563
	3CACCASC0601	接地体敷设	1．材质：接地扁铁 2．规格：−5×50	m	200	55.75	17.84	1.75	8.26		3.52	11 150.21	3568	349	1652.66		703
3.4	3CACDA	设备安装及试验										29 611.22	2523	4237	14 994.81		1608

续表

序号	项目编码	项目名称	项目特征	计量单位	工程量	全费用综合单价						合价					
						单价	其中					合计	其中				
							人工费	材机费	主要材料费		安全文明施工费、临时设施费		人工费	材机费	主要材料费		安全文明施工费、临时设施费
									材料费	其中：暂估价					材料费	其中：暂估价	
	3CACDASC0701	避雷器	1．电压等级：110kV 2．型号、规格：HY10WZ-108/281S 3．试验项目：交接试验	组/三相	2	14 805.61	1261.44	2118.49	7497.4		804.06	29 611.22	2523	4237	14 994.81		1608
4	3CAD	电缆防火及防护										383 396.22	117 955	8054	929 393.45		47 652
4.1	3CADAA	防火及防护										383 396.22	117 955	8054	929 393.45		47 652
	3CADAASD0101	电缆防护	1．部位：变电站引上孔封堵 2．形式：防火板 3．材质及厚度：普通防火板10mm 4．规格：10×1200×900mm	m^2	2.16	278.76	53.18	3.53	121.8		13.36	602.12	115	8	263.09		29
	3CADAASD0102	电缆防护	1．部位：隧道电缆支架 2．形式：防火板 3．材质及厚度：高阻燃低烟无毒模塑料 5mm 4．规格：−5×450×2000	m^2	2167.2	168.96	53.18	3.52	421		21.51	366 166.07	115 244	7620	912 391.2		46 612
	3CADAASD0103	电缆防护	1．部位：变电站引上孔封堵 2．形式：防火堵料 3．材质及厚度：SWF-1 无机阻火堵料	t	1	12 910.14	2326.05	339.24	5723.55		627.92	12 910.14	2326	339	5723.55		628
	3CADAASD0104	电缆防护	1．部位：电缆中间接头 2．形式：防火弹	个	12	115.61	18.96	5.43	763		25.98	1387.35	228	65	9156		312

续表

序号	项目编码	项目名称	项目特征	计量单位	工程量	全费用综合单价						合价					
						单价	其中					合计	其中				
							人工费	材机费	主要材料费		安全文明施工费、临时设施费		人工费	材机费	主要材料费		安全文明施工费、临时设施费
									材料费	其中：暂估价					材料费	其中：暂估价	
	3CADAASD0201	电缆保护管	1. 名称：电缆保护管 2. 材质：CPVC 3. 规格：ϕ200×2800 4. 管径：200 5. 敷设方式：上塔	m	16.8	138.72	2.52	1.3	110.69		4.23	2330.53	42	22	1859.61		71
5	3CAE	调试及试验										479 894.7	28 782	303 224			55 047
5.1	3CAEAA	电缆试验										479 894.7	28 782	303 224			55 047
	3CAEAASE0101	电缆护层试验	1. 电压等级：110kV 2. 试验项目：摇测、耐压试验、交叉互联系统试验 3. 型号、规格：ZC-YJLW03-64/110kV-1×800mm^2	互联段/三相	2	932.81	311.92	125.87			72.59	1865.62	624	252			145
	3CAEAASE0201	电缆耐压试验	1. 电压等级：110kV 2. 试验项目：交流耐压试验 3. 型号、规格：ZC-YJLW03-64/110kV-1×800mm^2 4. 单回线路长度：2.52km	回路	2	50 043.53	2294.34	32 900.72			5835.34	100 087.07	4589	65 801			11 671
	3CAEAASE0301	电缆参数试验	1. 电压等级：110kV 2. 试验项目：参数测量 3. 型号、规格：ZC-YJLW03-64/110kV-1×800mm^2	回路	2	4285.84	467.71	2326.56			463.29	8571.69	935	4653			927
	3CAEAASE0501	电缆局部放电试验	1. 电压等级：110kV 2. 试验项目：高频分布式局部放电试验 3. 型号、规格：110/800	只	24	14 030.2	594.19	9312.87			1642.59	336 724.85	14 261	223 509			39 422
	3CAEAASE0601	输电线路试运	1. 电压等级：110kV 2. 线路长度：2.52km 3. 回路数：双回	回路	2	16 322.74	4186.96	4504.45			1441.03	32 645.48	8374	9009			2882

最高投标限价表–4.1

工程量清单全费用综合单价分析表

工程名称：

金额单位：元

序号	项目编码	项目名称	计量单位	全费用综合单价组成												全费用综合单价
				人工费	材机费	主要材料费		措施费			企业管理费	规费	利润	编制基准期价差	增值税	
						材料费	其中：暂估价	措施费	其中：安全文明施工费	其中：临时设施费						
	3C	电缆输电线路安装工程														
1	3CAA	电缆桥、支架制作安装														
1.2	3CAABA	电缆支架														
	3CAABASA0501	电缆钢支架	t	1646.21	1593.33	5456.9		880.57	282.63	431.83	629.67	709.86	545.83	1986.49	1210.4	14 659.25
	3CAABASA0502	电缆钢支架	t	1646.77	1594.77	3782.16		826.54	228.27	432.1	629.89	710.1	459.51	2124.6	1209	14 642.36
	3CAABASA0503	电缆钢支架	t	1646.23	1593.4	3797.9		826.67	228.72	431.84	629.68	709.87	460.19	1986.49	1197.85	14 507.29
	3CAABASA0504	电缆钢支架	t	1646.76	1594.74	3782.16		826.53	228.27	432.09	629.88	710.1	459.51	2124.6	1208.99	14 642.27
	3CAABASA0505	电缆钢支架	t	1646.75	1594.71	3782.16		826.52	228.27	432.09	629.88	710.09	459.51	2124.6	1208.99	14 642.21
	3CAABASA0506	电缆钢支架	t	1646.76	1594.74	3782.16		826.53	228.27	432.09	629.88	710.1	459.51	2124.6	1209	14 642.27
2	3CAB	电缆敷设														
2.4	3CABDA	电缆隧道敷设														
	3CABDASB0501	隧道内敷设	m	6.75	7.51	13.77		3.49	0.9	1.9	2.58	2.91	1.84	0.51	2.87	34.74
3	3CAC	电缆附件														
3.1	3CACAA	终端制作、安装														
	3CACAASC0101	电缆终端	套/三相	2947.01	4482.91			1539.19	241.47	990.41	1127.23	1270.78	568.36	230.84	1094.97	13 261.29
	3CACAASC0102	电缆终端	套/三相	3126.79	4630.33			1611.42	252.11	1034.02	1196	1348.3	595.64	243.85	1147.71	13 900.04
3.2	3CACBA	中间接头制作、安装														

续表

序号	项目编码	项目名称	计量单位	全费用综合单价组成												全费用综合单价
				人工费	材机费	主要材料费		措施费			企业管理费	规费	利润	编制基准期价差	增值税	
						材料费	其中：暂估价	措施费	其中：安全文明施工费	其中：临时设施费						
	3CACBASC0201	中间接头	套/三相	2887.43	2072.84			1109.36	161.21	661.2	1104.44	1245.09	420.96	206.46	814.19	9860.77
3.3	3CACCA	接地装置安装														
	3CACCASC0301	接地装置	套/三相	390.4	639.02			211.66	33.46	137.22	149.33	168.34	77.94	30.96	150.09	1817.75
	3CACCASC0302	接地装置	套	13.94	142.56			28.14	5.09	20.86	5.33	6.01	9.8	2.12	18.71	226.62
	3CACCASC0401	接地电缆敷设	m	0.96	2.17	339		10.37	9.85	0.42	0.37	0.41	15.71	0.08	2.71	32.77
	3CACCASC0402	接地电缆敷设	m	0.96	2.17	145		4.79	4.27	0.42	0.37	0.41	6.85	0.08	1.41	17.03
	3CACCASC0601	接地体敷设	m	17.84	1.75	8.26		5.22	0.91	2.61	6.82	7.69	2.38	1.18	4.6	55.75
3.4	3CACDA	设备安装及试验														
	3CACDASC0701	避雷器	组/三相	1261.44	2118.49	7497.4		936.82	353.51	450.54	482.5	543.95	642.03	100.51	1222.48	14 805.61
4	3CAD	电缆防火及防护														
4.1	3CADAA	防火及防护														
	3CADAASD0101	电缆防护	m^2	53.18	3.53	121.8		18.44	5.8	7.56	20.34	22.93	12.01	3.51	23.02	278.76
	3CADAASD0102	电缆防护	m^2	53.18	3.52	421		26.58	13.95	7.56	20.34	22.93	24.96	3.51	13.95	168.96
	3CADAASD0103	电缆防护	t	2326.05	339.24	5723.55		850.96	272.64	355.28	889.71	1003.02	556.63	155.01	1065.97	12 910.14
	3CADAASD0104	电缆防护	个	18.96	5.43	763		27.82	22.73	3.25	7.25	8.18	37.13	1.29	9.55	115.61
	3CADAASD0201	电缆保护管	m	2.52	1.3	110.69		4.48	3.72	0.51	0.96	1.09	6.05	0.18	11.45	138.72
5	3CAE	调试及试验														
5.1	3CAEAA	电缆试验														
	3CAEAASE0101	电缆护层试验	互联段/三相	311.92	125.87			102.99	14.23	58.36	119.31	134.5	39.73	21.47	77.02	932.81
	3CAEAASE0201	电缆耐压试验	回路	2294.34	32 900.72			6254	1143.84	4691.5	877.59	989.34	2165.8	429.71	4132.03	50 043.53

续表

序号	项目编码	项目名称	计量单位	全费用综合单价组成													全费用综合单价
				人工费	材机费	主要材料费		措施费			企业管理费	规费	利润	编制基准期价差	增值税		
						材料费	其中：暂估价	措施费	其中：安全文明施工费	其中：临时设施费							
	3CAEAASE0301	电缆参数试验	回路	467.71	2326.56			521.91	90.81	372.48	178.9	201.68	184.84	50.36	353.88		4285.84
	3CAEAASE0501	电缆局部放电试验	只	594.19	9312.87			1755.85	321.98	1320.61	227.28	256.22	607.32	118.02	1158.46		14 030.2
	3CAEAASE0601	输电线路试运	回路	4186.96	4504.45			1866.27	282.47	1158.56	1601.51	1805.46	698.23	312.11	1347.75		16 322.74

注 1：材机费=消耗性材料+机械费。
注 2：措施费：按费率计取。
注 3：在安装工程中计列入施工企业配合调试费。

最高投标限价表–4.2

工程量清单全费用综合单价人、材、机计价表

工程名称：　　　　　　　　　　　　　　　　　　　　金额单位：元

序号	项目编码（编制依据）	项目名称	计量单位	工程量（数量）	单价				合价			
					人工费	材机费	主要材料费		人工费	材机费	主要材料费	
							材料费	其中：暂估价			材料费	其中：暂估价
	3C	电缆输电线路安装工程							291 068	470 980	1 236 207	
1	3CAA	电缆桥、支架制作安装							5378	5207	13 161	
1.2	3CAABA	电缆支架							5378	5207	13 161	
	3CAABASA0501	电缆钢支架	t	0.48								
	YL4-41	电缆支架制作	t	0.48	980.4	1207.95			471	580		
	YL4-42	电缆支架安装	t	0.48	650.58	346.71			312	166		
		型钢	t	0.48			3797.9				1823	
	H15010101	镀锌费	t	0.48			1659				796	

续表

序号	项目编码（编制依据）	项目名称	计量单位	工程量（数量）	单价				合价			
					人工费	材机费	主要材料费		人工费	材机费	主要材料费	
							材料费	其中：暂估价			材料费	其中：暂估价
	YX1-97	汽车运输　金具、绝缘子、零星钢材　装卸	t	0.482	12.61	33.41			6	16		
	YX1-98	汽车运输　金具、绝缘子、零星钢材　运输	t·km	2.412	0.51	1.02			1	2		
	综合单价人、材、机				1646.21	1593.33	5456.9		790	765	2619	
	3CAABASA0502	电缆钢支架	t	0.048								
	YL4-41	电缆支架制作	t	0.048	980.4	1207.95			47	58		
	YL4-42	电缆支架安装	t	0.048	650.58	346.71			31	17		
	H06010101	角钢	t	0.048			3782.16				182	
	H15010101	镀锌费	t	0.048								
	YX1-97	汽车运输　金具、绝缘子、零星钢材　装卸	t	0.05	12.61	33.41			1	2		
	YX1-98	汽车运输　金具、绝缘子、零星钢材　运输	t·km	0.25	0.51	1.02			0	0		
	综合单价人、材、机				1646.77	1594.77	3782.16		79	77	182	
	3CAABASA0503	电缆钢支架	t	0.32								
	YL4-41	电缆支架制作	t	0.32	980.4	1207.95			314	387		
	YL4-42	电缆支架安装	t	0.32	650.58	346.71			208	111		
		型钢	t	0.32			3797.9				1215	
	H15010101	镀锌费	t	0.32								
	YX1-97	汽车运输　金具、绝缘子、零星钢材　装卸	t	0.322	12.61	33.41			4	11		
	YX1-98	汽车运输　金具、绝缘子、零星钢材　运输	t·km	1.608	0.51	1.02			1	2		
	综合单价人、材、机				1646.23	1593.4	3797.9		527	510	1215	
	3CAABASA0504	电缆钢支架	t	1.08								
	YL4-41	电缆支架制作	t	1.08	980.4	1207.95			1059	1305		

续表

序号	项目编码（编制依据）	项目名称	计量单位	工程量（数量）	单价				合价			
					人工费	材机费	主要材料费		人工费	材机费	主要材料费	
							材料费	其中：暂估价			材料费	其中：暂估价
	YL4-42	电缆支架安装	t	1.08	650.58	346.71			703	374		
	H06010101	角钢	t	1.08			3782.16				4085	
	H15010101	镀锌费	t	1.08								
	YX1-97	汽车运输　金具、绝缘子、零星钢材　装卸	t	1.124	12.61	33.41			14	38		
	YX1-98	汽车运输　金具、绝缘子、零星钢材　运输	t·km	5.618	0.51	1.02			3	6		
	综合单价人、材、机				1646.76	1594.74	3782.16		1778	1722	4085	
	3CAABASA0505	电缆钢支架	t	0.7								
	YL4-41	电缆支架制作	t	0.7	980.4	1207.95			686	846		
	YL4-42	电缆支架安装	t	0.7	650.58	346.71			455	243		
	H06010101	角钢	t	0.7			3782.16				2648	
	H15010101	镀锌费	t	0.7								
	YX1-97	汽车运输　金具、绝缘子、零星钢材　装卸	t	0.728	12.61	33.41			9	24		
	YX1-98	汽车运输　金具、绝缘子、零星钢材　运输	t·km	3.641	0.51	1.02			2	4		
	综合单价人、材、机				1646.75	1594.71	3782.16		1153	1116	2648	
	3CAABASA0506	电缆钢支架	t	0.638								
	YL4-41	电缆支架制作	t	0.638	980.4	1207.95			625	771		
	YL4-42	电缆支架安装	t	0.638	650.58	346.71			415	221		
	H06010101	角钢	t	0.638			3782.16				2413	
	H15010101	镀锌费	t	0.638								
	YX1-97	汽车运输　金具、绝缘子、零星钢材　装卸	t	0.664	12.61	33.41			8	22		
	YX1-98	汽车运输　金具、绝缘子、零星钢材　运输	t·km	3.319	0.51	1.02			2	3		
	综合单价人、材、机				1646.76	1594.74	3782.16		1051	1017	2413	

续表

序号	项目编码（编制依据）	项目名称	计量单位	工程量（数量）	单价				合价			
					人工费	材机费	主要材料费		人工费	材机费	主要材料费	
							材料费	其中：暂估价			材料费	其中：暂估价
2	3CAB	电缆敷设							107 290	119 459	218 925	
2.4	3CABDA	电缆隧道敷设							107 290	119 459	218 925	
	3CABDASB0501	隧道内敷设	m	15 900								
	YL2-26	110kV 电缆敷设　隧道内　800mm^2 以内	m/三相	5300	20.22	22.48			107 166	119 144		
		尼龙绳	m	10 900			2.13				23 233	
		电缆抱箍	套	168			122.16				20 522	
		固定金具	套	960			124				119 040	
		橡胶垫	m	3800			3.55				13 499	
		阻水法兰	套	12			3552.5				42 630	
	YX1-97	汽车运输　金具、绝缘子、零星钢材　装卸	t	8.177	12.61	33.41			103	273		
	YX1-98	汽车运输　金具、绝缘子、零星钢材　运输	t·km	40.887	0.51	1.02			21	42		
	综合单价人、材、机				6.75	7.51	13.77		107 290	119 459	218 925	
3	3CAC	电缆附件							31 663	35 035	74 727	
3.1	3CACAA	终端制作、安装							12 148	18 226		
	3CACAASC0101	电缆终端	套/三相	2								
	YL3-44	110kV 交联聚乙烯绝缘电缆终端制作安装 GIS 终端　800mm^2 以内	套/三相	2	2947.01	4482.91			5894	8966		
	综合单价人、材、机				2947.01	4482.91			5894	8966		
	3CACAASC0102	电缆终端	套/三相	2								
	YL3-40	110kV 交联聚乙烯绝缘电缆终端制作安装 空气终端　800mm^2 以内	套/三相	2	3126.79	4630.33			6254	9261		
	综合单价人、材、机				3126.79	4630.33			6254	9261		

续表

序号	项目编码（编制依据）	项目名称	计量单位	工程量（数量）	单价				合价			
					人工费	材机费	主要材料费		人工费	材机费	主要材料费	
							材料费	其中：暂估价			材料费	其中：暂估价
3.2	3CACBA	中间接头制作、安装							11 550	8291		
	3CACBASC0201	中间接头	套/三相	4								
	YL3-12	110kV 交联聚乙烯绝缘电缆接头制作安装 直线、绝缘接头 800mm^2 以内	套/三相	4	2887.43	2072.84			11 550	8291		
	综合单价人、材、机				2887.43	2072.84			11 550	8291		
3.3	3CACCA	接地装置安装							5442	4281	59 733	
	3CACCASC0301	接地装置	套/三相	4								
	YL4-6	交叉互联箱安装	套/三相	4	390.4	639.02			1562	2556		
	综合单价人、材、机				390.4	639.02			1562	2556		
	3CACCASC0302	接地装置	套	6								
	YL4-7	护层保护器安装	套/三相	2	41.82	427.69			84	855		
	综合单价人、材、机				13.94	142.56			84	855		
	3CACCASC0401	接地电缆敷设	m	120								
	YL4-10	接地电缆、同轴电缆敷设 截面 240mm^2	100m	1.2	89.42	188.19			107	226		
		交叉互联电缆	m	120			339				40 680	
	YX1-87	汽车运输 线材 每件重 2000kg 以内 装卸	t	0.48	12.22	65.97			6	32		
	YX1-88	汽车运输 线材 每件重 2000kg 以内 运输	t·km	2.4	0.61	1.05			1	3		
	综合单价人、材、机				0.96	2.17	339		115	260	40 680	
	3CACCASC0402	接地电缆敷设	m	120								
	YL4-10	接地电缆、同轴电缆敷设 截面 240mm^2	100m	1.2	89.42	188.19			107	226		
		接地电缆	m	120			145				17 400	
	YX1-87	汽车运输 线材 每件重 2000kg 以内 装卸	t	0.48	12.22	65.97			6	32		

续表

序号	项目编码（编制依据）	项目名称	计量单位	工程量（数量）	单价				合价			
					人工费	材机费	主要材料费		人工费	材机费	主要材料费	
							材料费	其中：暂估价			材料费	其中：暂估价
	YX1-88	汽车运输　线材　每件重2000kg以内　运输	t·km	2.4	0.61	1.05			1	3		
	综合单价人、材、机				0.96	2.17	145		115	260	17 400	
	3CACCASC0601	接地体敷设	m	200								
	YL4-17	接地敷设　扁钢	m	200	17.81	1.67			3562	334		
		接地扁铁	t	0.392			4215.98				1653	
	YX1-97	汽车运输　金具、绝缘子、零星钢材　装卸	t	0.394	12.61	33.41			5	13		
	YX1-98	汽车运输　金具、绝缘子、零星钢材　运输	t·km	1.97	0.51	1.02			1	2		
	综合单价人、材、机				17.84	1.75	8.26		3568	349	1653	
3.4	3CACDA	设备安装及试验							2523	4237	14 995	
	3CACDASC0701	避雷器	组/三相	2								
	YL4-59	氧化锌式避雷器安装　110kV	组/三相	2	587.83	850.17			1176	1700		
	YS7-32	金属氧化物避雷器的工频参考电压和持续电流测量　110kV	组	2	407.36	807.67			815	1615		
	YD4-65	引下线、跳线及设备连引线安装　35～220kV　截面积800mm^{2}以下	组/三相	2	115.14	276.58			230	553		
	YD5-29	端子箱安装　户外	台	6	49.93	60.24			300	361		
		绝缘信号抽取箱	台	6			854.7				5128	
		钢芯铝绞线	t	0.175			17 369.2				3040	
	C04081823	变电　设备线夹	件	6			210.11				1261	
	C03060450	线路　耐张线夹（压缩式）	件	12			227.36				2728	
	C04080333	变电　设备线夹（压缩型A、B型）	件	6			118.59				712	
		安普线夹	个	6			334.95				2010	

续表

序号	项目编码（编制依据）	项目名称	计量单位	工程量（数量）	单价				合价			
					人工费	材机费	主要材料费		人工费	材机费	主要材料费	
							材料费	其中：暂估价			材料费	其中：暂估价
		球头挂环	个	6			8.78				53	
		挂板	个	6			10.69				64	
	YX1-97	汽车运输　金具、绝缘子、零星钢材　装卸	t	0.174	12.61	33.41			2	6		
	YX1-98	汽车运输　金具、绝缘子、零星钢材　运输	t·km	0.87	0.51	1.02			0	1		
	综合单价人、材、机				1261.44	2118.49	7497.4		2523	4237	14 995	
4	3CAD	电缆防火及防护							117 955	8054	929 393	
4.1	3CADAA	防火及防护							117 955	8054	929 393	
	3CADAASD0101	电缆防护	m^2	2.16								
	YL4-34	电缆防火　防火隔板	m^2	2.16	53.06	3.3			115	7		
		防火隔板	m^2	2.16			121.8				263	
	YX1-107	汽车运输　其他建筑安装材料　装卸	t	0.023	9.59	17.87			0	0		
	YX1-108	汽车运输　其他建筑安装材料　运输	t·km	0.113	0.41	0.75			0	0		
	综合单价人、材、机				53.18	3.53	121.8		115	8	263	
	3CADAASD0102	电缆防护	m^2	2167.2								
	YL4-34	电缆防火　防火隔板	m^2	2167.2	53.06	3.3			114 992	7152		
		防火隔板（含型钢连接件）	m^2	2167.2			421				912 391	
	YX1-107	汽车运输　其他建筑安装材料　装卸	t	21.672	9.59	17.87			208	387		
	YX1-108	汽车运输　其他建筑安装材料　运输	t·km	108.36	0.41	0.75			44	81		
	综合单价人、材、机				53.18	3.52	421		115 244	7620	912 391	
	3CADAASD0103	电缆防护	t	1								
	YL4-35	电缆防火　孔洞防火封堵	t	1	2313.7	316.3			2314	316		
		防火堵料	t	1			5723.55				5724	

续表

序号	项目编码（编制依据）	项目名称	计量单位	工程量（数量）	单价				合价			
					人工费	材机费	主要材料费		人工费	材机费	主要材料费	
							材料费	其中：暂估价			材料费	其中：暂估价
	YX1-107	汽车运输　其他建筑安装材料　装卸	t	1.061	9.59	17.87			10	19		
	YX1-108	汽车运输　其他建筑安装材料　运输	t·km	5.303	0.41	0.75			2	4		
	综合单价人、材、机				2326.05	339.24	5723.55		2326	339	5724	
	3CADAASD0104	电缆防护	个	12								
	参 YD5-82	低压电器安装　低压电器　其他小电器	个	12	18.77	4.94			225	59		
		防火弹	个	12			763				9156	
	YX1-97	汽车运输　金具、绝缘子、零星钢材　装卸	t	0.154	12.61	33.41			2	5		
	YX1-98	汽车运输　金具、绝缘子、零星钢材　运输	t·km	0.77	0.51	1.02			0	1		
	综合单价人、材、机				18.96	5.43	763		228	65	9156	
	3CADAASD0201	电缆保护管	m	16.8								
	YL4-28	电缆保护管敷设　塑料管　ϕ200	m	16.8	2.48	1.21			42	20		
	S04010107	电缆保护管	m	16.8			110.69				1860	
	YX1-97	汽车运输　金具、绝缘子、零星钢材　装卸	t	0.013	12.61	33.41			0	0		
	YX1-98	汽车运输　金具、绝缘子、零星钢材　运输	t·km	0.064	0.51	1.02			0	0		
	YX1-107	汽车运输　其他建筑安装材料　装卸	t	0.044	9.59	17.87			0	1		
	YX1-108	汽车运输　其他建筑安装材料　运输	t·km	0.221	0.41	0.75			0	0		
	综合单价人、材、机				2.52	1.3	110.69		42	22	1860	
5	3CAE	调试及试验							28 782	303 224		
5.1	3CAEAA	电缆试验							28 782	303 224		
	3CAEAASE0101	电缆护层试验	互联段/三相	2								
	YL5-1	电缆护层试验　摇测	互联段/三相	2	68.49				137			

续表

序号	项目编码（编制依据）	项目名称	计量单位	工程量（数量）	单价				合价			
					人工费	材机费	主要材料费		人工费	材机费	主要材料费	
							材料费	其中：暂估价			材料费	其中：暂估价
	YL5-2	电缆护层试验　耐压试验	互联段/三相	2	173.18	125.87			346	252		
	YL5-3	电缆护层试验　交叉互联系统试验	互联段/三相	2	70.25				141			
	综合单价人、材、机				311.92	125.87			624	252		
	3CAEAASE0201	电缆耐压试验	回路	2								
	YL5-8	电缆主绝缘交流耐压试验　110kV　长度10km以内	回路	1.6	2867.93	41 125.9			4589	65 801		
	综合单价人、材、机				2294.34	32 900.72			4589	65 801		
	3CAEAASE0301	电缆参数试验	回路	2								
	YL5-17	电缆参数测量　110kV 电缆线路	回路	2	467.71	2326.56			935	4653		
	综合单价人、材、机				467.71	2326.56			935	4653		
	3CAEAASE0501	电缆局部放电试验	只	24								
	YL5-15	高频分布式局部放电试验　110kV（66kV）及以上	只	24	594.19	9312.87			14 261	223 509		
	综合单价人、材、机				594.19	9312.87			14 261	223 509		
	3CAEAASE0601	输电线路试运	回路	2								
	YX7-127	输电线路试运　110kV	回	1	4925.83	5299.35			4926	5299		
	调 YX7-127×0.7	输电线路试运　110kV	回	1	3448.08	3709.55			3448	3710		
	综合单价人、材、机				4186.96	4504.45			8374	9009		

注 1： 如不使用行业建设主管部门发布的计价依据，可不填编制依据。

注 2： 招标文件提供了暂估单价的材料，按暂估的单价填入表内单价栏的“暂估价”栏。

注 3： 材机费=消耗性材料+机械费。

最高投标限价表–5

投标人采购材料计价表

工程名称：　　　　　　　　　　　　　　　　　　　　　　　　　　　　　　金额单位：元

序号	材料名称	型号规格	计量单位	数量	单价	合价	备注
一	安装						
1	防火堵料	SWF-1 无机阻火堵料	t	1.05	5451	5724	
2	防火隔板	10mm 厚 普通防火板	m^2	2.268	116	263	
3	挂板	Z-7	个	6.09	10.53	64	
4	球头挂环	Q-7	个	6.09	8.65	53	
5	安普线夹		个	6.09	330	2010	
6	钢芯铝绞线	JL/G1A-800/55	t	0.176	17 300	3040	
7	绝缘信号抽取箱	ISS-82 型	台	6	854.7	5128	
8	接地扁铁	−5×50	t	0.394	4195	1653	
9	阻水法兰		套	12.18	3500	42 630	
10	橡胶垫	−5×70	m	3857	3.5	13 500	
11	电缆抱箍	R=54	套	170.52	120.35	20 522	
12	尼龙绳	ϕ6	m	11 063.5	2.1	23 233	
13	型钢	综合	t	0.804	5635	4531	
14	线路　耐张线夹（压缩式）	NY-800/55	件	12.18	224	2728	
15	变电　设备线夹(压缩型 A、B 型)	SY-800/55B-100×200	件	6.03	118	712	
16	变电　设备线夹	SSYG-800NB/200-150×150	件	6.09	207	1261	
17	角钢	综合	t	2.54	5617	14 267	
18	镀锌费	综合	t	2.786	1659	4622	
19	镀锌费		t	0.48	1659	796	
20	电缆保护管	护套管 C-PVCϕ200	m	17.64	105.42	1860	
小计						148 595	
合计						148 595	

注 1：招标文件提供了暂估单价的材料，按暂估的单价填入表内单价栏中。
注 2：招标人对投标人采购材料有品牌要求的，以及合同约定可调价的材料。

最高投标限价表–6

投标人采购设备计价表

工程名称：　　　　　　　　　　　　　　　　　　　　　　　　　　　　　　金额单位：元

序号	设备名称	型号规格	计量单位	数量	单价	合价	备注
一	安装						
	设备						
1	护层保护器		只	6	806.33	4838	
小计						4838	
合计						4838	

注：招标文件提供了暂估单价的设备，按暂估的单价填入表内单价栏中。

最高投标限价表–7

措施项目清单计价表

工程名称：　　　　　　　　　　　　　　　　　　　　　　　　　　　　　　　金额单位：元

序号	项目名称	项目特征	计量单位	工程量	单价				合价				备注
					全费用综合单价	其中			合计	其中			
						人工费	材料费	机械费		人工费	材料费	机械费	
	安装措施项目												
1	单价措施项目												
	招标人已列项目								12 677	1110	8249	672	
3CAHAASH0501	临时支架（终端塔平台）搭、拆	1．支架材质：钢管 2．搭设高度：10m 以内	处	1	12 676.87	1109.99	8249.38	672.4	12 677	1110	8249	672	
2	总价措施项目												
一	招标人已列项目												
	小计								12 677				
	合计								12 677				

注：本表适用于以全费用综合单价形式计价的措施项目；若需要人、材、机组成表及全费用综合单价分析表，可以参照最高投标限价 4.1、最高投标限价 4.2；投标人增列措施项目仅在投标报价时采用。

最高投标限价表–8

其他项目清单计价表

工程名称：　　　　　　　　　　　　　　　　　　　　　　　　　　　　　　　金额单位：元

序号	项目名称	计量单位	金额	备注
一	招标人已列项目			
1	暂列金额	元	100 000	明细详见最高投标限价表–8.1
2	暂估价			
2.1	材料、工程设备暂估单价			明细详见最高投标限价表–8.2
2.2	专业工程暂估价			明细详见最高投标限价表–8.3
3	计日工	元	5505	明细详见最高投标限价表–8.4
4	施工总承包服务费计价			明细详见最高投标限价表–8.5
5	其他	元	90 128	
5.1	拆除工程项目清单			

续表

序号	项目名称	计量单位	金额	备注
5.2	招标人供应设备、材料卸车保管费	元	90 128	
5.2.1	设备卸车保管费	元	66 177	
5.2.2	材料卸车保管费	元	23 951	
小计			195 632	
合计			195 632	

注 1：投标人增列项目费仅在投标报价时采用。
注 2：材料、工程设备暂估单价不填写金额，不计入小计、合计。

最高投标限价表–8.1

暂列金额明细表

工程名称：　　　　金额单位：元

序号	项目名称	计量单位	暂列金额	备注
1	招标人已列项目			
1.1	暂列金额	元	100 000	
合计			100 000	

注：此表按招标文件内容填写并计入最高投标限价表–8 中。

最高投标限价表–8.2

材料、工程设备暂估单价表

工程名称：　　　　金额单位：元

序号	材料、工程设备名称、规格、型号	计量单位	单价	备注

最高投标限价表–8.3

专业工程暂估价表

工程名称：　　　　金额单位：元

序号	工程名称	工程内容	金额	备注
1	招标人已列项目			
1.1	暂估价			
1.1.1	专业工程暂估价			

注：此表按招标文件内容填写并计入最高投标限价表–8 中。

最高投标限价表–8.4

计日工表

工程名称：　　　　　　　　　　　　　　　　　　　　　　　　　　　　　　　金额单位：元

编号	项目名称	计量单位	工程量	全费用综合单价	合价	备注
一	人工					
1	输电技术工	工日	10	280	2800	
2	输电普通工	工日	15	150	2250	
人工小计					5050	
合计					5050	

注：此表项目名称、数量按招标文件内容填写。编制最高投标限价时，单价按电力行业有关计价规定确定；投标时，单价由投标人自主报价，汇总计入最高投标限价–8 其他项目清单计价表。

最高投标限价表–8.5

施工总承包服务费计价表

工程名称：　　　　　　　　　　　　　　　　　　　　　　　　　　　　　　　金额单位：元

序号	项目名称	取费基数	服务内容	费率（%）	金额	备注
1	招标人已列项目					
1.1	施工总承包服务费计价					

注：此表的取费基数、服务内容按招标文件内容规定填写。

最高投标限价表–9

招标人采购材料表

工程名称：　　　　　　　　　　　　　　　　　　　　　　　　　　　　　　　金额单位：元

序号	材料名称	型号规格	计量单位	数量	单价	备注
一	安装					
	主材					
1	防火弹		个	12	763.00	
2	防火隔板（含型钢连接件）	10mm 厚 高阻燃低烟无毒	m^2	2167.20	421.00	
3	固定金具	R=54	套	960	124.00	
4	交叉互联电缆	ZC-10kV-150/150mm^2	m	120.00	339.00	
5	接地电缆	10kV-1×150	m	120.00	145.00	
小计						
合计						

注：招标人采购材料费按招标文件内容填写。

最高投标限价表-10

主要工日价格表

工程名称：　　　　　　　　　　　　　　　　　　　　　　　　　　　　　　　　金额单位：元

序号	工种	单位	数量	单价
一	安装			
9101108	安装普通工	工日	1.943	74.578
9101109	安装技术工	工日	5.7862	113.998
9101110	输电普通工	工日	1916.1236	74.578
9101111	输电技术工	工日	1312.342	119.325
9102104	调试技术工	工日	60.4516	161.941
二	安装措施项目			
9101110	输电普通工	工日	10.3415	74.578
9101111	输电技术工	工日	3.4472	119.325

最高投标限价表-11

主要机械台班价格表

工程名称：　　　　　　　　　　　　　　　　　　　　　　　　　　　　　　　　金额单位：元

序号	机械设备名称	单位	数量	单价
一	安装			
J03-01-033	汽车式起重机　起重量　5t	台班	0.6	557.368
J03-01-034	汽车式起重机　起重量　8t	台班	1.8612	661.263
J03-01-036	汽车式起重机　起重量　16t	台班	1.0668	884.384
J03-01-037	汽车式起重机　起重量　20t	台班	15.37	1001.481
J03-01-040	汽车式起重机　起重量　40t	台班	11.0757	1590.273
J04-01-004	载重汽车　8t	台班	0.4961	449.781
J04-01-009	载重汽车　50t	台班	3.6557	1368.313
J04-01-025	平板拖车组　40t	台班	20.67	1287.733
J08-01-091	联合冲剪机　板厚　16mm	台班	1.5207	300.483
J09-01-027	真空泵　抽气速度　$204m^3/h$	台班	1.8	66.238
J10-01-001	交流弧焊机　容量　21kVA	台班	17.9574	67.57
J13-01-055	高空作业车　20m 以内	台班	0.374	1007.381
J13-01-060	机动绞磨　3t 以内	台班	22.574	164.375
J13-01-064	机动液压压接机　100t 以内	台班	7.12	69.849
J13-01-065	机动液压压接机　200t 以内	台班	0.562	79.702

续表

序号	机械设备名称	单位	数量	单价
J13-01-068	电缆输送机　JSD-3	台班	159.53	245.55
J13-01-079	输电专用载重汽车　4t	台班	66.4808	317.345
J13-01-080	输电专用载重汽车　5t	台班	2.6641	342.527
J13-01-081	输电专用载重汽车　6t	台班	22.79	371.461
J13-01-082	输电专用载重汽车　8t	台班	19.8	480.056
J13-01-090	电力工程车	台班	33.6526	358.703
J14-03-009	阻性电流分析仪	台班	1.46	249.11
J14-03-014	直流高压发生器　60～120kV	台班	1.46	66.853
J14-03-017	交流高压发生器　30kVA 以下　300kV	台班	1.46	424.437
J14-03-018	交流高压发生器　50kVA 以下　500kV	台班	2.278	784.089
J14-08-080	氧化锌避雷阻性电流分析仪	台班	0.4	2015.356
J14-09-027	线路参数测试仪	台班	1.0788	5270.502
J15-01-066	功能检测分析平台（电脑）	台班	2.278	32.252
J15-01-071	恒温电烘箱　2000W	台班	0.3696	75.476
J15-01-075	空调机	台班	16.04	48.64
J16-01-001	对讲机	台班	242.4	10.398
J16-01-025	绝缘电阻表（数字式）	台班	1.0843	15.823
J19-01-024	手持式数字双钳相位表	台班	2.0502	12.536
J24-01-012	同步分布式局部放电测试仪　110kV（66kV）及以上	台班	10.908	15 597.854
J24-01-013	串联谐振耐压系统	台班	1.8278	24 234.87
二	安装措施项目			
J13-01-079	输电专用载重汽车　4t	台班	1.0185	317.345
J13-01-090	电力工程车	台班	0.9894	358.703

注：仅计列招标文件约定可调价范围的施工机械；可不计列按调整的施工机械。

（四）竣工结算编制

1. 编制步骤

工程竣工结算是指工程项目完工并经竣工验收合格后，发承包双方按照施工合同的约定对所完成的工程项目进行的合同价款的计算、调整和确认。工程竣工结算由承包人或受其委托具有相应资质的工程造价咨询人编制，由发包人或其委托具有相应资质的工程造价咨询人校对。

（1）竣工结算文件的提交。工程完工后，承包方应当在工程完工后的约定期限内提交竣工结算文件。

（2）竣工结算文件的编制依据。工程竣工结算文件编制的主要依据包括：

1）电力建设工程工程量清单计价规范和工程量清单计算规范；

2）工程合同及补充协议；

3）发承包双方实施过程中已确认的工程量及其结算的合同价款；

4）发承包双方实施过程中已确认调整后追加（减）的合同价款；

5）建设工程设计文件及相关资料；

6）工程招标文件；

7）工程投标文件；

8）其他依据。

（3）结算背景。

1）新增∠50×5 角钢支架安装工程量 50m。

2）减少电缆钢支架（项目编码：3CAABASA0501）安装工程量 0.03t。

3）由于实际开工日期比计划开工日期延后，导致电缆敷设施工在冬季进行，需对电缆进行加热，经发承包双方确认电缆加热 18 盘。

4）工程共用计日工输电技术工 30 工日，输电普通工 30 工日。

5）其他结算工程量与合同工程量一致。

（4）竣工结算文件的编制步骤。

1）新增综合单价。确定新增∠50×5 角钢支架分部分项工程量清单项目的综合单价。根据《电力建设工程工程量清单计价规范》（DL/T 5745—2021）第 9.3.1 条的规定，已标价工程量清单中没有适用，但有类似于变更工程项目的，可在合理范围内参照类似项目的全费用综合单价。本案例中新增∠50×5 角钢支架的综合单价可参照类似项目电缆钢支架（项目特征：角钢∠56×5），详见“结算计价表–4.1～结算计价表–4.3”。

2）调整分部分项项目费用。分部分项工程的清单项目应依据双方确认的工程量与已标价工程量清单的综合单价计算；如发生调整的，以发承包双方确认的综合单价计算。编制分部分项工程量清单结算对比表，按《电力建设工程工程量清单计价规范》（DL/T 5745—2021）规定填写，将实际工程量和计算的新增单价分别填入相应的清单项目中，详见“结算计价表–4　分部分项工程清单结算汇总对比表”。

3）调整措施项目费用。新增电缆加热单价措施项目的综合单价。根据《电力建设工程工程量清单计价规范》（DL/T 5745—2021）第 9.3.1 条的规定，已报价工程量清单中没有适用也没有类似于变更工程项目，由承包人根据变更工程资料、计量规则和计价办法、工程造价管理机构发布的信息价格和承包人报价浮动率提出变更工程变更项目的全费用综合单价，报发包人确认后调整。

第一步：根据《电力建设工程工程量清单计算规范　输电线路工程》（DL/T 5205—2021）确定电缆加热清单的项目编码、项目名称、项目特征及计量单位。

项目编码	项目名称	项目特征	计量单位	工程量计算规则	工作内容
SH01	电缆加热	1．电压等级 2．型号、规格	盘	按设计图示数量计算	1．材料运输、装卸 2．加热棚、加热设备安装拆除 3．加热测温 4．工器（机）具移运 5．清理现场

第二步：查阅定额。本案例参照《电力建设工程预算定额（2018 年版）　第五册　电缆输电线路工程》YL4-69“冬季电缆加热 110kV”定额。

第三步：计算全费用综合单价。将 YL4-69“冬季电缆加热 110kV”定额的人工费、材料费、机械费分别填入结算计价表–7 措施项目清单计价表中，计算全费用综合单价。

4）调整其他项目费用。其他项目清单计价表按《电力建设工程工程量清单计价规范》（DL/T 5745—2021）规定表式分别计算填写“结算计价表–8.1～结算计价表–8.8”，然后汇总后逐级填写在“结算计价表–8　其他项目清单计价表”中。

5）编制工程项目竣工结算汇总表。电缆输电安装工程项目竣工结算汇总表按《电力建设工程工程量清单计价规范》（DL/T 5745—2021）规定表式填写，该工程电缆安装工程项目竣工结算汇总表详见“结算计价表–2”。

2. 竣工结算部分表单

结算计价封–1

××110kV电缆输电线路安装工程

竣 工 结 算 总 价

签约合同价（小写）：1 816 653 元　　（大写）：壹佰捌拾壹万陆仟陆佰伍拾叁元

竣工结算价（小写）：1 865 878 元　　（大写）：壹佰捌拾陆万伍仟捌佰柒拾捌元

发包人：______________（单位盖章）

法定代表人或其授权人：______________（签字或盖章）

承包人：______________（单位盖章）

法定代表人或其授权人：______________（签字或盖章）

工程造价咨询人：______________（单位资质专用章）

法定代表人或其授权人：______________（签字或盖章）

编制人：______________（签字、盖执业专用章）

核对人：______________（签字、盖执业专用章）

编制时间：20××年××月××日

核对时间：20××年××月××日

填 表 须 知

1 竣工结算总价表应由承包人或受其委托的电力工程造价咨询人编制，并应由发包人或受其委托的电力工程造价咨询人核对。

2 工程量清单计价格式中的任何内容不应删除或涂改。

3 工程量清单计价格式中列明的所有需要填报的单价和合价，承包人均应填报；未填报的单价和合价，视为此项费用已包含在工程量清单的其他单价和合价中。

4 金额（价格）以人民币“元”为单位，单价保留小数点后两位，合价取整数。

5 工程量清单计价格式的填写应符合下列规定：

1）工程量清单计价格式中所有要求签字、盖章的地方，应由规定的单位和人员签字、盖章。编制人是指电力工程造价专业的人员。

2）工程项目竣工结算总价表的分部分项工程费、承包人采购设备费、措施项目费、其他项目费应按相应工程项目费用汇总表中合计栏的金额填写。

3）工程量清单竣工结算编制说明应包括：工程概况、编制依据以及其他需要说明的问题。

4）当分部分项工程量清单表计价表中结算全费用综合单价与投标全费用综合单价不同时，需提供相应项目的工程量清单全费用综合单价分析表和工程量清单全费用综合单价人、材、机计价表。按结算计价表–5.3 格式填写分部分项工程量清单结算对比表。

5）发包人采购材料计价表应按发包人提供的发包人采购材料表进行计算填写，承包人采购材料计价表、承包人采购设备计价表应按实际采购的材料、设备数量及单价进行填写。

6）措施项目清单计价表承包人可根据经批准的施工组织设计应增加采取的措施增加项目。

7）计日工计价表中人工、材料、机械名称、计量单位和相应数量应按实际完成的工程量所需费用结算。

8）如有需要说明的其他事项可增加条款。

结算计价表–1

竣工结算编制说明

工程名称：

一、工程概况

隧道内敷设双回电缆ZC-YJLW03-64/110kV-1X800mm^{2}电缆15 900m，安装110/800型GIS终端6只，110/800型空气终端6只，110/800型绝缘接头12套，氧化锌避雷器6只，交叉互联箱4只，敷设10kV交叉互联电缆120m，10kV接地电缆120m。

二、编制依据

1．电力建设工程工程量清单计价规范和工程量清单计算规范。

2．工程合同及补充协议。

3．发承包双方实施过程中已确认的工程量及其结算的合同价款。

4．发承包双方实施过程中已确认调整后追加（减）的合同价款。

5．建设工程设计文件及相关资料。

6．工程招标文件。

7．工程投标文件。

8．其他依据。

三、其他需要说明的问题

1．汽车运输距离与中标一致。

2．结算工程量与合同工程量相比：

（1）新增∠50×5角钢支架安装工程量50m。

（2）减少电缆钢支架（项目编码：3CAABASA0501）安装工程量0.03t。

（3）由于实际开工日期比计划开工日期延后，导致电缆敷设施工在冬季进行，需对电缆进行加热，经发承包双方确认电缆加热18盘。

（4）工程共用计日工输电技术工30工日，输电普通工30工日。

（5）其他结算工程量与合同工程量一致。

结算计价表–2

工程项目竣工结算汇总表

工程名称：

序号	项目或费用名称	金额（元）	备注
1	分部分项工程费	1 610 718	
1.1	建筑工程		
1.1.1	其中：暂估价材料费		
1.1.2	其中：安全文明施工费、临时设施费		
1.2	安装工程	1 610 718	
1.2.1	其中：暂估价材料费		
1.2.2	其中：安全文明施工费、临时设施费	162 885	
2	投标人采购设备费		
3	措施项目费	150 971	
3.1	其中：施工过程增列措施项目费	104 189	
4	其他项目费	14 061	
4.1	其中：施工过程增列其他项目费		
竣工结算价合计=1+2+3+4		1 865 878	

结算计价表–3

分部分项工程费用汇总表

工程名称：

金额单位：元

序号	项目或费用名称	金额				备注
		合计	其中：人工费	其中：暂估价材料费	其中：安全文明施工费、临时设施费	
	电缆输电线路安装工程	1 610 718	291 330		162 885	
1	电缆桥、支架制作安装	50 584	5643		2448	
1.1	电缆桥架					
1.2	电缆支架	50 584	5643		2448	
2	电缆敷设	542 712	107 288		44 330	
2.1	直埋敷设					
2.2	电缆沟、浅槽敷设					
2.3	埋管内敷设					
2.4	电缆隧道敷设	542 712	107 288		44 330	
2.5	桥架敷设					
2.6	栈桥敷设					
3	电缆附件	154 131	31 663		13 407	
3.1	终端制作、安装	54 323	12 148		5036	
3.2	中间接头制作、安装	39 443	11 550		3290	
3.3	接地装置安装	30 777	5442		3474	
3.4	设备安装及试验	29 589	2523		1608	
4	电缆防火及防护	383 395	117 955		47 652	
4.1	防火及防护	383 395	117 955		47 652	
5	调试及试验	479 895	28 782		55 047	
5.1	电缆试验	479 895	28 782		55 047	
6	电缆监测（控）系统					
6.1	在线监测					
6.2	安保监控					
7	辅助工程					
7.1	辅助工程					
8	措施项目					
8.1	措施项目					
合计		1 610 718	291 330		162 885	

结算计价表–4

分部分项工程量清单结算汇总对比表

工程名称：　　　　金额单位：元

序号	项目编码	项目名称	计量单位	合同工程量	结算工程量	量差	合同全费用综合单价	结算全费用综合单价	合同合价	结算合价
	3C	电缆输电线路安装工程							1 608 344.14	1 610 718.08
1	3CAA	电缆桥、支架制作安装							48 210.4	50 584.34
1.2	3CAABA	电缆支架							48 210.4	50 584.34
	3CAABASA0501	电缆钢支架	t	0.48	0.45	–0.03	14 659.27	14 659.27	7036.44	6596.67
	3CAABASA0502	电缆钢支架	t	0.048	0.048		14 794.48	14 794.48	710.14	710.14
	3CAABASA0503	电缆钢支架	t	0.32	0.32		14 659.41	14 659.41	4691.01	4691.01
	3CAABASA0504	电缆钢支架	t	1.08	1.08		14 794.4	14 794.4	15 977.95	15 977.95
	3CAABASA0505	电缆钢支架	t	0.7	0.7		14 794.34	14 794.34	10 356.04	10 356.04
	3CAABASA0506	电缆钢支架	t	0.638	0.638		14 794.4	14 794.4	9438.83	9438.83
	3CAABASA0507	电缆钢支架	t		0.189	0.189	14 887.34	14 887.34		2813.71
2	3CAB	电缆敷设							542 712.49	542 712.49
2.4	3CABDA	电缆隧道敷设							542 712.49	542 712.49
	3CABDASB0501	隧道内敷设	m	15 900	15 900		34.13	34.13	542 712.49	542 712.49
3	3CAC	电缆附件							154 131.48	154 131.48
3.1	3CACAA	终端制作、安装							54 322.66	54 322.66
	3CACAASC0101	电缆终端	套/三相	2	2		13 261.29	13 261.29	26 522.58	26 522.58
	3CACAASC0102	电缆终端	套/三相	2	2		13 900.04	13 900.04	27 800.09	27 800.09
3.2	3CACBA	中间接头制作、安装							39 443.08	39 443.08
	3CACBASC0201	中间接头	套/三相	4	4		9860.77	9860.77	39 443.08	39 443.08

续表

序号	项目编码	项目名称	计量单位	合同工程量	结算工程量	量差	合同全费用综合单价	结算全费用综合单价	合同合价	结算合价
3.3	3CACCA	接地装置安装							30 776.52	30 776.52
	3CACCASC0301	接地装置	套/三相	4	4		1817.75	1817.75	7270.99	7270.99
	3CACCASC0302	接地装置	套	6	6		1063.22	1063.22	6379.3	6379.3
	3CACCASC0401	接地电缆敷设	m	120	120		32.77	32.77	3932.56	3932.56
	3CACCASC0402	接地电缆敷设	m	120	120		17.03	17.03	2043.47	2043.47
	3CACCASC0601	接地体敷设	m	200	200		55.75	55.75	11 150.21	11 150.21
3.4	3CACDA	设备安装及试验							29 589.21	29 589.21
	3CACDASC0701	避雷器	组/三相	2	2		14 794.6	14 794.6	29 589.21	29 589.21
4	3CAD	电缆防火及防护							383 395.07	383 395.07
4.1	3CADAA	防火及防护							383 395.07	383 395.07
	3CADAASD0101	电缆防护	m^2	2.16	2.16		278.76	278.76	602.12	602.12
	3CADAASD0102	电缆防护	m^2	2167.2	2167.2		168.96	168.96	366 166.07	366 166.07
	3CADAASD0103	电缆防护	t	1	1		12 910.14	12 910.14	12 910.14	12 910.14
	3CADAASD0104	电缆防护	个	12	12		115.61	115.61	1387.35	1387.35
	3CADAASD0201	电缆保护管	m	16.8	16.8		138.65	138.65	2329.38	2329.38
5	3CAE	调试及试验							479 894.7	479 894.7
5.1	3CAEAA	电缆试验							479 894.7	479 894.7
	3CAEAASE0101	电缆护层试验	互联段/三相	2	2		932.81	932.81	1865.62	1865.62
	3CAEAASE0201	电缆耐压试验	回路	2	2		50 043.53	50 043.53	100 087.07	100 087.07
	3CAEAASE0301	电缆参数试验	回路	2	2		4285.84	4285.84	8571.69	8571.69
	3CAEAASE0501	电缆局部放电试验	只	24	24		14 030.2	14 030.2	336 724.85	336 724.85
	3CAEAASE0601	输电线路试运	回路	2	2		16 322.74	16 322.74	32 645.48	32 645.48

结算计价表–4.1

分部分项工程量清单计价表

工程名称：　　　　　　　　　　　　　　　　　　　　　　　　　　　　　　金额单位：元

序号	项目编码	项目名称	项目特征	计量单位	工程量	全费用综合单价						合价					
						单价	其中					合计	其中				
							人工费	材机费	主要材料费		安全文明施工费、临时设施费		人工费	材机费	主要材料费		安全文明施工费、临时设施费
									材料费	其中：暂估价					材料费	其中：暂估价	
	3C	电缆输电线路安装工程										1 610 718.08	291 330	471 235	1 237 785.12		162 885
1	3CAA	电缆桥、支架制作安装										50 584.34	5643	5468	18 648.09		2448
1.2	3CAABA	电缆支架										50 584.34	5643	5468	18 648.09		2448
	3CAABASA0501	电缆钢支架	1．规格、尺寸：L=3150 2．材质：型钢组合 3．防腐类别：热浸锌防腐	t	0.45	14 659.27	1646.21	1593.34	5456.9		714.47	6596.67	741	717	2455.6		322
	3CAABASA0502	电缆钢支架	1．规格、尺寸：L=1050 2．材质：角钢组合 3．防腐形式及要求：热浸锌防腐	t	0.048	14 794.48	1646.77	1594.77	5441.16		714.29	710.14	79	77	261.18		34
	3CAABASA0503	电缆钢支架	1．规格、尺寸：H=4500mm 2．材质：型钢组合 3．防腐形式及要求：热浸锌防腐	t	0.32	14 659.41	1646.23	1593.4	5456.9		714.48	4691.01	527	510	1746.21		229
	3CAABASA0504	电缆钢支架	1．规格、尺寸：H=750mm 2．材质：角钢组合 3．防腐形式及要求：热浸锌防腐	t	1.08	14 794.4	1646.76	1594.74	5441.16		714.28	15 977.95	1778	1722	5876.45		771

续表

序号	项目编码	项目名称	项目特征	计量单位	工程量	全费用综合单价						合价					
						单价	其中					合计	其中				
							人工费	材机费	主要材料费		安全文明施工费、临时设施费		人工费	材机费	主要材料费		安全文明施工费、临时设施费
									材料费	其中：暂估价					材料费	其中：暂估价	
	3CAABASA0505	电缆钢支架	1．规格、尺寸：H=450mm 2．材质：角钢组合 3．防腐形式及要求：热浸锌防腐	t	0.7	14 794.34	1646.75	1594.71	5441.16		714.27	10 356.04	1153	1116	3808.81		500
	3CAABASA0506	电缆钢支架	1．规格、尺寸：−56×5 2．材质：角钢 3．防腐形式及要求：热浸锌防腐	t	0.638	14 794.4	1646.76	1594.74	5441.16		714.28	9438.83	1051	1017	3471.46		456
	3CAABASA0507	电缆钢支架	1．规格、尺寸：−50×5 2．材质：角钢 3．防腐形式及要求：热浸锌防腐	t	0.189	14 887.34	1662.57	1634.92	5441.16		723.56	2813.71	314	309	1028.38		137
2	3CAB	电缆敷设										542 712.49	107 288	119 453	210 786.98		44 330
2.4	3CABDA	电缆隧道敷设										542 712.49	107 288	119 453	210 786.98		44 330
	3CABDASB0501	隧道内敷设	1．电压等级：110kV 2．型号、规格：ZC-YJLW03-64/110kV-1×800mm^2 3．电缆封堵：阻水法兰 4．固定方式、间距及材质：抱箍、尼龙绳、固定金具等固定 5．垫板材质、规格：无	m	15 900	34.13	6.75	7.51	13.26		2.79	542 712.49	107 288	119 453	210 786.98		44 330
3	3CAC	电缆附件										154 131.48	31 663	35 035	78 956.6		13 407

续表

序号	项目编码	项目名称	项目特征	计量单位	工程量	全费用综合单价						合价					
						单价	其中					合计	其中				
							人工费	材机费	主要材料费		安全文明施工费、临时设施费		人工费	材机费	主要材料费		安全文明施工费、临时设施费
									材料费	其中：暂估价					材料费	其中：暂估价	
3.1	3CACAA	终端制作、安装										54 322.66	12 148	18 226			5036
	3CACAASC0101	电缆终端	1．电压等级：110kV 2．绝缘类型：GIS 气体 3．材质：GIS 终端 4．规格：110/800	套/三相	2	13 261.29	2947.01	4482.91			1231.88	26 522.58	5894	8966			2464
	3CACAASC0102	电缆终端	1．电压等级：110kV 2．绝缘类型：空气 3．材质：空气终端 4．规格：110/800	套/三相	2	13 900.04	3126.79	4630.33			1286.13	27 800.09	6254	9261			2572
3.2	3CACBA	中间接头制作、安装										39 443.08	11 550	8291			3290
	3CACBASC0201	中间接头	1．电压等级：110kV 2．绝缘类型：交联聚乙烯绝缘 3．材质：绝缘接头 4．规格：110/800	套/三相	4	9860.77	2887.43	2072.84			822.41	39 443.08	11 550	8291			3290
3.3	3CACCA	接地装置安装										30 776.52	5442	4281	63 980.42		3474
	3CACCASC0301	接地装置	1．接地装置名称：交叉互联箱 2．材质：复合 3．规格：三相式	套/三相	4	1817.75	390.4	639.02			170.68	7270.99	1562	2556			683

续表

序号	项目编码	项目名称	项目特征	计量单位	工程量	全费用综合单价						合价					
						单价	其中					合计	其中				
							人工费	材机费	主要材料费		安全文明施工费、临时设施费		人工费	材机费	主要材料费		安全文明施工费、临时设施费
									材料费	其中：暂估价					材料费	其中：暂估价	
	3CACCASC0302	接地装置	1. 接地装置名称：单相护层保护器 2. 规格：残压小于等于 7kV	套	6	1063.22	13.94	142.56	707.96		48.96	6379.3	84	855	4247.76		294
	3CACCASC0401	接地电缆敷设	1. 电压等级：10kV 2. 型号、规格：ZC-10kV-150/150mm^2	m	120	32.77	0.96	2.17	339		10.27	3932.56	115	260	40 680		1232
	3CACCASC0402	接地电缆敷设	1. 电压等级：10kV 2. 型号、规格：ZC-10kV-1×150mm^2	m	120	17.03	0.96	2.17	145		4.69	2043.47	115	260	17 400		563
	3CACCASC0601	接地体敷设	1. 材质：接地扁铁 2. 规格：−5×50	m	200	55.75	17.84	1.75	8.26		3.52	11 150.21	3568	349	1652.66		703
3.4	3CACDA	设备安装及试验										29 589.21	2523	4237	14 976.18		1608
	3CACDASC0701	避雷器	1. 电压等级：110kV 2. 型号、规格：HY10WZ-108/281S 3. 试验项目：交接试验	组/三相	2	14 794.6	1261.44	2118.49	7488.09		803.76	29 589.21	2523	4237	14 976.18		1608
4	3CAD	电缆防火及防护										383 395.07	117 955	8054	929 393.45		47 652
4.1	3CADAA	防火及防护										383 395.07	117 955	8054	929 393.45		47 652

续表

序号	项目编码	项目名称	项目特征	计量单位	工程量	全费用综合单价						合价					
						单价	其中					合计	其中				
							人工费	材机费	主要材料费		安全文明施工费、临时设施费		人工费	材机费	主要材料费		安全文明施工费、临时设施费
									材料费	其中：暂估价					材料费	其中：暂估价	
	3CADAASD0101	电缆防护	1．部位：变电站引上孔封堵 2．形式：防火板 3．材质及厚度：普通防火板10mm 4．规格：10×1200×900mm	m^2	2.16	278.76	53.18	3.53	121.8		13.36	602.12	115	8	263.09		29
	3CADAASD0102	电缆防护	1．部位：隧道电缆支架 2．形式：防火板 3．材质及厚度：高阻燃低烟无毒模塑料 5mm 4．规格：−5×450×2000	m^2	2167.2	168.96	53.18	3.52	421		21.51	366 166.07	115 244	7620	912 391.2		46 612
	3CADAASD0103	电缆防护	1．部位：变电站引上孔封堵 2．形式：防火堵料 3．材质及厚度：SWF-1 无机阻火堵料	t	1	12 910.14	2326.05	339.24	5723.55		627.92	12 910.14	2326	339	5723.55		628
	3CADAASD0104	电缆防护	1．部位：电缆中间接头 2．形式：防火弹	个	12	115.61	18.96	5.43	763		25.98	1387.35	228	65	9156		312
	3CADAASD0201	电缆保护管	1．名称：电缆保护管 2．材质：CPVC 3．规格：ϕ200×2800 4．管径：200 5．敷设方式：上塔	m	16.8	138.65	2.51	1.27	110.69		4.22	2329.38	42	21	1859.61		71
5	3CAE	调试及试验										479 894.7	28 782	303 224			55 047
5.1	3CAEAA	电缆试验										479 894.7	28 782	303 224			55 047

续表

序号	项目编码	项目名称	项目特征	计量单位	工程量	全费用综合单价						合价					
						单价	其中					合计	其中				
							人工费	材机费	主要材料费		安全文明施工费、临时设施费		人工费	材机费	主要材料费		安全文明施工费、临时设施费
									材料费	其中：暂估价					材料费	其中：暂估价	
	3CAEAASE0101	电缆护层试验	1．电压等级：110kV 2．试验项目：摇测、耐压试验、交叉互联系统试验 3．型号、规格：ZC-YJLW03-64/110kV-1×800mm^2	互联段/三相	2	932.81	311.92	125.87			72.59	1865.62	624	252			145
	3CAEAASE0201	电缆耐压试验	1．电压等级：110kV 2．试验项目：交流耐压试验 3．型号、规格：ZC-YJLW03-64/110kV-1×800mm^2 4．单回线路长度：2.52km	回路	2	50 043.53	2294.34	32 900.72			5835.34	100 087.07	4589	65 801			11 671
	3CAEAASE0301	电缆参数试验	1．电压等级：110kV 2．试验项目：参数测量 3．型号、规格：ZC-YJLW03-64/110kV-1×800mm^2	回路	2	4285.84	467.71	2326.56			463.29	8571.69	935	4653			927
	3CAEAASE0501	电缆局部放电试验	1．电压等级：110kV 2．试验项目：高频分布式局部放电试验 3．型号、规格：110/800	只	24	14 030.2	594.19	9312.87			1642.59	336 724.85	14 261	223 509			39 422
	3CAEAASE0601	输电线路试运	1．电压等级：110kV 2．线路长度：2.52km 3．回路数：双回	回路	2	16 322.74	4186.96	4504.45			1441.03	32 645.48	8374	9009			2882

工程量清单全费用综合单价分析表

工程名称：　　　　　　　　　　　　　　　　　　　　　　　　　　　　　　金额单位：元

序号	项目编码	项目名称	计量单位	全费用综合单价组成												全费用综合单价
				人工费	材机费	主要材料费		措施费			企业管理费	规费	利润	编制基准期价差	增值税	
						材料费	其中：暂估价	措施费	其中：安全文明施工费	其中：临时设施费						
	3C	电缆输电线路安装工程														
1	3CAA	电缆桥、支架制作安装														
1.2	3CAABA	电缆支架														
	3CAABASA0501	电缆钢支架	t	1646.21	1593.34	5456.9		880.58	282.63	431.83	629.67	709.86	545.83	1986.49	1210.4	14 659.27
	3CAABASA0502	电缆钢支架	t	1646.77	1594.77	5441.16		880.46	282.19	432.1	629.89	710.1	545.16	2124.6	1221.56	14 794.48
	3CAABASA0503	电缆钢支架	t	1646.23	1593.4	5456.9		880.59	282.64	431.84	629.68	709.87	545.83	1986.49	1210.41	14 659.41
	3CAABASA0504	电缆钢支架	t	1646.76	1594.74	5441.16		880.45	282.19	432.09	629.88	710.1	545.15	2124.6	1221.56	14 794.4
	3CAABASA0505	电缆钢支架	t	1646.75	1594.71	5441.16		880.44	282.19	432.09	629.88	710.09	545.15	2124.6	1221.55	14 794.34
	3CAABASA0506	电缆钢支架	t	1646.76	1594.74	5441.16		880.45	282.19	432.09	629.88	710.1	545.15	2124.6	1221.56	14 794.4
	3CAABASA0507	电缆钢支架	t	1662.57	1634.92	5441.16		891.48	284.01	439.56	635.93	716.92	549.15	2125.98	1229.23	14 887.34
2	3CAB	电缆敷设														
2.4	3CABDA	电缆隧道敷设														
	3CABDASB0501	隧道内敷设	m	6.75	7.51	13.26		3.47	0.89	1.9	2.58	2.91	1.81	0.51	2.82	34.13
3	3CAC	电缆附件														
3.1	3CACAA	终端制作、安装														

续表

序号	项目编码	项目名称	计量单位	全费用综合单价组成												全费用综合单价
				人工费	材机费	主要材料费		措施费			企业管理费	规费	利润	编制基准期价差	增值税	
						材料费	其中：暂估价	措施费	其中：安全文明施工费	其中：临时设施费						
	3CACAASC0101	电缆终端	套/三相	2947.01	4482.91			1539.19	241.47	990.41	1127.23	1270.78	568.36	230.84	1094.97	13 261.29
	3CACAASC0102	电缆终端	套/三相	3126.79	4630.33			1611.42	252.11	1034.02	1196	1348.3	595.64	243.85	1147.71	13 900.04
3.2	3CACBA	中间接头制作、安装														
	3CACBASC0201	中间接头	套/三相	2887.43	2072.84			1109.36	161.21	661.2	1104.44	1245.09	420.96	206.46	814.19	9860.77
3.3	3CACCA	接地装置安装														
	3CACCASC0301	接地装置	套/三相	390.4	639.02			211.66	33.46	137.22	149.33	168.34	77.94	30.96	150.09	1817.75
	3CACCASC0302	接地装置	套	13.94	142.56	707.96		51.15	28.1	20.86	5.33	6.01	46.35	2.12	87.79	1063.22
	3CACCASC0401	接地电缆敷设	m	0.96	2.17	339		10.37	9.85	0.42	0.37	0.41	15.71	0.08	2.71	32.77
	3CACCASC0402	接地电缆敷设	m	0.96	2.17	145		4.79	4.27	0.42	0.37	0.41	6.85	0.08	1.41	17.03
	3CACCASC0601	接地体敷设	m	17.84	1.75	8.26		5.22	0.91	2.61	6.82	7.69	2.38	1.18	4.6	55.75
3.4	3CACDA	设备安装及试验														
	3CACDASC0701	避雷器	组/三相	1261.44	2118.49	7488.09		936.51	353.21	450.54	482.5	543.95	641.55	100.51	1221.57	14 794.6
4	3CAD	电缆防火及防护														

续表

序号	项目编码	项目名称	计量单位	全费用综合单价组成												全费用综合单价
				人工费	材机费	主要材料费		措施费			企业管理费	规费	利润	编制基准期价差	增值税	
						材料费	其中：暂估价	措施费	其中：安全文明施工费	其中：临时设施费						
4.1	3CADAA	防火及防护														
	3CADAASD0101	电缆防护	m^2	53.18	3.53	121.8		18.44	5.8	7.56	20.34	22.93	12.01	3.51	23.02	278.76
	3CADAASD0102	电缆防护	m^2	53.18	3.52	421		26.58	13.95	7.56	20.34	22.93	24.96	3.51	13.95	168.96
	3CADAASD0103	电缆防护	t	2326.05	339.24	5723.55		850.96	272.64	355.28	889.71	1003.02	556.63	155.01	1065.97	12 910.14
	3CADAASD0104	电缆防护	个	18.96	5.43	763		27.82	22.73	3.25	7.25	8.18	37.13	1.29	9.55	115.61
	3CADAASD0201	电缆保护管	m	2.51	1.27	110.69		4.47	3.72	0.5	0.96	1.08	6.05	0.17	11.45	138.65
5	3CAE	调试及试验														
5.1	3CAEAA	电缆试验														
	3CAEAASE0101	电缆护层试验	互联段/三相	311.92	125.87			102.99	14.23	58.36	119.31	134.5	39.73	21.47	77.02	932.81
	3CAEAASE0201	电缆耐压试验	回路	2294.34	32 900.72			6254	1143.84	4691.5	877.59	989.34	2165.8	429.71	4132.03	50 043.53
	3CAEAASE0301	电缆参数试验	回路	467.71	2326.56			521.91	90.81	372.48	178.9	201.68	184.84	50.36	353.88	4285.84
	3CAEAASE0501	电缆局部放电试验	只	594.19	9312.87			1755.85	321.98	1320.61	227.28	256.22	607.32	118.02	1158.46	14 030.2
	3CAEAASE0601	输电线路试运	回路	4186.96	4504.45			1866.27	282.47	1158.56	1601.51	1805.46	698.23	312.11	1347.75	16 322.74

注 1： 材机费=消耗性材料+机械费。

注 2： 措施费：按费率计取。

结算计价表–4.3

安装工程量清单全费用综合单价人、材、机计价表

工程名称： 金额单位：元

序号	项目编码（编制依据）	项目名称	计量单位	工程量（数量）	单价				合价			
					人工费	材机费	主要材料费		人工费	材机费	主要材料费	
							材料费	其中：暂估价			材料费	其中：暂估价
	3C	电缆输电线路安装工程							291 330	471 235	1 237 785	
1	3CAA	电缆桥、支架制作安装							5643	5468	18 648	
1.2	3CAABA	电缆支架							5643	5468	18 648	
	3CAABASA0501	电缆钢支架	t	0.45								
	YL4-41	电缆支架制作	t	0.45	980.4	1207.95			441	544		
	YL4-42	电缆支架安装	t	0.45	650.58	346.71			293	156		
		型钢	t	0.45			3797.9				1709	
	H15010101	镀锌费	t	0.45			1659				747	
	YX1-97	汽车运输　金具、绝缘子、零星钢材装卸	t	0.452	12.61	33.41			6	15		
	YX1-98	汽车运输　金具、绝缘子、零星钢材运输	t·km	2.261	0.51	1.02			1	2		
	综合单价人、材、机				1646.21	1593.34	5456.9		741	717	2456	
	3CAABASA0502	电缆钢支架	t	0.048								
	YL4-41	电缆支架制作	t	0.048	980.4	1207.95			47	58		
	YL4-42	电缆支架安装	t	0.048	650.58	346.71			31	17		
	H06010101	角钢	t	0.048			3782.16				182	
	H15010101	镀锌费	t	0.048			1659				80	
	YX1-97	汽车运输　金具、绝缘子、零星钢材装卸	t	0.05	12.61	33.41			1	2		

续表

序号	项目编码（编制依据）	项目名称	计量单位	工程量（数量）	单价				合价			
					人工费	材机费	主要材料费		人工费	材机费	主要材料费	
							材料费	其中：暂估价			材料费	其中：暂估价
	YX1-98	汽车运输　金具、绝缘子、零星钢材运输	t·km	0.25	0.51	1.02			0	0		
	综合单价人、材、机				1646.77	1594.77	5441.16		79	77	261	
	3CAABASA0503	电缆钢支架	t	0.32								
	YL4-41	电缆支架制作	t	0.32	980.4	1207.95			314	387		
	YL4-42	电缆支架安装	t	0.32	650.58	346.71			208	111		
		型钢	t	0.32			3797.9				1215	
	H15010101	镀锌费	t	0.32			1659				531	
	YX1-97	汽车运输　金具、绝缘子、零星钢材装卸	t	0.322	12.61	33.41			4	11		
	YX1-98	汽车运输　金具、绝缘子、零星钢材运输	t·km	1.608	0.51	1.02			1	2		
	综合单价人、材、机				1646.23	1593.4	5456.9		527	510	1746	
	3CAABASA0504	电缆钢支架	t	1.08								
	YL4-41	电缆支架制作	t	1.08	980.4	1207.95			1059	1305		
	YL4-42	电缆支架安装	t	1.08	650.58	346.71			703	374		
	H06010101	角钢	t	1.08			3782.16				4085	
	H15010101	镀锌费	t	1.08			1659				1792	
	YX1-97	汽车运输　金具、绝缘子、零星钢材装卸	t	1.124	12.61	33.41			14	38		
	YX1-98	汽车运输　金具、绝缘子、零星钢材运输	t·km	5.618	0.51	1.02			3	6		
	综合单价人、材、机				1646.76	1594.74	5441.16		1778	1722	5876	

续表

序号	项目编码（编制依据）	项目名称	计量单位	工程量（数量）	单价				合价			
					人工费	材机费	主要材料费		人工费	材机费	主要材料费	
							材料费	其中：暂估价			材料费	其中：暂估价
	3CAABASA0505	电缆钢支架	t	0.7								
	YL4-41	电缆支架制作	t	0.7	980.4	1207.95			686	846		
	YL4-42	电缆支架安装	t	0.7	650.58	346.71			455	243		
	H06010101	角钢	t	0.7			3782.16				2648	
	H15010101	镀锌费	t	0.7			1659				1161	
	YX1-97	汽车运输　金具、绝缘子、零星钢材装卸	t	0.728	12.61	33.41			9	24		
	YX1-98	汽车运输　金具、绝缘子、零星钢材运输	t·km	3.641	0.51	1.02			2	4		
	综合单价人、材、机				1646.75	1594.71	5441.16		1153	1116	3809	
	3CAABASA0506	电缆钢支架	t	0.638								
	YL4-41	电缆支架制作	t	0.638	980.4	1207.95			625	771		
	YL4-42	电缆支架安装	t	0.638	650.58	346.71			415	221		
	H06010101	角钢	t	0.638			3782.16				2413	
	H15010101	镀锌费	t	0.638			1659				1058	
	YX1-97	汽车运输　金具、绝缘子、零星钢材装卸	t	0.664	12.61	33.41			8	22		
	YX1-98	汽车运输　金具、绝缘子、零星钢材运输	t·km	3.319	0.51	1.02			2	3		
	综合单价人、材、机				1646.76	1594.74	5441.16		1051	1017	3471	
	3CAABASA0507	电缆钢支架	t	0.189								
	YL4-41	电缆支架制作	t	0.189	980.4	1207.95			185	228		
	YL4-42	电缆支架安装	t	0.189	650.58	346.71			123	66		

续表

序号	项目编码（编制依据）	项目名称	计量单位	工程量（数量）	单价				合价			
					人工费	材机费	主要材料费		人工费	材机费	主要材料费	
							材料费	其中：暂估价			材料费	其中：暂估价
	H06010101	角钢	t	0.189			3782.16				715	
	H15010101	镀锌费	t	0.189			1659				314	
	YX1-97	汽车运输　金具、绝缘子、零星钢材装卸	t	0.197	12.61	33.41			2	7		
	YX1-98	汽车运输　金具、绝缘子、零星钢材运输	t·km	0.983	0.51	1.02			1	1		
	YX1-97	汽车运输　金具、绝缘子、零星钢材装卸	t	0.197	12.61	33.41			2	7		
	YX1-98	汽车运输　金具、绝缘子、零星钢材运输	t·km	0.983	0.51	1.02			1	1		
	综合单价人、材、机				1662.57	1634.92	5441.16		314	309	1028	
2	3CAB	电缆敷设							107 288	119 453	210 787	
2.4	3CABDA	电缆隧道敷设							107 288	119 453	210 787	
	3CABDASB0501	隧道内敷设	m	15 900								
	YL2-26	110kV 电缆敷设　隧道内　800mm^{2}以内	m/三相	5300	20.22	22.48			107 166	119 144		
		尼龙绳	m	10 900			2.13				23 233	
		电缆抱箍	套	168			122.16				20 522	
		固定金具	套	960			124				119 040	
		橡胶垫	m	3800			3.55				13 499	
		阻水法兰	套	12			2874.34				34 492	
	YX1-97	汽车运输　金具、绝缘子、零星钢材装卸	t	8.032	12.61	33.41			101	268		
	YX1-98	汽车运输　金具、绝缘子、零星钢材运输	t·km	40.159	0.51	1.02			20	41		

续表

序号	项目编码（编制依据）	项目名称	计量单位	工程量（数量）	单价				合价			
					人工费	材机费	主要材料费		人工费	材机费	主要材料费	
							材料费	其中：暂估价			材料费	其中：暂估价
	综合单价人、材、机				6.75	7.51	13.26		107 288	119 453	210 787	
3	3CAC	电缆附件							31 663	35 035	78 957	
3.1	3CACAA	终端制作、安装							12 148	18 226		
	3CACAASC0101	电缆终端	套/三相	2								
	YL3-44	110kV交联聚乙烯绝缘电缆终端制作安装 GIS终端 800mm^{2}以内	套/三相	2	2947.01	4482.91			5894	8966		
	综合单价人、材、机				2947.01	4482.91			5894	8966		
	3CACAASC0102	电缆终端	套/三相	2								
	YL3-40	110kV交联聚乙烯绝缘电缆终端制作安装 空气终端 800mm^{2}以内	套/三相	2	3126.79	4630.33			6254	9261		
	综合单价人、材、机				3126.79	4630.33			6254	9261		
3.2	3CACBA	中间接头制作、安装							11 550	8291		
	3CACBASC0201	中间接头	套/三相	4								
	YL3-12	110kV交联聚乙烯绝缘电缆接头制作安装 直线、绝缘接头 800mm^{2}以内	套/三相	4	2887.43	2072.84			11 550	8291		
	综合单价人、材、机				2887.43	2072.84			11 550	8291		
3.3	3CACCA	接地装置安装							5442	4281	63 980	
	3CACCASC0301	接地装置	套/三相	4								
	YL4-6	交叉互联箱安装	套/三相	4	390.4	639.02			1562	2556		
	综合单价人、材、机				390.4	639.02			1562	2556		
	3CACCASC0302	接地装置	套	6								
	YL4-7	护层保护器安装	套/三相	2	41.82	427.69			84	855		
		护层保护器	只	6			707.96				4248	
	综合单价人、材、机				13.94	142.56	707.96		84	855	4248	

续表

序号	项目编码（编制依据）	项目名称	计量单位	工程量（数量）	单价				合价			
					人工费	材机费	主要材料费		人工费	材机费	主要材料费	
							材料费	其中：暂估价			材料费	其中：暂估价
	3CACCASC0401	接地电缆敷设	m	120								
	YL4-10	接地电缆、同轴电缆敷设　截面 $240mm^2$	100m	1.2	89.42	188.19			107	226		
		交叉互联电缆	m	120			339				40 680	
	YX1-87	汽车运输　线材　每件重 2000kg 以内装卸	t	0.48	12.22	65.97			6	32		
	YX1-88	汽车运输　线材　每件重 2000kg 以内运输	t·km	2.4	0.61	1.05			1	3		
	综合单价人、材、机				0.96	2.17	339		115	260	40 680	
	3CACCASC0402	接地电缆敷设	m	120								
	YL4-10	接地电缆、同轴电缆敷设　截面 $240mm^2$	100m	1.2	89.42	188.19			107	226		
		接地电缆	m	120			145				17 400	
	YX1-87	汽车运输　线材　每件重 2000kg 以内装卸	t	0.48	12.22	65.97			6	32		
	YX1-88	汽车运输　线材　每件重 2000kg 以内运输	t·km	2.4	0.61	1.05			1	3		
	综合单价人、材、机				0.96	2.17	145		115	260	17 400	
	3CACCASC0601	接地体敷设	m	200								
	YL4-17	接地敷设　扁钢	m	200	17.81	1.67			3562	334		
		接地扁铁	t	0.392			4215.98				1653	
	YX1-97	汽车运输　金具、绝缘子、零星钢材装卸	t	0.394	12.61	33.41			5	13		

续表

序号	项目编码（编制依据）	项目名称	计量单位	工程量（数量）	单价				合价			
					人工费	材机费	主要材料费		人工费	材机费	主要材料费	
							材料费	其中：暂估价			材料费	其中：暂估价
	YX1-98	汽车运输　金具、绝缘子、零星钢材运输	t·km	1.97	0.51	1.02			1	2		
	综合单价人、材、机				17.84	1.75	8.26		3568	349	1653	
3.4	3CACDA	设备安装及试验							2523	4237	14 976	
	3CACDASC0701	避雷器	组/三相	2								
	YL4-59	氧化锌式避雷器安装　110kV	组/三相	2	587.83	850.17			1176	1700		
	YS7-32	金属氧化物避雷器的工频参考电压和持续电流测量　110kV	组	2	407.36	807.67			815	1615		
	YD4-65	引下线、跳线及设备连引线安装　35～220kV　截面 $800mm^2$ 以下	组/三相	2	115.14	276.58			230	553		
	YD5-29	端子箱安装　户外	台	6	49.93	60.24			300	361		
		绝缘信号抽取箱	台	6			854.7				5128	
		钢芯铝绞线	t	0.175			17 369.2				3040	
	C04081823	变电　设备线夹	件	6			207				1242	
	C03060450	线路　耐张线夹（压缩式）	件	12			227.36				2728	
	C04080333	变电　设备线夹（压缩型 A、B 型）	件	6			118.59				712	
		安普线夹	个	6			334.95				2010	
		球头挂环	个	6			8.78				53	
		挂板	个	6			10.69				64	
	YX1-97	汽车运输　金具、绝缘子、零星钢材装卸	t	0.174	12.61	33.41			2	6		

续表

序号	项目编码（编制依据）	项目名称	计量单位	工程量（数量）	单价				合价			
					人工费	材机费	主要材料费		人工费	材机费	主要材料费	
							材料费	其中：暂估价			材料费	其中：暂估价
	YX1-98	汽车运输　金具、绝缘子、零星钢材运输	t·km	0.87	0.51	1.02			0	1		
	综合单价人、材、机				1261.44	2118.49	7488.09		2523	4237	14 976	
4	3CAD	电缆防火及防护							117 955	8054	929 393	
4.1	3CADAA	防火及防护							117 955	8054	929 393	
	3CADAASD0101	电缆防护	m^2	2.16								
	YL4-34	电缆防火 防火隔板	m^2	2.16	53.06	3.3			115	7		
		防火隔板	m^2	2.16			121.8				263	
	YX1-107	汽车运输　其他建筑安装材料　装卸	t	0.023	9.59	17.87			0	0		
	YX1-108	汽车运输　其他建筑安装材料　运输	t·km	0.113	0.41	0.75			0	0		
	综合单价人、材、机				53.18	3.53	121.8		115	8	263	
	3CADAASD0102	电缆防护	m^2	2167.2								
	YL4-34	电缆防火　防火隔板	m^2	2167.2	53.06	3.3			114 992	7152		
		防火隔板（含型钢连接件）	m^2	2167.2			421				912 391	
	YX1-107	汽车运输　其他建筑安装材料　装卸	t	21.672	9.59	17.87			208	387		
	YX1-108	汽车运输　其他建筑安装材料　运输	t·km	108.36	0.41	0.75			44	81		
	综合单价人、材、机				53.18	3.52	421		115 244	7620	912 391	
	3CADAASD0103	电缆防护	t	1								
	YL4-35	电缆防火　孔洞防火封堵	t	1	2313.7	316.3			2314	316		
		防火堵料	t	1			5723.55				5724	

续表

序号	项目编码（编制依据）	项目名称	计量单位	工程量（数量）	单价				合价			
					人工费	材机费	主要材料费		人工费	材机费	主要材料费	
							材料费	其中：暂估价			材料费	其中：暂估价
	YX1-107	汽车运输　其他建筑安装材料　装卸	t	1.061	9.59	17.87			10	19		
	YX1-108	汽车运输　其他建筑安装材料　运输	t·km	5.303	0.41	0.75			2	4		
	综合单价人、材、机				2326.05	339.24	5723.55		2326	339	5724	
	3CADAASD0104	电缆防护	个	12								
	参 YD5-82	低压电器安装　低压电器　其他小电器	个	12	18.77	4.94			225	59		
		防火弹	个	12			763				9156	
	YX1-97	汽车运输　金具、绝缘子、零星钢材装卸	t	0.154	12.61	33.41			2	5		
	YX1-98	汽车运输　金具、绝缘子、零星钢材运输	t·km	0.77	0.51	1.02			0	1		
	综合单价人、材、机				18.96	5.43	763		228	65	9156	
	3CADAASD0201	电缆保护管	m	16.8								
	YL4-28	电缆保护管敷设　塑料管　$\phi 200$	m	16.8	2.48	1.21			42	20		
	S04010107	电缆保护管	m	16.8			110.69				1860	
	YX1-107	汽车运输　其他建筑安装材料　装卸	t	0.044	9.59	17.87			0	1		
	YX1-108	汽车运输　其他建筑安装材料　运输	t·km	0.221	0.41	0.75			0	0		
	综合单价人、材、机				2.51	1.27	110.69		42	21	1860	
5	3CAE	调试及试验							28 782	303 224		
5.1	3CAEAA	电缆试验							28 782	303 224		
	3CAEAASE0101	电缆护层试验	互联段/三相	2								

续表

序号	项目编码（编制依据）	项目名称	计量单位	工程量（数量）	单价				合价			
					人工费	材机费	主要材料费		人工费	材机费	主要材料费	
							材料费	其中：暂估价			材料费	其中：暂估价
	YL5-1	电缆护层试验　摇测	互联段/三相	2	68.49				137			
	YL5-2	电缆护层试验　耐压试验	互联段/三相	2	173.18	125.87			346	252		
	YL5-3	电缆护层试验　交叉互联系统试验	互联段/三相	2	70.25				141			
	综合单价人、材、机				311.92	125.87			624	252		
	3CAEAASE0201	电缆耐压试验	回路	2								
	YL5-8	电缆主绝缘交流耐压试验　110kV　长度 10km 以内	回路	1.6	2867.93	41 125.9			4589	65 801		
	综合单价人、材、机				2294.34	32 900.72			4589	65 801		
	3CAEAASE0301	电缆参数试验	回路	2								
	YL5-17	电缆参数测量　110kV 电缆线路	回路	2	467.71	2326.56			935	4653		
	综合单价人、材、机				467.71	2326.56			935	4653		
	3CAEAASE0501	电缆局部放电试验	只	24								
	YL5-15	高频分布式局部放电试验　110kV（66kV）及以上	只	24	594.19	9312.87			14 261	223 509		
	综合单价人、材、机				594.19	9312.87			14 261	223 509		
	3CAEAASE0601	输电线路试运	回路	2								
	YX7-127	输电线路试运　110kV	回	1	4925.83	5299.35			4926	5299		
	调 YX7-127×0.7	输电线路试运　110kV	回	1	3448.08	3709.55			3448	3710		
	综合单价人、材、机				4186.96	4504.45			8374	9009		

注 1： 如不使用行业建设主管部门发布的计价依据，可不填编制依据。

注 2： 施工合同中属暂估单价的材料，仍按暂估单价填入表内；发、承包双方最终确认的材料单价，按价差合计填入其他费用表“暂估材料单价确认及价差计价”栏。

注 3： 材机费=消耗性材料+机械费。

结算计价表–5

承包人采购材料计价表

工程名称： 金额单位：元

序号	材料名称	型号规格	计量单位	数量	合同单价	合价	备注
一	安装						
	防火堵料	SWF-1 无机阻火堵料	t	1.05	5451	5724	
	防火隔板	10mm 厚 普通防火板	m^2	2.268	116	263	
	挂板	Z-7	个	6.09	10.53	64	
	球头挂环	Q-7	个	6.09	8.65	53	
	安普线夹		个	6.09	330	2010	
	钢芯铝绞线	JL/G1A-800/55	t	0.176	17 300	3040	
	绝缘信号抽取箱	ISS-82 型	台	6	854.7	5128	
	接地扁铁	–5×50	t	0.394	4195	1653	
	护层保护器		只	6	707.96	4248	
	阻水法兰		套	12.18	2831.86	34 492	
	橡胶垫	–5×70	m	3857	3.5	13 500	
	电缆抱箍	R=54	套	170.52	120.35	20 522	
	尼龙绳	ϕ6	m	11 063.5	2.1	23 233	
	型钢	综合	t	0.774	5635	4361	
	线路　耐张线夹（压缩式）	NY-800/55	件	12.18	224	2728	
	变电　设备线夹(压缩型 A、B 型）	SY-800/55B-100×200	件	6.03	118	712	
	变电 设备线夹	SSYG-800NB/200-150×150	件	6	207	1242	
	角钢	综合	t	2.735	5617	15 361	
	镀锌费		t	3.425	1659	5682	
	电缆保护管	护套管 C-PVCϕ200	m	17.64	105.42	1860	
小计						145 873	
合计						145 873	

注：施工合同中属暂估单价的材料，按发、承包双方最终确认的单价填入表内。

结算计价表–6

承包人采购设备计价表

工程名称： 金额单位：元

序号	设备名称	型号规格	计量单位	数量	合同单价	结算单价	风险范围	价差	合价	备注
合计										

注：施工合同中属暂估单价的工程设备，按发、承包双方最终确认的单价填入表内。

结算计价表–7

措施项目清单计价表

工程名称： 金额单位：元

序号	项目名称	项目特征	计量单位	工程量	单价				合价				备注
					全费用综合单价	其中			合计	其中			
						人工费	材料费	机械费		人工费	材料费	机械费	
1	单价措施项目								12 677				
	临时支架(终端塔平台）搭、拆		处	1	12 676.87	1109.99	8249.38	672.4	12 677	1110	8249	672	
2	总价措施项目												
3	施工过程增列项目								138 294				
	电缆加热		盘	18	7683	442.69	1534.59	3352.75	138 294	7968	27 623	60 350	
合计									150 971				

注：本表适用于以全费用综合单价形式计价的措施项目，若需要人、材、机组成表及全费用综合单价表，可以参照结算计价表–4.1、结算计价表–4.2。

结算计价表–8

其他项目清单计价表

工程名称： 金额单位：元

序号	项目名称	计量单位	金额	备注
一	施工合同已列项目			
1	确认价			
1.1	暂估材料单价确认及价差计价			明细详见结算计价表–8.1
1.2	专业工程结算价			明细详见结算计价表–8.1
2	计日工	元	14 061	明细详见结算计价表–8.3
3	施工总承包服务费计价			明细详见结算计价表–8.4
4	索赔与现场签证费用计价汇总			明细详见结算计价表–8.5
5	其他	元	90 128	
5.1	拆除工程项目清单计价			
5.2	发包人供应设备、材料卸车保管费	元	90 128	
5.3	人工、材料、机械台班价格调整计价			
小计				
二	施工过程增列项目			
小计				
合计			104 189	

结算计价表–8.1

暂估材料单价确认及价差计价表

工程名称： 金额单位：元

序号	材料名称、规格、型号	计量单位	数量	暂估价	确认价	价差	备注
合计							

注：暂估材料按发、承包双方最终确认的单价填入此表，产生的价差合计填入结算计价表–8。

结算计价表–8.2

专业工程结算价表

工程名称： 金额单位：元

序号	工程名称	工程内容	金额	备注
合计				

注：此表由承包人按施工合同中属暂估价的专业工程内容及施工过程中按中标价或发包人、承包人与分包人最终确认结算价填入表中。

结算计价表–8.3

计日工表

工程名称： 金额单位：元

编号	项目名称	计量单位	工程量	全费用综合单价	合价	备注
1	人工					
9101111	输电技术工	工日	30	280	8400	
9101110	输电普通工	工日	30	150	4500	
人工小计					12 900	
合计					12 900	

注：此表项目名称、数量由承包人按发包人实际签证确认的事项计列，单价按照施工合同约定的价格确定并计算合价。

结算计价表–8.4

施工总承包服务费计价表

工程名称：　　　　　　　　　　　　　　　　　　　　　　　　　　　　　　　　金额单位：元

序号	项目名称	取费基数	服务内容	费率（%）	金额	备注
1	发包人发包专业工程					
	……					

注：此表取费基数、服务内容由承包人依据合同约定金额计算，如发生调整的，以发、承包双方确认调整的金额计算。

结算计价表–8.5

索赔与现场签证费用计价汇总表

工程名称：　　　　　　　　　　　　　　　　　　　　　　　　　　　　　　　　金额单位：元

序号	项目名称	计量单位	数量	单价	合价	索赔及签证依据
一	索赔与现场签证费用					
合计						

注：索赔费用应该依据发承包双方确认的索赔事项和金额计算，签证及索赔依据是指经双方认可的签证单和索赔依据的编号，合计费用汇总到结算计价表–8。

结算计价表–8.6

人工、材料（设备）、机械台班价格调整计价表

工程名称：　　　　　　　　　　　　　　　　　　　　　　　　　　　　　　　　金额单位：元

序号	材料名称	单位	数量	基准价	结算单价	风险范围	价差	合价	备注
一	人工								
	……								
	小计								
二	材料（设备）								
	……								
	小计								
三	机械台班								
	……								
	小计								
	合计								

结算计价表–9

发包人采购材料计价表

工程名称：　　　　　　　　　　　　　　　　　　　　　　　　　　金额单位：元

序号	材料名称	型号规格	计量单位	数量	单价	备注
一	安装					
	主材					
1	防火弹					
2	防火隔板（含型钢连接件）					
3	固定金具					
4	交叉互联电缆					
5	接地电缆					

注：发包人采购材料按施工实际发生填写。

结算计价表–10

主要工日价格表

工程名称：　　　　　　　　　　　　　　　　　　　　　　　　　　金额单位：元

序号	工种	单位	数量	单价
一	安装			
9101108	安装普通工	工日	41.6472	74.578
9101109	安装技术工	工日	104.3478	113.998
9101110	输电普通工	工日	1957.9627	74.578
9101111	输电技术工	工日	1363.5579	119.325
9102104	调试技术工	工日	60.4516	161.941
二	安装措施项目			
9101110	输电普通工	工日	60.3984	74.578
9101111	输电技术工	工日	33.4156	119.325
9102104	调试技术工	工日	38.86	161.941
三	其他：计日工			
9101110	输电普通工	工日	30	133.478
9101111	输电技术工	工日	30	249.159

结算计价表–11

主要机械台班价格表

工程名称：　　　　　　　　　　　　　　　　　　　　　　　　　　　金额单位：元

序号	机械设备名称	单位	数量	单价
一	安装			
J03-01-033	汽车式起重机　起重量　5t	台班	0.6	557.368
J03-01-034	汽车式起重机　起重量　8t	台班	1.8612	661.263
J03-01-036	汽车式起重机　起重量　16t	台班	1.0668	884.384
J03-01-037	汽车式起重机　起重量　20t	台班	15.37	1001.481
J03-01-040	汽车式起重机　起重量　40t	台班	11.0757	1590.273
J04-01-004	载重汽车　8t	台班	0.4961	449.781
J04-01-009	载重汽车　50t	台班	3.6557	1368.313
J04-01-025	平板拖车组　40t	台班	20.67	1287.733
J08-01-091	联合冲剪机　板厚　16mm	台班	1.5947	300.483
J09-01-027	真空泵　抽气速度　$204m^3/h$	台班	1.8	66.238
J10-01-001	交流弧焊机　容量　21kVA	台班	18.7388	67.57
J13-01-055	高空作业车　20m 以内	台班	0.374	1007.381
J13-01-060	机动绞磨　3t 以内	台班	22.574	164.375
J13-01-064	机动液压压接机　100t 以内	台班	7.12	69.849
J13-01-065	机动液压压接机　200t 以内	台班	0.562	79.702
J13-01-068	电缆输送机　JSD-3	台班	159.53	245.55
J13-01-079	输电专用载重汽车　4t	台班	66.4893	317.345
J13-01-080	输电专用载重汽车　5t	台班	2.683	342.527
J13-01-081	输电专用载重汽车　6t	台班	22.79	371.461
J13-01-082	输电专用载重汽车　8t	台班	19.8	480.056
J13-01-090	电力工程车	台班	33.6526	358.703
J14-03-009	阻性电流分析仪	台班	1.46	249.11
J14-03-014	直流高压发生器　60～120kV	台班	1.46	66.853
J14-03-017	交流高压发生器　30kVA 以下　300kV	台班	1.46	424.437
J14-03-018	交流高压发生器　50kVA 以下　500kV	台班	2.278	784.089
J14-08-080	氧化锌避雷阻性电流分析仪	台班	0.4	2015.356

续表

序号	机械设备名称	单位	数量	单价
J14-09-027	线路参数测试仪	台班	1.0788	5270.502
J15-01-066	功能检测分析平台（电脑）	台班	2.278	32.252
J15-01-071	恒温电烘箱　2000W	台班	0.3696	75.476
J15-01-075	空调机	台班	16.04	48.64
J16-01-001	对讲机	台班	242.4	10.398
J16-01-025	绝缘电阻表（数字式）	台班	1.0843	15.823
J19-01-024	手持式数字双钳相位表	台班	2.0502	12.536
J24-01-012	同步分布式局部放电测试仪　110kV（66kV）及以上	台班	10.908	15 597.854
J24-01-013	串联谐振耐压系统	台班	1.8278	24 234.87
二	安装措施项目			
J03-01-041	汽车式起重机　起重量　50t	台班	10.8	2700.551
J04-01-008	载重汽车　25t	台班	10.8	894.802
J13-01-079	输电专用载重汽车　4t	台班	1.0185	317.345
J13-01-090	电力工程车	台班	59.8494	358.703
J15-01-075	空调机	台班	18.9	48.64